高等职业教育“互联网+”创新型系列教材

人工智能导论：机器视觉开发基础应用

主　编　刘　昊　张玉萍
副主编　贾若伦　鞠　红
参　编　徐冠宇　姚一鸣　李　强
主　审　左晓英　姜　琳　冯志勇

机械工业出版社

本书以高铁场站管理为工作场景，以“AI + 机器视觉”基础应用为案例，采用“以成果为导向，基于工作过程，结合案例式教学、模块组合、任务驱动”的方式进行编写，通过对“AI + 机器视觉”体系架构中的基础原型开发、特征汇聚、神经网络、深度学习以及人工智能时代的信息安全等相关基础知识的阐述，展开人工智能相关基础知识的介绍，并附有工作任务书，做到教学与企业环境一体化，实现教学环境与企业环境的对接。

在各任务中：以“任务场景”为课程导引；“需求分析”引出所需的知识点；“能力储备”为应知应会的知识点剖析，通俗易懂、简单易学，并设有一定数量的基础开发实验，以增强读者体验，提高读者的实践能力；“能力拓展”重点帮助读者夯实基础知识，提高思维能力和综合素质。

本书可作为高职高专院校以及成人高等学校电子信息类各专业的教材，也可供本科院校和中职类学校相关专业师生参考，还可作为企业新员工的培训手册。

为方便教学，本书有多媒体课件、二维码教学视频、电子素材、模拟试卷及答案等数字化教学资源，凡选用本书作为授课教材的老师，均可通过电话（010-88379564）或QQ（3045474130）咨询。

图书在版编目（CIP）数据

人工智能导论：机器视觉开发基础应用/刘昊，张玉萍主编．—北京：机械工业出版社，2021.5（2025.9重印）

高等职业教育“互联网+”创新型系列教材

ISBN 978-7-111-68265-3

Ⅰ.①人…　Ⅱ.①刘…　②张…　Ⅲ.①计算机视觉-高等职业教育-教材　Ⅳ.①TP302.7

中国版本图书馆CIP数据核字（2021）第090646号

机械工业出版社（北京市百万庄大街22号　邮政编码100037）
策划编辑：曲世海　责任编辑：曲世海　侯　颖
责任校对：张亚楠　封面设计：马精明
责任印制：张　博
固安县铭成印刷有限公司印刷
2025年9月第1版第5次印刷
184mm×260mm・12印张・296千字
标准书号：ISBN 978-7-111-68265-3
定价：45.00元

电话服务	网络服务
客服电话：010-88361066	机　工　官　网：www.cmpbook.com
010-88379833	机　工　官　博：weibo.com/cmp1952
010-68326294	金　　书　　网：www.golden-book.com
封底无防伪标均为盗版	机工教育服务网：www.cmpedu.com

前　言

自“图灵测试”出现至今，人工智能几经波折，随着5G、物联网、云计算、大数据等新一代信息技术的融入，人工智能被赋予了新的内涵。目前，人工智能以前所未有的速度延伸到人类社会的每个角落，正在改变着人们的生活，重构生产力与生产关系，“AI+”已成为第四次产业革命的引爆点。在人工智能涉及的众多领域中，“AI+机器视觉”已成为应用早、覆盖广、技术成熟的重要领域之一。“AI+刷脸”所构成的“刷脸经济”也成为当今资本追逐的主流风口。

本书以高铁场站管理为工作场景，以“AI+机器视觉”基础开发阶段性工作成果为导向，力求将人工智能发展脉络、基础理论、工作场景以及工作成果等基础知识，深入浅出地呈现在读者面前，以方便计算机相关专业开展人工智能相关基础知识的教学。本书的编写充分体现了高职教育基于工作过程与贴近工作的特点，做到了教学与企业环境一体化，实现了教学环境与企业环境对接。

本书由刘昊编写工作任务1，张玉萍编写工作任务2，鞠红、徐冠宇编写工作任务3，姚一鸣、李强编写工作任务4，贾若伦编写工作任务5。全书由左晓英、姜琳、冯志勇主审。

黑龙江交通职业技术学院、黑龙江生物科技职业学院、哈尔滨工程大学、国家工业信息安全发展研究中心、全国职业院校工单制教学联盟、黑龙江省人工智能学会、哈尔滨华民软科科技有限公司、佳杰科技（中国）有限公司等单位对本书的编写帮助很大，为本书提供了设计方案、开发文档、工程管理文档等，在此深表感谢。本书在编写过程中还参考了许多网络资料，在此一并深表感谢。

由于编者水平有限，书中难免有疏漏与不妥之处，恳请广大读者批评指正。

编　者

二维码索引

（续）

名称	图形	页码	名称	图形	页码
3-3-3 Python 基本绘图		129	3-3-3 图像上的人脸检测		134
3-3-3 Python 绘图		130	3-3-4 分类器的使用		135
3-3-3 图像放大		132	3-3-4 人脸检测		136
3-3-3 拓展任务：图像缩小		133	4-2-3 TensorFlow		155
3-3-3 调用摄像头		134	4-2-3 TensorFlow		156

目　录

工作任务1

绘制人工智能知识图谱

1. 任务简介

“AI + 机器视觉”开发公司的人力资源部邀请技术部的工程师对新员工开展人工智能的基础培训，并要求新员工在培训结束后，提交人工智能发展的知识图谱以及相应的开发文档。

2. 任务目的

通过本工作任务的学习，重点掌握以下几方面的内容：

1）结合人工智能的发展史，使学生能够掌握人工智能知识图谱的制作方法，了解图谱应包含的内容：时间、特点、实现方式。

2）结合人工智能的应用场景，使学生能够掌握人工智能工作场景的技术领域图谱的制作方法，强化学生对人工智能的基本认知。

3. 素质目标

通过本工作任务的学习，提高学生的团队合作、沟通协调等能力，强化逻辑思维、主动学习等能力，提高学生对工作中所需的职业素质的理解能力，提高知识的更新能力。

4. 任务成果

提交人工智能知识图谱的工作任务书。工作任务书需要学生参照“工作任务书”的格式，自行制作。

5. 实施方案

模拟某机器视觉公司的人力资源部邀请技术部的工程师对新员工开展人工智能基础培训的工作场景，通过真实的“任务场景”，使学生了解案例的应用场景；“需求分析”部分引出案例中的基本知识点；“能力储备”为掌握这些知识点所应知应会的基本知识；“能力拓展”是针对部分能力较强的学生而设立的知识点，由授课教师自行安排。

6. 所需学时

建议 8 学时，由授课教师按照教学进度自行安排。

子任务 1　认识人工智能

1.1.1　任务场景

在 1996 年的国际象棋人机大战中，“深蓝”国际象棋人工智能系统首次对战国际象棋顶尖棋手，获得胜局；在 1997 年的国际象棋人机大战中，“深蓝”首次在总比分上战胜国际象棋顶尖棋手。后来，国际象棋顶尖棋手对战“深蓝”，最多只能获得平局或个别胜局，在总比分上再也不能取胜，人工智能再次引发关注。

后来，人工智能研究者们运用“深度学习”技术研究围棋软件，谷歌公司研发的人工智能系统阿尔法围棋（AlphaGo）就是基于深度学习技术开发的，这使其在围棋技艺上获得巨大提升。为了测试阿尔法的围棋水平，谷歌公司于 2016 年 3 月向围棋世界冠军、韩国棋手李世石发起围棋挑战，并以 4:1 的总比分获胜。后来，谷歌公司又推出阿尔法围棋的升级版，并于 2017 年 5 月邀请当时世界排名第一的围棋世界冠军、中国棋手柯洁与之进行围棋大战，阿尔法围棋以总比分 3:0 获胜，人工智能得到高度关注。

1.1.2　需求分析

人工智能（Artificial Intelligence，AI）是研究与开发用于模拟、延伸和扩展人类智能的理论、方法、技术及应用系统的一门技术科学，是计算机科学的一个分支，它试图了解智能的实质，并生产出一种新的、能以人类智能相似的方式做出反应的智能机器。该领域的研究包括机器人、语言识别、图像识别、自然语言处理和专家系统等。

棋类游戏一直被视为顶级人类智力及人工智能的试金石，人工智能与人类棋手的对抗一直在上演，此前在三子棋、跳棋和国际象棋等棋类上，计算机程序都曾打败过人类。在棋类人机大战历史上，最著名的是国际象棋世界冠军加里·卡斯帕罗夫对弈国际象棋人工智能系统“深蓝”、围棋人工智能系统 AlphaGo 挑战围棋世界冠军李世石和柯洁。

AlphaGo 与“深蓝”所使用技术最大的区别是 AlphaGo 能利用人工神经网络进行深度学习，不需要像“深蓝”那样事先输入各种棋谱，而是能够主动地根据对手的变化而自主“进化”。深度学习是机器学习的一种，利用层次化的人工神经网络，使用大量来自特定领域的数据作为输入，并结合这些数据，训练自己识别数据和期望结果之间的关联性，逐渐将初始的“低层”特征表示转化为“高层”特征表示，以发现数据的分布式特征表示。深度学习是人工智能领域中的热门科目，属于人工神经网络的升级版，是能够在特定领域做出决策、预测和分类的人工智能，如笔迹识别、人脸识别、汽车自动驾驶、自然语言处理等非常复杂的任务。

1.1.3　能力储备

1. 人工智能的定义

人工智能的概念被公认是在 1956 年的达特茅斯会议上提出的，达特茅斯会议的主要成就是使人工智能成为一个独立的研究学科。达特茅斯会议建议书中对人工智能预期目标的设想是“制造一台机器，该机器可以模拟学习或者智能的所有方面，只要这些方面可以被精确描述，人工智能就是要让机器的行为看起来就像是人所表现出的智能行为一样”。

另一类定义认为人工智能是人造机器所表现出来的智能性。

对人工智能的定义基本可划分为四类，即机器“像人一样思考”“像人一样行动”“理性地思考”和“理性地行动”，这里的“行动”应广义地理解为采取行动，或制定行动的决策，而不仅是肢体动作。

人工智能的定义可以分为“人工”和“智能”两部分，其中，“人工”比较好理解，争议性也不大，即人力所能制造的，或者人类的主观认知等。总体来说，“人工系统”就是通常意义下的人工制造的系统。

关于什么是“智能”，争议就较大了，这涉及诸如意识、自我、思维等问题，即人对客观世界的认知程度。人唯一了解的智能是人类本身的智能，这是普遍认同的观点。但是人类对自身智能的理解都非常有限，对构成智能的必要元素也了解有限，所以就很难定义什么是“人工”制造的“智能”。因此，人工智能的研究往往涉及对人的智能本身的研究，其他关于动物或其他人造系统的智能也普遍被认为是人工智能相关的研究课题。

美国斯坦福大学人工智能研究中心的尼尔逊教授对人工智能下了这样一个定义：“人工智能是关于知识的学科，是怎样表示知识以及怎样获得知识并使用知识的科学。”而美国麻省理工学院的温斯顿教授认为：“人工智能就是研究如何使计算机去做过去只有人类才能做的智能工作。”这些说法反映了人工智能学科的基本思想和基本内容，即人工智能研究人类智能活动的规律，构造具有一定智能的人工系统；研究如何让计算机去完成以往需要人的智力才能胜任的工作，也就是研究如何应用计算机的软、硬件来模拟人类某些智能行为的基本理论、方法和技术。

中国工程院院士李德毅认为，相对于其他学科，人工智能（AI）具有普适性、迁移性和渗透性。一般来说，将人工智能的知识应用于某一特定领域，即所谓的“AI + 某一学科”，可以形成一个新的学科，如生物信息学、计算广告学、计算社会学等。

李开复博士对人工智能下了这样一个定义：人工智能首先应该是计算机程序，其次是深度学习与大数据相融合，在多个相关领域表现出可以被普通人认可的性能和效率，并因此被成熟的商业模式接受，开始在产业界发挥出真正的价值。

综上所述，可以认为人工智能是研究用计算机来模拟人的某些思维过程和智能行为（如学习、推理、思考、规划等）的学科，主要包括计算机实现智能的原理、制造类似于人脑智能的计算机，从而使计算机能实现更高层次的应用。人工智能将涉及计算机科学、心理学、哲学和语言学等学科，可以说几乎囊括了自然科学和社会科学的所有学科，已远远超出了计算机科学的范畴。人工智能与思维科学的关系是实践和理论的关系，人工智能处于思维科学的技术应用层次，是思维科学的一个应用分支。

2. 阿尔法围棋人工智能系统解析

阿尔法围棋人工智能系统主要由以下几个部分组成：

1）策略网络（Policy Network）：给定当前局面，预测并采样下一步的走棋。

2）快速走子（Fast Rollout）：目标和策略网络一样，但在适当牺牲走棋质量的条件下，速度要比策略网络快约 1000 倍。

3）价值网络（Value Network）：结合当前局面，预判是白棋胜还是黑棋胜的概率大。

4）蒙特卡罗树搜索（Monte Carlo Tree Search，MCTS）：把以上三个部分连起来，形成一个完整的系统。

下面介绍阿尔法围棋人工智能系统的工作原理。

(1) 两个大脑　阿尔法围棋（以下简称 AlphaGo）是通过两个不同神经网络“大脑”合作来改进下棋的。这些“大脑”是多层神经网络，与利用 Google 图片搜索引擎去识别图片的过程相似。它们从多层启发式二维过滤器开始，去处理围棋棋盘的定位，就像图片分类器网络处理图片一样。经过过滤，依靠 13 个完全连接的神经网络层产生对它们看到的局面判断，这些层能够做分类和逻辑推理。两个大脑有如下结构：

1）落子选择器（Move Picker）：AlphaGo 的第一个神经网络大脑是监督学习的“策略网络”，通过观察棋盘布局，试图找到最佳的下一步。事实上，它预测每一个合法下一步的最佳概率，是概率排位最高的，这可以理解成“落子选择器”。

2）棋局评估器（Position Evaluator）：AlphaGo 的第二个大脑相对于落子选择器是回答另一个问题，它不是去猜测具体下一步，而是在给定棋子位置的情况下，预测每位棋手赢棋的概率。“棋局评估器”就是“价值网络”，它通过整体局面判断来辅助落子选择器。这个判断仅仅是大概的，但可以帮助 AlphaGo 提高阅读速度。通过分析归类潜在的未来局面的“好”与“坏”，AlphaGo 能够决定是否通过特殊变异去深入阅读，如果棋局评估器认为这个特殊变异不行，那么 AlphaGo 就跳过阅读。

这两个网络通过反复的训练来检查结果，再依据结果去校对调整参数，以便指导优先执行。这个评估器有大量的随机性元素，所以人们不可能精确地知道这两个网络是如何“思考”的，但更多的训练后能让它进化得更好。

(2) 操作过程　AlphaGo 为了应对围棋的复杂性，结合了监督学习和强化学习的优势。它通过训练形成一个策略网络，将棋盘上的局势作为输入信息，并对所有可能的落子位置生成一个概率分布。然后，训练出一个价值网络对对弈结果进行预测，以 -1（对手的绝对胜利）到 1（AlphaGo 的绝对胜利）的标准，预测所有可能落子位置的结果。这两个网络自身都十分强大，而 AlphaGo 将这两个网络整合进基于概率的蒙特卡罗树搜索（MCTS）中，实现了它真正的优势。

在获取棋局信息后，AlphaGo 会根据策略网络探索哪个位置同时具备高潜在价值和高可能性，进而决定最佳落子位置。在分配的搜索时间结束时，模拟过程中被系统最频繁考察的位置将成为 AlphaGo 的最终选择。在经过先期的全盘探索过程中对最佳落子的不断揣摩后，AlphaGo 的搜索算法就能在其计算能力之上加入近似人类的直觉判断。

(3) AlphaGo 的进化与迭代　AlphaGo 此前的版本，结合了数百万人类围棋专家的棋谱、强化学习和监督学习进行了自我训练，其进化版本网名为 Master（大师）的 AlphaGo Zero，其能力则有了质的提升。最大的区别是，它不再需要人类数据，也就是说，它一开始就没有接触过人类棋谱，研发团队只是让它自由随意地在棋盘上下棋，然后进行自我博弈。

据 AlphaGo 团队负责人大卫·席尔瓦（Dave Sliver）介绍，AlphaGo Zero 使用新的强化学习方法，让自己变成了老师。系统一开始甚至并不知道什么是围棋，只是从单一神经网络开始，通过神经网络强大的搜索算法进行自我博弈。随着自我博弈的增加，神经网络逐渐调整，提升预测下一步的能力，最终赢得比赛。随着训练的深入，AlphaGo 团队发现，AlphaGo Zero 还独立发现了游戏规则，并走出了新策略，为围棋这项古老游戏带来了新的见解。

AlphaGo Zero 的特点如下：

1）一个大脑：AlphaGo Zero 仅用了单一的神经网络。在此前的版本中，AlphaGo 用到了“策略网络”来选择下一步棋的走法，并使用“价值网络”来预测每一步棋后的赢家。而在新的版本中，这两个神经网络合二为一，从而让它能得到更高效的训练和评估。

2）神经网络：AlphaGo Zero 并不使用快速、随机的走子方法。在此前的版本中，AlphaGo 用的是快速走子方法，来预测哪个玩家会从当前的局面中赢得比赛。相反，新版本依靠的是其高质量的神经网络来评估下棋的局势。

3. 人工智能应用场景

人工智能是计算机学科的一个分支，20 世纪 70 年代以来被称为世界三大尖端技术（空间技术、能源技术、人工智能）之一，也被认为是 21 世纪三大尖端技术（基因工程、纳米科学、人工智能）之一。这是因为近 30 年来它获得了迅速的发展，在很多学科领域都获得了广泛应用，并取得了丰硕的成果。人工智能已逐步成为一个独立的分支，在理论和实践上都已自成一个体系。

人工智能是人类的工具，是第四次工业革命的核心驱动力，更有可能成为人类社会全新的一次大发现、大变革、大融合、大发展的开端。人工智能可能取代的工作大多拥有清晰的评估标准，工作也可以被客观地衡量，人工智能无法取代的工作通常需要人类做出决策。目前，人工智能相对比较成熟的应用场景如下：

（1）人脸识别　人脸识别是目前应用较广泛的一种机器视觉技术，是人工智能大家庭中的重要分支，也是本书后续章节要重点阐述的技术。近年来，随着深度学习技术的发展，人工智能程序对人脸识别的准确率已经超过了人类的平均水平，使用场景非常广泛，如门禁、考勤、安防、电子支付、进出境边检、车站（机场）出入口等领域。例如，创新工场（由李开复博士创办的）公司的大门上装有一个高分辨率的摄像头，员工走近大门的过程里，与摄像头相连的计算机中安装的一套名为“Face ++”的智能软件会实时采集人脸图像并与系统中存储的员工照片进行比对，系统认识的“熟人”可以自由通行，系统不认识的“陌生人”则会被拒之门外。

人脸识别不仅仅可以当保安、当门卫，还可以保证手机上的交易安全。例如，现在很多超市都在使用的由支付宝（中国）网络技术有限公司提供的刷脸支付结算系统。再如，不少手机银行在需要验证业务办理人的身份时，会打开手机的前置摄像头，要求留下面部的实时影像，而识别程序会在后台完成身份比对操作，确保手机银行程序不会被非法分子盗用。广义上的机器视觉既包括人脸识别，也包括图像、视频中的各种物体识别、场景识别、地点识别，甚至语义理解。

（2）智能语音　2016 年，随着人工智能和语音识别技术方面的不断创新改革，一些以语音交互的机器人逐渐进入大众的视野，智能语音机器人与各个行业的结合越来越广泛。“人工智能语音交互系统”涉及语音合成和语音识别技术，是实现人机语音通信，建立一个有听和讲能力的口语系统所必需的两项关键技术。使计算机具有类似于人一样的说话能力，是当今时代信息产业的重要竞争市场。

“人工智能语音交互系统”所涉及的技术如下：

1）语音合成技术：和语音识别相比，语音合成技术相对说来要成熟一些，并已开始向产业化方向成功迈进，大规模应用指日可待。

2）语音识别技术：自动语音识别（Automatic Speech Recognition，ASR）技术所要解决的问题是让计算机能够“听懂”人类的语音，将语音中包含的文字信息“提取”出来。ASR 技术在“能听会说”的智能计算机系统中扮演着重要角色，相当于给计算机系统安装上“耳朵”，使其具备“能听”的功能，进而实现信息时代利用“语音”这一最自然、最便捷的手段进行人机通信和交互。

3）语音评测技术：又称计算机辅助语言学习（Computer Assisted Language Learning）技术，是一种通过机器自动对发音进行评分、检错并给出矫正指导的技术。语音评测技术是智能语音处理领域的一项前沿研究，同时又因为能显著提高受众对语言（口语）学习的兴趣、效率和效果而有着广阔的应用前景。

4）自然语言识别技术：自然语言是几千年来人们生活、工作、学习中必不可少的元素，而计算机是 20 世纪最伟大的发明之一，如何利用计算机对人类掌握的自然语言进行处理，甚至理解，使计算机具备人类的听说读写能力，一直是国内外研究机构非常关注和积极开展的研究工作。

5）面对面翻译：“面对面翻译”是讯飞输入法升级的新增功能，该功能支持中英、中俄、中日、中韩四种对话翻译模式，并配备有真人发音，中文用户通过它可以直接与外国友人面对面交流。

6）文字扫描识别：文字扫描识别是讯飞输入法新上线的又一功能，该功能可通过拍照和上传已有图片实现。但是受限于文字特别是艺术字体文字的颜色及阴影等变量的干扰，该功能尚不能实现较高的识别率。

7）方言识别：我国幅员辽阔，不同地区存在着不同的地方方言，而地方方言差距很大，方言识别是科大讯飞在智能语音开发上独具特色的“卖点”，支持 22 种方言，其中粤语、四川话、东北话、河南话等方言的识别率均已超过 90%。

（3）自动驾驶　真正由机器全面接管的自动驾驶，最早出现在空中而非地面。这是因为，对于在高空飞行的飞机而言，行驶路线上的交通状况远好于地面。在飞行器上进行感知和操控，环境复杂度远低于由交通标志、移动车辆、可能出现的障碍物、随时可能闯入路面的行人等组成的地面交通生态系统。自动驾驶必备的功能单元如下：

1）感知单元：主要由各种传感器和智能感知算法组成，用于感知交通工具行进路线上的实时路况。

2）决策单元：主要由控制机械、控制电路器和计算机硬件系统组成，用于根据环境信息决定对交通工具施加何种操作。

3）控制单元：主要通过交通工具的控制接口，直接或间接操控交通工具的可操纵界面（如飞机的操纵面或汽车的方向盘和踏板），完成实际的驾驶工作。

和“人工智能”一样，“自动驾驶”也是有歧义的，经常被人以不同的方式解读。例如，有人喜欢用“无人驾驶”来描述相关技术与应用，但“无人”一词带有鲜明的“100% 由机器操控”的含义，无法涵盖辅助驾驶等初级功能。事实上，许多汽车厂商都把计算机辅助驾驶称为“自动驾驶”。大家应该知道，装配有碰撞告警、车道保持、定速巡航、自动泊车等自动化功能的汽车，好多年前就已经开始在市场上销售了。厂家在做广告宣传时，就将这些辅助完成特定操作（如泊车）的系统称为“自动驾驶”，但这和全功能的自动驾驶汽车显然不是一个级别的技术。

为了更好地区分不同层级的自动驾驶技术，国际自动机工程师学会（SAE International）于2014年发布了自动驾驶的六级分类体系，今天绝大多数主流自动驾驶研究者已将SAE标准当作通行的分类原则，见表1-1。

表1-1　SAE六级分类体系

SAE分类	名称	描述性定义	转向和减速操控执行者	对驾驶环境的监控者	复杂情况下动态驾驶任务的执行者	系统支持的路况和驾驶模式
人类驾驶员监控环境						
0	非自动化	所有驾驶任务均由人类驾驶员进行操控	人类驾驶员	人类驾驶员	人类驾驶员	无
1	辅助驾驶	在特定的驾驶模式下由一个辅助驾驶系统根据驾驶环境信息控制转向或加减速中的一种，并期望人类驾驶员完成所有其他动态驾驶任务	人类驾驶员和系统	人类驾驶员	人类驾驶员	部分路况和驾驶模式
2	部分自动化	在特定驾驶模式下由一个或多个辅助驾驶系统根据驾驶环境信息控制转向和加减速，并期望人类驾驶员完成所有其他动态驾驶任务	系统	人类驾驶员	人类驾驶员	部分路况和驾驶模式
自动驾驶系统						
3	有条件的自动驾驶	在特定驾驶模式下由一个自动驾驶系统完成所有动态驾驶任务，但期望人类驾驶员正确响应请求并接管操控	系统	系统	人类驾驶员	部分路况和驾驶模式
4	高度自动化	在特定驾驶模式下由一个自动驾驶系统完成所有动态驾驶任务，即便是人类驾驶员无法正确响应请求并接管操控	系统	系统	系统	部分路况和驾驶模式
5	全自动化	自动驾驶系统在全部时间、全部路况和条件下（可由人类驾驶员管理）完成所有动态驾驶任务	系统	系统	系统	全部路况和驾驶模式

注：灰底区域表示自动化程度。

目前日常使用的大多数汽车在SAE分类中，均处于第0级和第1级，自动泊车功能处于第1级和第2级之间。现行的法律制度、政策、保险体系并不是为自动驾驶时代的交通量身定制的，如果自动驾驶达到第4级或第5级，在纯技术领域是可以的，但更多的是涉及政府、公众、法律、经济、心理、道德等层面的问题，公众需要一定的时间去适应自动驾驶时代的到来。

(4) 智慧金融　智慧金融是目前被看好的人工智能落地领域，根据高盛公司的评估，金融行业里有可能应用人工智能的领域主要包括：

1）量化交易与智能投资：一方面，人工智能技术可以对金融行业里各项投资业务，包括股权投资、债券投资、期货投资、外汇投资、贵金属投资等，利用量化算法进行建模，并直接利用自动化算法参与实际交易，获取最高回报；另一方面，人工智能算法也可以为银行、保险公司、证券公司以及它们的客户提供投资策略方面的自动化建议，引导他们合理配置资产，最大限度规避金融市场风险，最大限度提高金融资本社会效益。

2）风险防控：银行、保险等金融机构对于业务开展中存在的信用风险、市场风险、运营风险等几个主要风险类型历来高度重视，投入了大量的人力、物力、财力采集相关数据，制定风险模型或评分系统，采用各种方法降低风险，减少损失。而近年来新兴的互联网金融公司，由于业务的特殊性，更加需要对客户的信用风险进行准确评估。相关的防控体系需要依赖高维度的大量数据进行深入分析，在这方面，基于深度学习的现代人工智能算法与人类分析员或传统机器学习算法比，具有先天的优势，可以对更为复杂的风险规律进行建模和计算。

3）安防与客户身份认证：基于新一代机器视觉技术的人工智能产品正在各大银行的客户端和网点承担起客户身份认证与安防的工作，如杭州海康威视数字技术股份有限公司、浙江大华技术股份有限公司等以视频为核心的物联网解决方案提供商，致力于不断提升视频处理技术和视频分析技术；在使用支付宝或各大银行的手机银行时，已有不少应用需要打开手机摄像头，采集用户脸部图像与用户预存的照片进行比对，以确认用户的真实身份。银行各办公网点可以利用新一代人脸识别技术，对往来人员进行身份甄别，防止未经授权人进入敏感或保密区域。

4）智能客服：银行、保险、证券等行业为确保客户服务质量，一般都建立了大规模的呼叫中心或客服中心，雇佣大量客服人员，利用电话、网站、聊天工具、手机应用等方式，解答客户问题，解决客户疑难。随着支持语音识别、自然语言理解和知识检索的人工智能客服技术逐渐成熟，金融行业的客服中心会慢慢引入机器人客服专员，由人工智能算法代替人类工作人员，并最终建起全智能化的客服中心。

5）精准营销：如何将金融产品通过传统媒体、网络媒体、手机应用广告等营销方式，传递给最有可能购买该金融产品的客户，这是提高金融行业获得客户效率，提升盈利能力的关键。基于深度学习的人工智能技术可以基于多来源、多维度的大数据分析，为银行潜在客户进行精准“画像”，结合潜在客户曾经的购买行为、个人特征、社交习惯等，将潜在客户分为若干种类别，并为每一种类别的潜在客户匹配最符合他们的金融产品。

(5) 智慧医疗　在制药领域，以深度学习为代表的人工智能技术可以发挥比 20 世纪六七十年代时大得多的作用。一家总部位于伦敦的名叫 Benevolental 的创业公司在做一个有趣的尝试：让人工智能系统阅读存储在专利数据库、医疗数据库、化学数据库中的专利、数据、技术资料，以及发表在医药学期刊上的论文，通过机器学习来寻找潜在的、可用于制造新药的分子式或配方，更好地将人工智能与医药相结合。这家初创公司甚至还为人工智能系统设置了一个“首席医疗官”（Chief Medical Officer，CMO）的职位。

用人工智能辅助疾病诊断，并不是要在所有领域超越顶尖医生，实际上是给经验不足的医生提供帮助，减少因经验欠缺而造成的误诊，方便医生在相同时间内给更多的病人提供服务。目前，世界医疗资源分布严重不均衡，很多国家医生数量不足，发展中国家社区医生的水平与顶尖医生相差甚远。在人工智能的帮助下，我们看到的不会是医生失业，而是同样数量的医生可以服务几倍、数十倍甚至更多的人群。医疗资源分布不均衡的地区，会因为人工智能的引入，让绝大多数病人享受到一流的医疗服务。更重要的是，在人工智能的帮助下，顶尖的医生和科学家可以利用更多的时间，从事那些真正有挑战性的科学研究。

1.1.4 能力拓展

人工智能从诞生以来，理论和技术日益成熟，应用领域也不断扩大，可以设想，未来人工智能带来的科技产品，将会是人类智慧的“容器”。人工智能可以对人的意识、思维的信息处理（加工）过程进行模拟，而人工智能不是人的智能，但能像人那样思考，也可能超过人的智能。

从整体上看，人工智能研究的一个主要目标是使机器能够胜任一些通常需要人类智能才能完成的复杂工作。

如何理解人工智能的概念，成为人工智能产业市场的发展方向。那如何定义人工智能的概念呢？人工智能的概念包含三个含义：如何定义客观世界中某个对象（或者表示）的概念；如何学习一个概念；如何应用一个概念。

为简单起见，这里先讨论什么是概念。经典概念的定义由三部分组成：

第一部分是概念的符号表示，即用特定的符号代表某物，具有名词性，简称概念名，如桌子、椅子、汽车等，符号即指向认知世界的具体物，或者用符号表示对象的名称，具有指名功能。

第二部分是概念的内涵表示，由命题来表示，命题就是能判断真假的陈述句。概念的内涵具有指心功能，是人的主观对客观世界特性的认知和理解，如“CPU 是中央处理器的统称，是计算机的大脑”。其中，“CPU”是某种物的符号，“是中央处理器的统称，是计算机的大脑”就是概念“CPU”的内涵，“计算机的大脑”是人对“CPU”的一个理解。

第三部分是概念的外延表示，即某物所包含范围的集合，用来说明与某物对应的实际对象的范围，不具备某一特定属性，而是一个属性的集合。这个集合具有可观测客观世界对象的相似性、联系性，具有指物功能，即指向某一类的物。例如，“机器人（Robot）是自动执行工作的机器装置。它既可以接受人类指挥，又可以运行预先编排的程序，也可以根据以人工智能技术制定的原则纲领行动，它的任务是协助或取代人类的工作，如制造业、建筑业，或是危险的工作”。在这句话中，“机器人”是概念的符号；“是自动执行工作的机器装置”是“机器人”的内涵；“机器人”的外延是“它既可以接受人类指挥，又可以运行预先编排的程序，也可以根据以人工智能技术制定的原则纲领行动，它的任务是协助或取代人类的工作，如制造业、建筑业，或是危险的工作”。凡是机器装置所包含的或符合这些行为的这类机器，都是机器人。

人工智能也是一个概念，而一个概念成为现实，自然要实现概念的三个功能。目前，学术界按照人工智能的理解，大致分为以下几个研究方向：专注于实现 AI 指名功能的人工智能流派称为符号主义；专注于实现 AI 指心功能的人工智能流派称为连接主义；专注于实现 AI 指物功能的人工智能流派称为行为主义。其各自的特点如下：

1. 符号主义

符号主义（规则式的人工智能系统）认为，只要在机器上的名字是正确的，现实世界就是正确的。通俗一点讲，就是用计算机模拟人对客观世界的认知，指名对了，指物自然正确。符号主义的代表人物是西蒙与纽厄尔，他们提出了物理符号系统假设，即只要在符号计算上实现了相应的功能，那么在现实世界就实现了对应的功能，这是智能的充分必要条件，可以理解为人工智能软件必须将相关领域的人类专家的智慧编写进软件，如“若X，则Y”。著名的图灵测试就是用来验证关于物理符号系统假设的实验，其主要目的就是如何判断一台机器是否具有智能。

图灵测试的实验如下：一个房间里有一台计算机和一个人，计算机和人分别通过各自的打印机与外面联系。外面的人通过打印机向屋里的计算机和人提问，屋里的计算机和人分别作答，计算机尽量模仿人。所有的回答都是通过打印机用语言描述出来的。如果屋外的人判断不出哪个回答是人的、哪个回答是计算机的，那么就认定这台计算机具有智能。

符号主义在人工智能研究中扮演着重要角色，其早期工作的成就体现在机器证明和知识表示上，因此，符号主义也称为专家系统。实现符号主义面临的现实挑战主要有三个：

1）概念的组合爆炸问题，每人掌握的基本概念大约有5万个，其形成的组合概念却是无穷的，因为常识难以穷尽，推理步骤也可以无穷。

2）命题的组合悖论问题，两个都是合理的命题，组合起来变成了无法判断真假的句子。

3）最难的问题是经典概念在实际生活当中是很难得到的，知识难以提取。

上述的三个问题成了符号主义发展的瓶颈。

2. 连接主义

连接主义认为大脑是一切智能的基础，如何用计算机模拟人的思考过程，应重点关注大脑神经元及其连接机制，试图发现大脑的结构及其处理信息的机制，揭示人类智能的本质机理，进而在机器上实现相应的模拟。知识是智能的基础，而概念是知识的基本单元，因此连接主义实际上是重点关注于概念的心智表示以及如何在计算机上实现其心智表示，这对应着概念的指心功能。连接主义的典型技术为神经网络与深度学习。

神经网络按照大脑的模型，在计算机上模仿人脑结构，构建类似生物神经元的结构收发信息，通常不会给人工智能系统设定决策规则，而是把某一现象的大量例子输入人工智能神经元网络，让神经网络从这些数据中学习、识别规律，来自人的干预越少越好。

神经网络需要大量的计算以及大量的数据样本，而互联网的兴起带来了海量的数据。在2010年左右，由著名研究员杰弗里·辛顿找到了有效训练人工神经网络中新增神经元层的方法，使得人工神经网络得到了又一次大发展。

在围棋上采用深度学习术的AhphaGo战胜了李世石，之后又战胜了柯洁；以科大讯飞为代表的语音智能技术在机器翻译方面，采用深度学习技术已经超过了人类翻译的水平；在以旷视科技、海康威视、大华集团为代表的图像识别领域，深度学习也已经达到了实用水准。客观地说，深度学习的研究成就虽已经取得了工业级的进展，但现在的神经网络和深度学习实际上与真正的人脑处理机制距离尚远，并非人脑的运行机制。

3. 行为主义

行为主义假设智能取决于感知和行动，不需要知识、表示和推理，只需要将智能行为表现出来就好，即只要能实现物的功能即可认为具有智能了。谷歌公司采用 TensorFlow 深度学习框架的 AlphaGo Zero，就充分展现了这方面的能力，它不再需要人类数据，一开始就没有接触过人类棋谱，研发团队只是让它自由随意地在棋盘上下棋，然后进行自我博弈、自我学习、自我升级，最后在世界围棋挑战赛中以 60：0的战绩，完胜人类。

通常，行为主义采用“机器学习”。机器学习的数学基础是统计学、信息论和控制论等学科，还包括其他非数学学科。这类机器学习对经验的依赖性很强，计算机需要不断从解决一类问题的经验中获取知识、学习策略，在遇到类似的问题时，运用经验知识解决问题并积累新的经验，就像普通人一样。这样的学习方式称为“连续型学习”。

但人类除了会从经验中学习之外，还会创造，即“跳跃型学习”。这在某些情形下被称为“灵感”或“顿悟”。一直以来，计算机最难学会的就是“顿悟”。或者再严格一些来说，计算机在学习和“实践”方面难以学会“不依赖于量变的质变”，很难从一种“质”直接到另一种“质”，或者从一个“概念”直接到另一个“概念”。正因为如此，这里的“实践”并非同人类一样的实践，人类的实践过程同时包括经验和创造，这是智能化研究者梦寐以求的东西。

子任务 2　了解人工智能历史

1.2.1　任务场景

2018 年 11 月 7 日，在第五届世界互联网大会上，搜狗与新华社联合发布全球首个全仿真 AI 主持人，通过语音合成、唇形合成、表情合成以及深度学习等技术，克隆出具备和真人主播一样播报能力的“AI 合成主播”。

在 2019 年，中国两会期间，新华社推出了“全球首个 AI 合成女主播”，并正式上岗。

1.2.2　需求分析

特朗普当然不会说中文，这个场景是科大讯飞利用人工智能算法，通过大量特朗普讲话的样本数据训练后的结果。该算法模拟制作的声音，无论声调、语气还是风格，几乎都能完美地模拟出特朗普的声音，之后再用普通话的语音模型，让世界听到了一个似乎从小在北京长大的美国总统的声音。科大讯飞对奥巴马的声音也如法炮制，把他在直播的记者会上的英文发言转换成完美的普通话发言。

“AI 合成主播”是在搜狗“分身”技术的支持下，通过人脸关键点检测、人脸特征提取、人脸重构、唇语识别、情感迁移等多项前沿技术，并结合语音、图像等多模态信息进行联合建模训练后，生成与真人无异的 AI 分身模型。该项技术能够将所输入的中英文文本自动生成相应内容的视频，并确保视频中音频和表情、唇动保持自然一致，展现与真人主播无异的信息传达效果。

不仅有中文“AI 合成主播”，同时还有以“连接中外、沟通世界”为使命的英文“AI 合成主播”。合成主播以建立输入文本与输出音频信息的关联为基础，使用图像生成引擎，利用业界的人脸识别、三维人脸重建、表情建模等技术对人脸表情动作进行特征学习和建模，使输入文本、输出音频与输出视觉信息关联映射，最终生成“AI 合成主播”。

1.2.3 能力储备

人工智能（Artificial Intelligence，AI）一词最初是在 1956 年达特茅斯会议上被提出来的，与电子计算机技术发展如影相随。从那以后，研究者们发展了众多的理论和原理，人工智能的概念也随之扩展。纵观人工智能进化史，人工智能的发展比预想的要慢，但一直在前进。

从 1956 年人工智能出现至今，人工智能大概经历了三起两落的浪潮，并且影响到了其他技术的发展。

1. 第一浪：符号时代（20 世纪 60 年代末之前）

1946 年 2 月 14 日，由美国军方定制的世界上第一台电子计算机“电子数字积分计算机”（Electronic Numerical Integrator And Calculator，ENIAC）在美国宾夕法尼亚大学问世。1949 年，改进后的计算机能存储程序，使得输入程序变得简单些，而且计算机理论的发展产生了计算机科学，并最终促使了人工智能的出现。计算机的发明，为人工智能的实现提供了必要基础。

20 世纪 50 年代早期，人们注意到人类智能与机器之间的联系。数学家诺伯特·维纳是最早研究反馈理论的。他从理论上指出，所有的智能活动都是反馈机制的结果，而反馈机制是有可能用机器模拟的。这项发现对早期 AI 的发展影响很大。

1955 年末，计算机科学家、认知信息科学家艾伦·纽厄尔和计算机科学家、心理学教授赫伯特·西蒙做了一个名为“逻辑专家”的程序，这个程序被许多人认为是第一个 AI 程序。它将每个问题都表示成一个树形模型，通过选择分支项来求解问题，最后得到可能正确的结论。例如，判断一只鸟是不是企鹅，工作过程如图 1-1 所示。

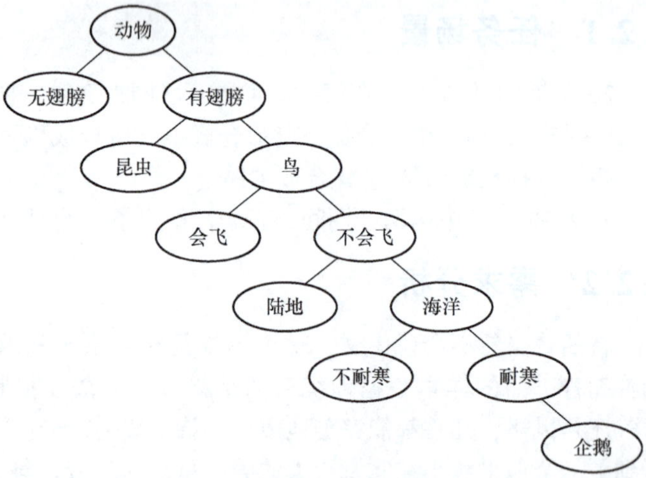

图 1-1 逻辑专家原理图

“逻辑专家”对公众和 AI 研究领域产生的影响，使它成为 AI 发展史上一个重要的里程碑。1956 年，被认为是人工智能之父的计算机科学家与认知科学家约翰·麦卡锡在美国的达特茅斯学院组织了一次会议，将许多对机器智能感兴趣的专家与学者聚集在一起，进行了一个月的讨论，将这个领域命名为“人工智能”（Artificial Intelligence），并为以后的 AI 研究奠定了基础。

当计算机出现后，人类开始真正有了一个可以模拟人类思维的工具，在以后的岁月中，无数科学家为这个目标努力着。

在这个时代，人工智能最大的特点是：AI 是与人类思考方式或行为相似的计算机程序，能够遵照人类思维里的逻辑规律或动作规律进行操作、计算；采用传统的编程技术，使系统呈现智能的效果，而不考虑所用方法是否与人或动物机体所用的方法相同，这种方法已在一些领域内做出了成果，如文字识别、计算机下棋等。

这个时期的人工智能分化为两个阵营：一个是规则式方法；另一个是神经网络方法。

1）规则式人工智能系统有时也称为符号系统或专家系统。该阵营的研究人员认为，要使人工智能软件更好地适应现实世界，必须将相关领域的人类专家的智慧编写进软件，使用逻辑规则来指导计算机如何思考。

这种方式的优势在于，人工智能类的软件只需要运行在计算机上，按照详细规定的程序逻辑运行，简单、高效、成本低；不足之处是研究人员必须对物、概念等有精准的定义，计算机的计算能力不足，复杂度越高，效率就越低。

2）神经网络阵营另辟蹊径，在计算机上“重建”人脑，模仿人脑结构，构建类似生物神经元网络的结构来收发信息。研究人员不会给人工智能系统设定决策规则，只是把某一现象的大量例子输入人工神经网络，让网络从这些数据中学习、识别规律。

这种方式的优势在于比较符合人对人工智能的认知，计算机能够在数据之间找到关联性，无须人类干预，计算机就可以做出比人类更好的决策；不足之处是计算机需要大量的运算能力和大量的数据样本。

20 世纪 50 年代到 60 年代，早期的人工神经网络获得了乐观且让人振奋的成果，到了 1969 年，受到计算能力和数据存储量的限制，研发人员利用神经网络让计算机具备从这些数据中学习、识别规律等能力，几乎是不可能完成的事情。

规则式阵营的研究人员认为神经网络算法不可靠且用途有限，神经网络方法很快“退烧”。人工智能随之在 20 世纪 70 年代陷入了早期的寒冬，进入了低谷期。

2. 第二浪：基于统计模型时代（20 世纪 80 年代至 90 年代末）

20 世纪 80 年代至 90 年代末，信息技术在集成电路研发、通信技术、电子制作等领域有了长足进步。以 Intel 公司研发的 8086 芯片为代表，计算机进入了 x86 体系架构的全新时代，计算机的计算能力从原有的 8 位计算逐步提升至 32 位计算；伴随着计算机网络技术（由 kbit/s 升级为 Mbit/s）、存储技术（由 MB 升级为 GB）、传输技术（电传输转为光传输）、通信技术（由模拟通信转为数字通信）等领域的发展，人工智能迎来了第二次浪潮。

以李开复博士开发的非特定人连续语音识别技术为代表的基于统计模型的人工智能技术悄然兴起，并在语音识别、机器翻译等领域取得了不俗的进展，使得语音识别成为当时最具代表性的几项突破性进展之一。人工神经网络也在模式识别等领域开始有所建树，再加上 1997 年 IBM 的“深蓝”计算机战胜人类棋王卡斯帕罗夫，人们的积极性再度高涨起来。

这个时期的人工智能采用模拟法，它不仅要看效果，还要求实现方法也和人类或生物机体所用的方法相同或类似，遗传算法（GA）和人工神经网络（ANN）均属于这种类型。遗传算法模拟人类或生物的遗传—进化机制；而人工神经网络则是模拟人类或动物大脑中神经细胞的活动方式。

采用模拟法时，编程者要为每一角色设计一个智能系统（一个模块）来进行控制，这个智能系统（模块）开始什么也不懂，就像初生婴儿那样，但它能够学习，能渐渐地适应环境，应付各种复杂情况。为了得到相同智能效果，遗传算法和人工神经网络通常都可使用。

采用模拟法系统的优势是系统开始也常犯错误，但它能吸取教训，下一次运行时就可能改正，至少不会永远错下去，不用发布新版本或打补丁。利用这种方法来实现人工智能，要求编程者具有生物学的思考方法，入门难度大一点，但一旦入了门，就可得到广泛应用；不足之处在于，技术进步还不够，不足以超过人类对智能机器的预期。

到了20世纪90年代末，人工智能系统需要对大规模数据进行统计建模，并需要大规模的、高性能的计算系统，以及需要大量的数据提供给该系统进行学习和训练。由于高额成本等因素的制约，人工智能又一次陷入低谷。

3. 第三浪：深度学习时代（2000年以后）

2000年以后，随着互联网技术的大发展，基于深度学习的人工智能又一次推动了人工智能的变革，而此次变革实现了物联网、云计算、大数据等领域的大融合。

2006年，深度学习泰斗杰弗里·辛顿及其合作者西蒙·奥森德罗发表了一篇名为《一种深度置信的快速学习方法》的论文，宣告了深度学习时代的到来。2010年，杰弗里·辛顿又找到了有效训练人工神经网络中新增神经元层的方法，使得神经网络与深度学习高效地结合在一起，进一步推进了深度学习的发展。

深度学习能够大展身手的两个前提条件是强大的计算能力和高质量的大数据，它是一种机器学习的延伸。

（1）计算集群为深度学习提供了“超级大脑”　计算机产业的发展使计算性能、处理能力大幅度提高，网络技术的传输能力、交换能力快速发展，大规模的计算集群已不再是稀罕物。网格计算、并行计算的能力大幅度提升，尤其是云计算的发展，为人工智能领域提供了强大的“超级大脑”，推动人工智能进入一个全新的“超级大脑”时代。

（2）海量数据为深度学习提供了丰富的“精神食粮”　深度学习就是把计算机要学习的内容看成一组数据，把这些数据通过一个复杂的、包含多个层级的数据处理的网络（深度神经网络），然后检查经过这个网络处理的结果数据是否符合要求。如果符合，就保留这个网络作为目标模型；如果不符合，就进一步调整网络参数，直到输出满足要求。而互联网的崛起，对数据的重大影响是带来了海量的数据，文本、图像、视频等各种数据爆炸性增长。目前IDC和EMC联合发布的《2020年的数字宇宙》报告中指出：到2020年，全球各种数据的存储量膨胀到约40ZB，平均约5200GB/人以上。

李开复博士指出：基于神经网络和深度学习引发了人工智能开始经历4次重大变革，分别是互联网智能化、商业智能化、实体世界智能化、自主智能化。每一次变革都将以不同的方式利用人工智能的力量，颠覆不同的产业，让人工智能更深层次地融入人们的生活。互联网智能化、商业智能化、实体世界智能化已经出现在我们身边，自主智能化正走出实验室，来到我们身边。

1）互联网智能化：起源于2003年左右，以雅虎、搜狐等搜索引擎为代表，使用人工智能算法作为推荐引擎，按照个人的喜好推荐可能喜欢的互联网内容。

这波浪潮在2012年成为主流，出现了全新的、由人工智能驱动的互联网公司，如今日头条等。今日头条的人工智能引擎在互联网上搜寻内容，使用自然语言处理和计算机视觉技术，消化和整理来自合作伙伴及特约撰稿人的大量文章与视频，再根据用户以往的浏览习惯，为客户量身定做各种个性化的推送服务；阿里巴巴的淘宝和天猫、京东商城、苏宁易购等电商网站根据用户的成交数据，定期或不定期地推荐相关或类似的商品，以节约用户逛网上商城的时间；通信运营商会结合用户的通信习惯，为客户量身定制通信套餐等商务活动。

2）商业智能化：互联网智能化的基础是给互联网用户的浏览数据贴标签，而商业智能化是给传统公司数十年来积累的大量专业数据贴标签，从数据库中挖掘人类往往忽视的隐形联系，参考以往的决策与结果，利用贴了标签的数据训练算法，最终使其超越经验丰富的人类从业者。

3）实体世界智能化：感知人工智能的问世，改变了计算机、智能手机等人机交流的现状。利用相应的人工智能算法能够模拟人脑的运作方式，把图片或视频的像素汇集成有意义的集群以辨识其中的对象，以大量的传感器及智能型器材，把现实世界转化为可被深度学习算法分析与优化的数据，把人工智能延伸至人们的生活环境。例如，阿里巴巴的“城市大脑”通过摄像机和物体区别，可以把城市交通流量数字化；手机银行“刷脸支付”功能，可以方便人们的交易；华为 P30 手机的 AI 芯片，让手机拍出更为绚丽的照片。

4）自主智能化：就是让计算机能够像人一样思考，能完全模仿人类大脑的功能。

人工智能虽然取得了很多成绩，但距离人们的期望尚有一定的差距，目前的人工智能产品，有时被人戏称为“人工智障”。无论怎样，人工智能始终是计算机科学的前沿学科，计算机编程语言和其他计算机软件都因为有了人工智能的进展而得以存在。

1.2.4 能力拓展

人工智能就其本质而言，是对人的思维的信息处理过程的模拟。对于人的思维模拟可以从两条道路进行：一是结构模拟，仿照人脑的结构机制，制造出“类人脑”的机器；二是功能模拟，暂时撇开人脑的内部结构，而从其思考过程进行模拟。现代电子计算机的产生便是对人脑思维功能的模拟，是对人的思维的信息处理过程的模拟。

1. 技术研究

用来研究人工智能的主要物质基础，以及能够实现人工智能技术平台的机器就是计算机，人工智能的发展历史是和计算机科学技术的发展史联系在一起的。除了计算机科学以外，人工智能还涉及信息论、控制论、自动化、仿生学、生物学、心理学、数理逻辑、语言学、医学和哲学等多门学科。人工智能学科研究的主要内容包括知识的表示、自动推理和搜索的方法、机器学习和知识的获取、处理系统，应用场景包括自然语言理解、计算机视觉、智能机器人、自动程序设计等方面。

2. 研究方法

如今没有统一的原理或范式来指导人工智能研究，在许多问题上都存在争论，其中几个长久以来仍没有结论的问题是：是否应从心理或神经方面模拟人工智能，或者像鸟类生物学对于航空工程一样，人类仿生学对于人工智能研究是没有关系的？智能行为能否用简单的原则（如逻辑或优化）来描述，还是必须解决大量完全无关的问题？

仅从人工智能研究方法上看，研究的流派大致可分为以下几类：

（1）符号研究　20 世纪 50 年代，数字计算机研制成功，研究者开始探索人类智能是否能简化成符号处理。研究主要集中在卡内基梅隆大学、斯坦福大学和麻省理工学院，但各自均有独立的研究风格。

20 世纪 60 年代，符号方法在小型证明程序上模拟高级思考有很大的成就，而基于控制论或神经网络的方法则置于次要位置，20 世纪六七十年代的研究者确信符号方法最终可以成功创造强人工智能的机器，同时这也是他们的目标。

（2）专家系统　20 世纪 70 年代，另一个进展是专家系统。专家系统可以预测在一定条件下某种现象的发生概率。由于当时计算机已有巨大容量（相对于 20 世纪 60 年代来说），专家系统有可能从数据中得出规律。专家系统的市场应用很广泛，如股市预测、医疗以及矿藏等领域，这一切都因为专家系统的存储规律和信息的能力而成为可能。

（3）子符号法　20 世纪 80 年代，符号研究停滞不前，很多人认为符号系统永远不可能模仿人类所有的认知过程，特别是机器感知、机器学习和模式识别，很多研究者开始关注子符号方法解决特定的人工智能问题。

新式 AI 机器人领域相关的研究者，研究方向转为否定符号研究而专注于机器人移动和求生等基本的工程问题。他们的工作再次关注早期控制论研究者的观点，同时提出了在人工智能中使用控制理论。

20 世纪 80 年代中期，美国认知心理学家戴维 · 鲁姆哈特等再次提出神经网络和连接主义，这和其他的子符号方法，如模糊控制和进化计算，都属于计算智能学科研究范畴。

（4）统计学法　20 世纪 90 年代，人工智能研究出复杂的数学工具来解决特定的分支问题，如数学、经济或运筹学。这些工具是真正的科学方法，即这些方法的结果是可测量的和可验证的，同时也是人工智能成功的原因。

（5）集成方法　一个包含符号和子符号部分的系统称为混合智能系统，而对这种系统的研究则是人工智能系统集成方法。分级控制系统则给反应级别的子符号 AI 和最高级别的传统符号 AI 提供桥梁，同时放宽了规划和建模的时间。

（6）智能模拟　主要研究使用机器来进行生物仿真——对视、听、触、感觉及思维方式的模拟，如指纹识别、人脸识别、信息感应与辨证处理等智能模拟。

3. 人工智能的影响

1）人工智能对自然科学的影响：该领域需要使用计算机来解决大量计算，AI 带来的帮助不言而喻，更重要的是，AI 反过来有助于人类最终认识自身智能的形成。

2）人工智能对经济的影响：专家系统更深入各行各业，带来巨大的宏观效益，AI 促进了计算机网络技术的发展，但同时，也带来了大量的社会问题。由于 AI 在科技和工程中的应用，能够代替人类进行各种技术工作和脑力劳动，会造成社会结构的剧烈变化。

3）人工智能对社会的影响：AI 也为物质和文化生活提供了新的模式，现有的游戏将逐步发展为更高智能的交互式文化娱乐手段，今天，游戏中的人工智能应用已经深入到各大游戏制造商的开发中。

伴随着人工智能和智能机器人的发展，不得不讨论的是人工智能本身就是超前研究，需要用未来的眼光开展现代的科研，因此很可能触及伦理底线。作为科学研究可能涉及的敏感问题，需要针对可能产生的冲突及早预防，而不是等到问题、矛盾到了不可解决的时候才去想办法化解。

子任务3　展望人工智能

1.3.1　任务场景

2019年6月17日，国家新一代人工智能治理专业委员会发布了《新一代人工智能治理原则——发展负责任的人工智能》（以下简称《治理原则》），其中提出了人工智能治理的框架和行动指南。这是我国促进新一代人工智能健康发展，加强人工智能法律、伦理、社会问题研究，积极推动人工智能全球治理的一项重要成果。

《治理原则》旨在更好地协调人工智能发展与治理之间的关系，确保人工智能安全、可控、可靠，推动经济、社会及生态可持续发展，共建人类命运共同体，突出了发展负责任的人工智能这一主题，强调了和谐友好、公平公正、包容共享、尊重隐私、安全可控、共担责任、开放协作、敏捷治理八条原则。

近年来，人工智能迅速发展，正在深刻地改变人类社会生活、改变世界。新一代人工智能发展规划推进办公室成立了国家新一代人工智能治理专业委员会，其目的是促进新一代人工智能健康地发展，加强人工智能法律、伦理、社会问题研究，积极推动人工智能全球治理。

1.3.2　需求分析

全球人工智能发展进入新阶段，呈现出跨界融合、人机协同、群智开放等新特征，正在深刻改变人类社会生活、改变世界。为促进新一代人工智能健康发展，更好地协调发展与治理的关系，确保人工智能安全、可靠、可控，推动经济、社会及生态可持续发展，共建人类命运共同体，按照《治理原则》的规划，人工智能发展相关各方应遵循以下原则：

1）和谐友好：人工智能发展应以增进人类共同福祉为目标；应符合人类的价值观和伦理道德，促进人机和谐，服务人类文明进步；应以保障社会安全、尊重人类权益为前提，避免误用，禁止滥用、恶用。

2）公平公正：人工智能发展应促进公平公正，保障利益相关者的权益，促进机会均等，通过持续提高技术水平、改善管理方式，在数据获取、算法设计、技术开发、产品研发和应用过程中消除偏见和歧视。

3）包容共享：人工智能应促进绿色发展，符合环境友好、资源节约的要求；应促进协调发展，推动各行各业转型升级，缩小区域差距；应促进包容发展，加强人工智能教育及科普，提升弱势群体的适应性，努力消除数字鸿沟；应促进共享发展，避免数据与平台垄断，鼓励开放有序竞争。

4）尊重隐私：人工智能发展应尊重和保护个人隐私，充分保障个人的知情权和选择权；在个人信息的收集、存储、处理、使用等各环节应设置边界，建立规范；完善个人数据授权撤销机制，反对任何窃取、篡改、泄露和其他非法收集利用个人信息的行为。

5）安全可控：人工智能系统应不断提升透明性、可解释性、可靠性、可控性，逐步实现可审核、可监督、可追溯、可信赖；高度关注人工智能系统的安全，提高人工智能鲁棒性及抗干扰性，形成人工智能安全评估和管控能力。

6）共担责任：人工智能研发者、使用者及其他相关方应具有高度的社会责任感和自律意识，严格遵守法律法规、伦理道德和标准规范；建立人工智能问责机制，明确研发者、使用者和受用者等的责任；人工智能应用过程中应确保人类知情权，告知可能产生的风险和影响；防范利用人工智能进行非法活动。

7）开放协作：鼓励跨学科、跨领域、跨地区、跨国界的交流合作，推动国际组织、政府部门、科研机构、教育机构、企业、社会组织、公众在人工智能发展与治理中的协调互动；开展国际对话与合作，在充分尊重各国人工智能治理原则和实践的前提下，推动形成具有广泛共识的国际人工智能治理框架和标准规范。

8）敏捷治理：尊重人工智能发展规律，在推动人工智能创新发展、有序发展的同时，及时发现和解决可能引发的风险；不断提升智能化技术手段，优化管理机制，完善治理体系，推动治理原则贯穿人工智能产品和服务的全生命周期；对未来更高级人工智能的潜在风险持续开展研究和预判，确保人工智能始终朝着有利于社会的方向发展。

1.3.3 能力储备

随着人工智能领域的发展，人工智能不再只属于实验室中的一小群研究人员，人们开始感受到计算机和人工智能技术的影响。当谈到了人类对人工智能的某种担心，很多人最想知道的是：今天的人工智能到底有多“聪明”？人工智能到底会发展到什么程度？什么样的人工智能会超出人类的控制范围，甚至给人类带来威胁？人工智能如何发展？是否可以部分或全部替代人类的工作，让机器像人类一样思考、具有独立的意识和行为能力？要回答这些问题，需要先了解一下有关不同层级人工智能的几个基本定位。

1. 人工智能的基本应用定位

（1）弱人工智能　弱人工智能（Weak AI）又称限制领域人工智能（Narrow AI）或应用型人工智能（Applied AI），指的是专注于且只能解决特定领域问题的人工智能。弱人工智能观点认为不可能制造出能真正地推理和解决问题的智能机器，这些机器只不过看起来像是智能的，但是并不真正拥有智能，也不会有自主意识。主流科研集中在弱人工智能上，并且一般认为这一研究领域已经取得了可观的成就。毫无疑问，今天人们看到的所有人工智能算法和应用都属于弱人工智能的范畴。

谷歌公司的 AlphaGo 是弱人工智能的一个最好的实例，在围棋领域它超越了人类最顶尖选手，但 AlphaGo 的能力也仅止于围棋（或类似的博弈领域）。一般而言，限于弱人工智能在功能上的局限性，人们更愿意将弱人工智能看成是人类的工具，而不会将弱人工智能视为威胁。只要严格控制，严密监管，人类完全可以像使用其他工具一样，放心地使用现在主流的 AI 技术。但少数评论者依然认为，弱人工智能在总体上虽只是一种技术工具，但如果管理、应对不善也会带来致命的风险。

（2）强人工智能　强人工智能（Strong AI）又称通用人工智能或完全人工智能，指的是可以胜任人类所有工作的人工智能。强人工智能最初是由美国加州大学伯克利分校的哲学教授约翰·罗杰斯·希尔勒针对计算机和其他信息处理机器创造的，其定义为：“强人工智能观点认为计算机不仅是用来研究人的思维的一种工具；相反，只要运行适当的程序，计算机本身就是有思维的。”强人工智能的观点认为有可能制造出真正能推理和解决问题的智能机器，并且，这样的机器将被认为是有知觉的，有自我意识的。

李开复博士认为，一般可以称得上强人工智能的程序，大概需要具有以下几方面的能力：

1）存在不确定因素时进行推理、使用策略、解决问题、制定决策的能力。

2）知识表示的能力，包括常识性知识的表示能力。

3）规划能力。

4）学习能力。

5）使用自然语言进行交流沟通的能力。

6）将上述能力整合起来实现既定目标的能力。

基于上面几种能力的描述，大概可以想象一个具备强人工智能的计算机程序会表现出什么样的行为特征。一旦实现了符合这一描述的强人工智能，几乎可以肯定地说：所有人类工作都可以由人工智能来取代。从乐观主义的角度讲，人类到时就可以坐享其成，让机器人为人类服务，每个机器人可以一对一地替换每个人类个体的具体工作，人类则获得完全意义上的自由，只负责享乐，不再需要劳动。

在强人工智能的定义里，存在一个关键的争议问题：强人工智能是否具备人类的“意识”。主要分歧在于以下几方面：

1）类人的人工智能：有些研究者认为，只有具备意识的人工智能才可以叫强人工智能，即机器的思考和推理就像人的思维一样。

2）非类人的人工智能：另一些研究者则认为，强人工智能只要具备胜任人类所有工作的能力就可以了，未必与人类的意识一致，即机器产生了与人完全不一样的知觉和意识，使用和人完全不一样的推理方式。

不难设想，一旦强人工智能程序具备人类的意识，那么我们就必然需要像对待一个有健全人格的人那样对待一台机器。那时，人与机器的关系就绝非是工具使用者与工具本身这么简单。拥有意识的机器会不会甘愿为人类服务？机器会不会因为某种共同诉求而联合起来站在人类的对立面？一旦拥有意识的强人工智能得以实现，这些问题将直接成为人类面临的现实挑战。

（3）超人工智能　假设计算机程序通过不断发展，可以比世界上最聪明、最有天赋的人类还聪明，那么，由此产生的人工智能系统就可以被称为超人工智能（Super Intelligence）。牛津大学哲学家、未来学家尼克·波斯特洛姆在他的《超级智能》一书中，将超人工智能定义为“在科学创造力、智慧和社交能力等每一方面都比最强的人类大脑聪明很多的智能”。显然，对今天的人类来说，这是一种只存在于科幻电影中的想象场景，如《终结者》系列、《变形金刚》系列等影片。

与弱人工智能、强人工智能相比，超人工智能的定义最为模糊，因为没人知道超越人类的智慧到底是什么样的智慧。如果说对于强人工智能还存在从技术角度进行探讨的可能性的话，那么，对于超人工智能，今天的人类大多就只能从哲学或科幻的角度加以解析了，主要原因如下：

1）我们不知道强于人类的智慧形式将是怎样的一种存在，现在去谈论超人工智能和人类的关系，不仅为时过早，而且根本不存在可以清楚讨论的对象。

2）我们没有方法也没有经验去预测超人工智能到底是一种不现实的幻想，还是一种在未来必然会降临的结局。

3）事实上，我们根本无法准确推断，到底计算机程序有没有能力达到这一目标。

需要指出的是，无论弱人工智能、强人工智能，还是超人工智能，并非完全对立的。究其本质，这首先会牵扯出“人类的意识到底是什么”这样的难解问题，从而让讨论变得无的放矢。以人类今天对感情、自我认知、记忆、态度等概念的理解，类似的讨论会牵涉哲学、伦理学、人类学、社会学、神经科学、计算机科学等方方面面，短期内还看不出有完美解决这一问题的可能。

显然，公众对人工智能挑战人类、威胁人类存有疑虑，而公众所担心的那个人工智能，基本上属于这里所说的“强人工智能”和“超人工智能”。

2. 人工智能的发展现状

早期的人工智能研究人员直接模仿人类进行逐步的推理，就像是玩棋盘游戏或进行逻辑推理时人类的思考模式。到了20世纪80年代，利用概率和经济学上的概念，人工智能研究还发展了非常成功的方法处理不确定或不完整的资讯。目前，人工智能的研究方向已经被分成几个子领域，研究人员希望一个人工智能系统具有某些特定能力。

（1）机器学习领域　机器学习的主要目的是从使用者和输入数据等处获得知识，从而可以帮助解决更多问题，减少错误，提高解决问题的效率。对于人工智能来说，机器学习从一开始就很重要。1956年，在最初的达特茅斯夏季会议上，雷蒙德索洛莫诺夫写了一篇关于《不监视的概率性机械学习：一个归纳推理的机械》的论文，在论文中阐述了关于不监视的概率性机器学习相关的研究成果，从此拉开了机器学习的大幕。

（2）自然语言处理领域　自然语言处理是计算机科学领域与人工智能领域中的一个重要方向，主要研究能实现人与计算机之间用自然语言进行有效通信的各种理论和方法，是一门融语言学、计算机科学、数学于一体的科学。自然语言处理并不是一般地研究自然语言，而在于研制能有效地实现自然语言通信的计算机系统，特别是其中的软件系统。

（3）机器感知　机器感知是指能够使用传感器（如摄影机、传声器、声呐以及其他的特殊传感器）所输入的资料推断世界的状态，包括能够分析影像输入、语音识别、人脸辨识和物体辨识等。

（4）情感计算　情感和社交技能对于机器智能是很重要的。首先，通过了解人们的动机和情感状态，机器智能能够预测人的行动（涉及要素：博弈论、决策理论以及能够塑造人的情感和情绪感知能力的检测）。此外，为了良好的人机互动，机器智能也需要表现出情绪来，至少它能礼貌地和人类打交道，并且自身还应该有正常的情绪。

（5）计算机创造力　计算机创造力代表了理论（从哲学和心理学的角度）和实际（通过特定的实现产生的系统输出是可以考虑的创意，或系统识别和评估创造力）所定义的创造力，相关领域研究包括了人工意识和人工想象。

（6）多元智能　大多数研究人员希望他们的研究最终将被纳入一个具有强人工智能，并且具有上述技能的智能体。有些人认为要达成以上目标，可能需要拟人化的特性，如人工意识或人工大脑。

综上所述，许多问题被认为是为了解决其中一个问题，但实际上必须解决全部的问题，否则会影响人工智能的完整性。即使一个简单和特定的任务，如机器翻译，也要求机器按照作者的论点（推理），知道什么是被人谈论（知识），忠实地再现作者的意图（情感计算）。因此，机器翻译被认为具有人工智能完整性，它可能需要强人工智能，就像是人类一样。

对于困难的问题，有可能需要大量的运算资源，当问题超过一定的规模时，计算机会需要超大数量级的存储器或是运算时间，也就是发生了“可能组合暴增”。如何寻找更有效的算法是优先发展的人工智能研究项目之一。

早期人工智能研究通常使用逐步推导的方式，而人类解决问题的模式通常是用最快捷的、直观的判断，而不是有意识的、一步步的推导。人工智能研究已经由这种“次表征性的”解决问题方法发展为实体化、智能化的 Agent 以及神经网络研究，试图以模拟人类和动物的大脑结构重现这种技能。

3. 智能 Agent

智能 Agent 必须能够制定目标和实现这些目标，它需要一种方法来建立一个可预测的世界模型，设计思想是将整个世界状态用数学模型表现出来，并能预测它的行为将如何改变这个世界，这样就可以选择功效最大的行为。

在传统的规划问题中，智能 Agent 被假定是世界中唯一具有影响力的智能管理者，所以它要做出什么行为是已经确定的。但是，事实并非如此，它必须定期检查世界模型的状态是否和自己的预测相符合，如果不符合，它必须改变它的计划。因此，智能 Agent 必须具有在不确定结果的状态下推理的能力。在 Agent 集群中，多个 Agent 规划以合作和竞争的方式去完成一定的目标，使用演化算法和群体智慧可以达成一个整体的现实行为目标。

（1）Agent 的基本定义　Agent 指能自主活动的软件或者硬件实体，通常翻译为代理。我国科学界趋向于把它翻译为智能体，通常指一个应用程序，可以处理查询并返回结果或驻留在所有受管设备中并向管理站报告指定变量的值。

IT 界的 Agent 概念是由麻省理工学院的著名计算机学家和人工智能学科创始人之一的马文·明斯基提出来的，他在 *Society of Mind* 书中提出：传统的计算系统是封闭的，要满足一致性的要求，然而社会机制是开放的，不能满足一致性条件，这种机制下的部分个体在矛盾的情况下，需要通过某种协商机制达成一个可接受的解决方案，计算社会中的这种个体称为 Agent。

（2）Agent 学派　Agent 在某种程度上属于人工智能研究范畴，因此要想给 Agent 下一个确切的定义就如同给人工智能下一个确切的定义一样困难。在分布式人工智能和分布式计算领域争论了很多年，也没有一个统一的认识，研究人员从不同的角度给出了 Agent 的定义，常见的主要有以下几种：

1）致力于 Agent 技术标准化的组织 FIPA（Foundation for Intelligent Physical Agent，智能物理代理基金会）给 Agent 下的定义是：“Agent 是驻留于环境中的实体，它可以解释从环境中获得的反映环境中所发生事件的数据，并执行对环境产生影响的行动。”在这个定义中，Agent 被看作是一种在环境中“生存”的实体，它既可以是硬件（如机器人），也可以是软件。

2）著名 Agent 理论研究学者伍尔德里奇博士等在讨论 Agent 时，则提出“弱定义”和“强定义”两种定义方法：弱定义 Agent 是指具有自主性、社会性、反应性和能动性等基本特性的 Agent；强定义 Agent 是指不仅具有弱定义中的基本特性，而且具有移动性、通信能力、理性或其他特性的 Agent。

3）科学家弗兰克林和格雷泽则把 Agent 描述为“Agent 处于环境之中并且作为这个环境的一部分，它随时可以感测环境并且执行相应的动作，同时逐渐建立自己的活动规划以应付未来可能感测到的环境变化”。

4）著名人工智能学者、美国斯坦福大学的海斯罗斯认为“智能 Agent 能够持续执行三项功能：感知环境中的动态条件；执行动作影响环境条件；进行推理以解释感知信息、求解问题、产生推断和决定动作”。

5）Agent 研究的先行者之一——美国的麦卡锡则认为“自治或自主 Agent 是指那些宿主于复杂动态环境中，自治地感知环境信息，自主采取行动，并实现一系列预先设定的目标或任务的计算系统”。

由以上定义可知，Agent 具有下列基本特性：

1）自治性：Agent 能根据外界环境的变化，而自动地对自己的行为和状态进行调整，具有自我管理、自我调节的能力。

2）反应性：能对外界的刺激做出反应的能力。

3）主动性：对于外界环境的改变，Agent 能主动采取活动的能力。

4）社会性：Agent 具有与其他 Agent 或人进行合作的能力，不同的 Agent 可根据各自的意图与其他 Agent 进行交互，以达到解决问题的目的。

5）进化性：Agent 能积累或学习经验和知识，并修改自己的行为以适应新环境。

Agent 和对象一样具有标志、状态、行为和接口，但 Agent 和对象相比，主要有以下差异：

1）Agent 具有智能，通常拥有自己的知识库和推理机，而对象一般不具有智能性。

2）Agent 能够自主地决定是否对来自其他 Agent 的信息做出响应，而对象必须按照外界的要求去行动。也就是说，Agent 系统能封装行为，而对象只能封装状态，不能封装行为，对象的行为取决于外部方法的调用。

3）Agent 之间有通信，通常采用支持知识传递的通信语言。

但 Agent 可以被看作是一类特殊的对象，即具有心智状态和智能的对象，Agent 本身可以通过对象技术进行构造，而且大多数 Agent 都采用了面向对象的技术。Agent 本身具有的特性，弥补了对象技术存在的不足，成为继对象技术之后计算机领域的又一次飞跃。全球范围内的 Agent 研究浪潮正在兴起，计算机、人工智能、系统集成以及其他行业的研究人员正在对该技术进行更深入的研究，并将其引入各自的研究领域，为更加有效地解决生产实际问题提供了新的工具。

4. 人工智能的发展趋势

人工智能在 20 世纪 80 年代进入市场，其中一项就是机器视觉。Minsky 和 Marr 的成果应用到了生产线上的摄影机和计算机中，尽管还很简陋，这些系统已能够通过黑白区别分辨出物体形状的不同。到 1985 年，美国有一百多个公司生产机器视觉系统，销售额共达 8000 万美元。

但 20 世纪 80 年代对 AI 工业来说也不全是好年景，尽管经历了一些受挫的事件，AI 仍在慢慢恢复发展。例如，在美国首创的模糊逻辑，它可以依据不确定的条件做出决策；还有神经网络，被视为实现人工智能的可能途径。总之，20 世纪 80 年代，AI 被引入了市场，并显示出实用价值。

20 世纪 90 年代，在美国对伊拉克的“沙漠风暴”军事打击行动中，军方的智能设备经受了战争的检验，开创了人类信息化战争的历史。人工智能技术被用于导弹系统、预警显示以及其他先进武器；同时，AI 技术也进入了家庭，智能计算机的增加吸引了公众兴趣；一些面向苹果机和 IBM 兼容机的应用软件，如语音和文字识别的应用软件已可买到；AI 使用模糊逻辑技术，简化了摄像设备。对人工智能相关技术更大的需求促使新的进步不断出现，人工智能已经并且将继续不可避免地改变人们的生活。

从 1993 年至今，人工智能领域依托于计算机科学，逐渐分化为各种不同科学领域的技术。但有学者认为让计算机拥有智商是很危险的，它可能会反抗人类。这种隐患也在多部电影中发生过，如《终结者》系列、《变形金刚》系列等影片。其关键是机器能否拥有自主意识的产生与延续，如果使机器拥有自主意识，则意味着机器具有与人同等或类似的创造性、自我保护意识、情感和自发行为。

人工智能不仅仅是技术层面上的革命，对生产效率的大幅度改进、对人类劳动的部分替代、对生活方式的根本改变，必然会触及社会、经济、政治、文学、艺术等方面，也会成为下一次工业革命的核心驱动力，更有可能成为人类社会全新的一次大发现、大变革、大发展的开端。

当前人工智能的再次兴起，让人工智能技术的应用更加广泛、更加深入和更加引人关注，有些人甚至预言，人工智能将掀起一场比因特网更加猛烈的变革。人工智能技术也像其他一些新兴技术一样，存在两面性，不管人工智能技术给人类带来的是益处还是害处，人工智能技术的伦理问题，如人权伦理、责任伦理、道德地位伦理以及环境伦理等问题都无法逃避。目前，各国政府应积极出台人工智能的管理政策、法律法规，使人工智能在各领域中能健康有序地发展，使之成为人类友善的工具和朋友。

1.3.4 能力拓展

人工智能发展之路渗透着对人的智慧的不同理解，并导致不同的研究思路。符号主义、连接主义、行为主义从不同的侧面在不同的时空阶段推动着人工智能科学的发展，人工智能所遭遇的寒冬与复苏取决于技术和社会发展所需要的各种条件，每次对人类智能的超越都会引起大众的广泛关注和担忧。人工智能的发展应遵循安全、友好、健康、有序等规约，才能够最大限度地服务人类、造福人类。

1. 合理定位技术发展趋势

从技术背景上讲，现代意义的智能概念则要从图灵测试说起，是他把机器思维作为智能的核心，把符号运算当作智能的表现。连接主义则认为，智能是大脑神经网络产生的思维活动的结果，可以通过模拟神经系统来实现；行为主义认为，智能活动是人类与世界相互作用的一种模式，智能是一种机器人行为的实现。

如今，智能环境、智能社会、智能城市等诸多的概念都已打上了“智能”的标签，其种种内涵随着类人智能机器人学、计算神经科学、计算社会科学、量子计算学等新兴科学技术的研究正在不断融合、发展，不同学派的智能概念及其理论体系将有望趋于统一。

以人类的智慧创造出堪与人类大脑相平行的机器大脑（人工智能），对人类来说是一个极具诱惑的领域，人类为了实现这一梦想已经奋斗了很多年。

随着深度学习的重新定义，计算机的学习能力超乎想象。从战胜李世石开始到 Master 的 60:0，中间仅仅相距不到一年，基于深度学习的人工智能就已经发展到令人吃惊的水平。从强人工智能“进化”到超人工智能，对机器而言，也许只是几个小时的事情。李开复博士表达了对强人工智能的担忧：“强人工智能一旦到来，人类就必须认真考虑自己的命运问题了，因为一个可以像人一样学习各种知识的计算机，它的学习速度一定比人快无数倍，它的记忆力一定是过目不忘，它可以从互联网上接触到并牢牢记住的知识一定是这个世界上的全部知识。那么，一个有着和人一样水平的机器，同时有着比人快无数倍的思考速度以及几乎无限的记忆空间的机器，在知识理解上能达到什么样的境界？这样的机器几乎比人类所有的科学家都厉害！”

全球最受欢迎的科技作家之一蒂姆·厄班在《AI 革命：通向超人工智能之路》中谈到：“一个人工智能花了几十年时间达到了人类脑残智能的水平，而当这个节点发生的时候，计算机对于世界的感知大概和一个 4 岁小孩一般；而在这个节点后一个小时，计算机马上推导出了统一广义相对论和量子力学的物理学理论；在这之后的又一个小时，这个强人工智能变成了超人工智能，智能达到了普通人类的 17 万倍。”也就是说，一个具备了人类水平认知能力和学习能力的机器，可以借助比人类强大得多的计算资源、网络资源甚至互联网知识库以及永不疲倦、不需要吃饭睡觉的特点，无休止地学习、迭代下去，并在令人吃惊的极短时间内，完成从强人工智能到超人工智能的跃迁。那么，超人工智能出现之后呢？

实现强人工智能需要大量的人工智能基础科学的突破，以及深度学习的一连串巨大进步。这些突破与进步需要去除目前弱人工智能的能力天花板，赋予它们更强大的新能力，如多领域学习、泛领域学习、自然语言理解、常识推理、规划以及通过少量示例学习。

许多科幻电影中展示了很多令我们不寒而栗的场景：比人类聪明好几万倍的机器将会统治地球；机器人可以轻易发明足以制服所有人类的超级武器；机器人将把人类变成它们的奴隶或工具；将人类圈养在动物园里供机器人“参观”等。物理学家霍金曾经对媒体表达过这种担心——完全人工智能的研发可能意味着人类的末日。在人工智能发展的道路上，如果各国政府漠视、不加以规范这些人工智能的出现，人工智能的成果被某些丧失人类道德和伦理底线的人所利用，那么人类的命运是难以预料的。

2017 年初，物理学家霍金和太空探索技术公司（SpaceX）CEO 兼 CTO、特斯拉公司首席执行官埃隆·马斯克均表示，为了防止人工智能威胁人类，他们支持加州阿西洛马会议通过的 23 条基本原则。这 23 条基本原则涵盖了三个范畴：科研问题、伦理和价值观、长期问题，分别从方法、特征、伦理、道德等多方面限定了未来的人工智能的发展。

1）安全性：人工智能系统应当在整个生命周期内确保安全性，还要针对系统的可行性以及适用性进行验证。

2）价值观一致性：需要确保高度自动化的人工智能系统在运行过程中秉承的目标和采取的行动，都符合人类的价值观。

3）由人类控制：人类应当有权选择是否以及如何由人工智能系统制定决策，以便完成人类选择的目标。

4）非破坏性：通过控制高度先进的人工智能系统获得的权利，应该遵纪守法，坚守道德底线，不能破坏社会的公序良俗。

2. 合理优化产业结构

从人类发展历程上看，由于蒸汽机的出现，生产力水平得到了极大提高，从而引发了第一次工业革命，人类社会从传统的农耕时代过渡到工业时代；电力的出现，引发了第二次工业革命，人类社会从工业时代过渡到电气时代。这两次工业革命，推动了现代化工厂的创建，颠覆了传统生产模式。这种生产模式的变化主要是去技能化，将生产任务分解为一个个简单的小任务，依靠流水线、机械化、低水平的技工从事机器操作等手段去完成任务，提高生产力，产量大增，产品价格下降。单从产业结构调整看，由于机械化、电气化等先进的生产方式的引入，产业工人大量失业，这些失业人口转向了现代服务业，同时也刺激了现代服务业的发展。

世界范围内的第三次产业革命是由 ICT 技术引发的，可概括为由信息技术与通信技术相融合的互联网技术带来的。其最显著的特征是打破了信息传播的障碍，缩减了许多中间环节，强化了端到端的连接，优化了产业流程，实现了产业结构的调整。

人工智能应归属于 ICT 技术资源整合的产物，与其他行业的技术相融合，即“AI +”，所带来的产业结构调整，远超出前两次工业革命。蒸汽机、电力等从根本上改变了体力劳动的性质，而基于 ICT 技术的人工智能，从根本上改变了某些类型的脑力劳动，这些颠覆性技术会延伸到人类社会的每个角落，改变人们的生活和工作方式。

由人工智能引发、席卷全球经济的浪潮，造成了更大的贫富差距，引起大范围的技术性失业，由技术导致财富与阶层上的悬殊，引发产业结构的调整，加剧经济发展不平衡。人工智能对于商业来说是一个异常强大的工具。经济学家预测，到 2030 年，人工智能将为全球累积 15.7 万亿美元的财富，高额的商品利润来自于生产自动化大面积的使用，使得生产效率大幅度提升，生产成本急剧下降。

通过人工智能的看（机器视觉）、听（自然语言识别）、操作（机械手臂）、移动（智能避障）等能力，赋予了机器人新的工作能力，将会彻底改变生产制造业，自动化取代了大量人工的工作，由此引发的失业浪潮将不可避免。

人工智能驱动的产业因资本逐利特性趋向于垄断，会在压低成本的同时造成小型企业的破产，最终使得经济集中垄断。对于发展中国家来说，人工智能从某种意义上讲将是一场灾难，发达国家采用了人工智能，生产成本降低，发展中国家的成本优势将不复存在，会迫使发展中国家生产制造业的企业大量破产。大量的劳动力曾经是发展中国家的最大优势，通过低成本的出口，促进经济发展，但在人工智能跨越式发展的未来，大量的失业人口将会变成拖累和潜在的不稳定因素。

3. 人工智能促进就业领域调整

前两次的工业革命历时几代人才完成，带来的是体力劳动的解放，而信息化的改变只需一代人的时间就已经初见成效，带来的是思想上的解放。基于物联网、云计算、大数据、深度学习、神经网络的人工智能可在全球范围内实现无限复制、零成本的应用，势必会对规范化、标准化、绩效指标可考量、无需复杂脑力劳动即可获得结果或者获取与处理信息等工作岗位造成颠覆性的冲击。目前，尽管人工智能可以在基于数据的优化工作中远胜人类，但尚无法在复杂的脑力劳动、创意性等岗位替代人类。

李开复博士通过“就业风险评估图：体力劳动”“就业风险评估图：脑力劳动”，论述了人工智能与工作岗位之间的关系，如图 1-2 和图 1-3 所示。

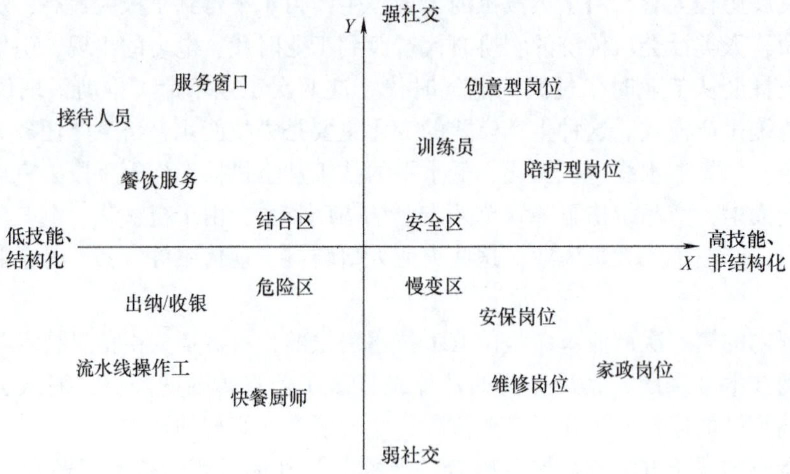

图 1-2　就业风险评估图：体力劳动

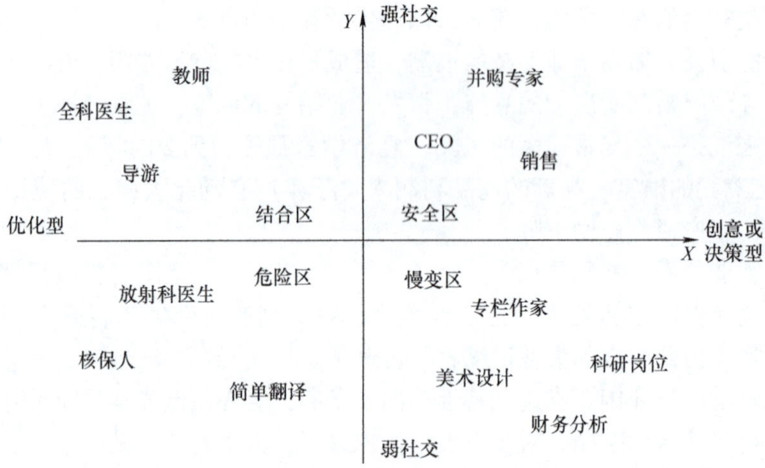

图 1-3　就业风险评估图：脑力劳动

对于体力劳动来说，*X* 轴左边是“低技能、结构化”，右边是“高技能、非结构化”。*Y* 轴下边是“弱社交”，上边是“强社交”。脑力劳动图的 *Y* 轴与体力劳动图的一样（弱社交到强社交），但 *X* 轴不同：左边是“优化型”，右边是“创意或决策型”。如果脑力劳动的重点是将数据中可量化的变量最大化（例如，设置最优保险费率或最大化退税），就归类为“优化型”的职业。

坐标轴将两张图各分为四个象限：第三象限是“危险区”，第一象限是“安全区”，第二象限是“结合区”，第四象限是“慢变区”。工作内容主要落在“危险区”的工作（如出纳/收银等）在未来几年面临着被取代的高风险。“安全区”的工作（如创意型岗位等）在可预见的未来中不太可能被自动化。“结合区”和“慢变区”象限的界限并不太明确：尽管目前不会完全被取代，但工作任务的重组或技术的稳定进步，可能引起针对这些工作岗位的大范围裁员。

在体力劳动图的“结合区”中，大部分计算和体力性质的工作已经可以由机器完成，但关键的社交互动部分使它们难以完全自动化。所以，最可能产生的结果就是幕后优化工作由机器完成，但仍需要人类员工来做客户的社交接口，人类和机器形成共生关系，这些工作消失的速度和比例取决于公司改造员工工作内容的灵活程度，以及客户对于与计算机互动心态的开放程度。

落在“慢变区”的工作不依赖于人类的社交技能，而依赖灵活和巧妙的手工、创造性或适应非结构化环境的能力，这些仍是人工智能的短板。由于不断发展的技术会在未来几年中慢慢补上这些短板，所以此象限中工作消失的速度，更多地取决于人工智能能力的实际扩展。

4. 人工智能时代的工业信息安全

当前全球正处于新一轮科技革命和产业变革的历史交汇期，以大数据、云计算、人工智能为代表的新一代信息技术与实体经济深度融合。目前的人工智能尚处于弱人工智能，没有大范围地形成商品，而工业智能制造是人工智能商品化的基础。

智能制造的前提是工业信息化，工业信息化是人工智能最有利的施展空间，模块化、标准化、完善的质量管控体系、质量目标可考量等条件，都决定了智能制造的发展趋势。工业信息安全作为信息安全领域的重要组成部分，事关国家经济安全和人民生命财产安全，是国家安全的重要领域。

20 世纪 90 年代，在著名的电影《终结者》中有个片段描述了机器人变为机器杀手的过程：机器人通过深度学习导致了自我意识的觉醒，这时病毒入侵了生产线，导致机器人掌控世界，机器杀手把人类赶尽杀绝才能完全占领世界。导致机器人变异的重要因素是工业信息安全系统遭到病毒入侵，感染病毒的生产线所生产的机器人就会变异为机器杀手。读者可以设想下，人工智能的产品不能违背人类的道德、伦理、良知，工业信息安全是人工智能产品的基石，如果生产环节被一些不法之徒入侵，那么人工智能产品就会成为脱缰的野马，就会像终结者一样，与人类为敌。

随着德国“工业 4.0”、美国“再工业化、先进制造”、我国“制造强国、网络强国”等国家战略的推出，以及云计算、大数据、物联网等新一代信息技术的大规模应用，工业体系由自动化向数字化、网络化、智能化方向发展，新一轮产业变革为经济转型带来新机遇的同时，也加速了网络安全风险向工业领域全面渗透，工业信息安全问题日益凸显。

工业信息安全泛指工业生产运行过程中的信息安全，涉及工业领域各个环节，其核心任务就是要确保工业自动化、信息化、网络化、智能化等基础设施的安全。从保障对象上看，工业信息安全要保障工业系统和设备（如工业控制系统）、工业互联网平台（包括承载平台运行的工业云以及应用服务）、工业网络基础设施（包括基础电信网络、传输网络和其他接入网络）、工业数据等的安全。因此，工业信息安全不仅涉及传统计算机网络和信息系统安全，还涉及工业软/硬件设备、控制系统、工业协议等的安全。

从工业信息安全的发展路径来看，早期的工业领域处于自动化阶段，生产环境相对封闭，工业信息安全作为网络安全的细分应用方向，主要集中在工业企业信息管理层的安全。近年来，工业企业逐渐进入数字化转型时期，工业控制系统和生产设备的网络安全风险激增，工业信息安全的重点在于工控安全。当前，两化融合进程加速由数字化向网络化过渡，互联网快速渗透到工业领域的各个环节，工业实体逐步趋向泛在互联，工业互联网安全逐渐成为工业信息安全的焦点和核心。工业信息安全从面向企业端的传统信息安全、工控安全逐步延伸至工业互联网设备安全、控制安全、网络安全、平台安全、数据安全等领域。

近年来，工业信息安全事件频发，引起全球对工业信息安全领域的高度关注，各国政府纷纷加快工业信息安全政策制定步伐，并持续增加相关资金投入。

（1）美国加强工业信息安全综合防护能力建设　随着地缘政治冲突蔓延至网络空间，工业等关键基础设施领域已成为网络安全攻防对抗的主战场。2018 年 3 月，特朗普政府首次公开指控，俄罗斯政府支持的黑客团体针对美国能源、核电站、水处理、制造业等多个关键基础设施部门的控制系统发起网络攻击。

2018 年，美国政府多措并举加快了工业信息安全领域综合防护能力建设。同年 6 月，美国众议院通过了《工业控制系统能力提升法案》（15733 法案），该法案明确提出保障工控安全，特别是加强关键基础设施领域工控系统抵御网络攻击的能力；同年 11 月，众议院通过了《网络安全和基础设施安全局（CISA）法案》，正式将 DHS（国土安全部）的国家保护和计划局（NPPD）重组为网络安全和基础设施安全局（CISA），负责网络和关键基础设施的安全。

（2）欧洲各国加强工业信息安全领域合作　自 2016 年 8 月首部欧盟网络安全法《网络与信息安全指令》（以下简称《指令》）正式生效以来，德国、法国等欧盟成员国积极落实《指令》，分别制定国家网络安全战略，加强对关键信息基础设施的保护力度，并在工业信息安全技术研发方面加大资金投入与支持力度。2018 年 12 月，欧盟网络与信息安全局（ENISA）被正式授权为欧盟网络安全局，支撑欧盟成员国应对网络安全威胁和攻击。《指令》还进一步提出建立纵贯“成员国—欧盟—国际”的多层合作体系，加强成员国间的合作以及国际合作。2018 年 6 月，立陶宛、克罗地亚、爱沙尼亚、荷兰、罗马尼亚和西班牙六国签署《意向声明》，建立“永久结构化合作”防务机制，共同应对网络攻击。2018 年 4 月，北约连续第八年举办大规模网络防御演习“锁盾”（Locked Shields），进一步强调工业领域的安全防护，设置了电网、4G 网络、无人机和净水厂等多个用于演习的关键基础设施场景。

（3）以色列工业信息安全产业继续升温　以色列近年来快速发展网络安全产业，目前已跻身全球领先的网络安全强国。2018 年 1 月，以色列政府将国家网络局和国家网络安全局合并，成立国家网络指挥中心，并提出增加国家网络安全预算。同年 8 月，以色列创新局、经济产业部和国家网络指挥中心宣布了新一轮为期三年、总投入为 2400 万美元的网络安全产业促进政策。目前，以色列拥有网络安全公司约 420 家，其中，约三分之一的网络安全公司专注于工业信息安全和工业互联网安全领域。

（4）我国的工业信息安全　“十三五”以来，国家高度重视工业信息安全顶层设计，强化工业信息安全工作体系建设，落实工业企业主体责任，提升工业信息安全保障技术能力，为工业信息安全产业发展全面提速奠定了良好的基础。2018 年，国家在工业信息安全领域持续发力，行业用户加大安全投入，我国工业信息安全产业延续了 2017 年的增长势头，产业规模加速扩容。

随着工业互联网战略的全面实施，加强工业互联网安全保障将成为工业信息安全工作的前沿与重点，工业企业安全需求将进一步激增，在2019年，我国工业信息安全市场增长率达19.23%，市场整体规模增长至93.91亿元。其中，工业互联网安全产业规模从2018年的5.2亿元增长至40.79亿元，市场增长率达61.48%。

子任务4 了解AI+机器视觉

1.4.1 任务场景

近几年，“刷脸+”在我国广泛应用。很多超市收银台附近，出现了无人值守的结算装置，在结算时无须刷银行卡或扫支付二维码，只需支付人对着收银设备专用区域进行面部扫描，即可进行支付，俗称“刷脸支付”；很多银行的ATM机也可实现“刷脸取现”；在高铁站，“刷脸进站”“刷脸检票”已不再停留在电影中；在治安联防工作中，“扫脸”已成为常态。“扫脸打拐”已成为现实，百度面部识别、腾讯面部识别纷纷用于打拐行动，已帮助近千个家庭找回失踪多年的孩子。

1.4.2 需求分析

随着社会的发展，科技的不断进步，人们对周围的生活和工作环境有了越来越高的要求。大家对外界的需求不再局限于刚性的满足，追求目标逐渐上升到家居和办公智能化、自动化。与此同时，人脸识别技术越来越广泛地应用于某些重要场所的身份检测和确认环节。近些年来，人脸识别的设备以其功能的强大化和智能化深受人们的广泛青睐，它的核心技术是融计算机科学、统计科学、生物科学等为一体的高精尖技术，并且利用面部识别模式对图像进行特征提取、建立标准的人脸特征向量空间，利用神经网络、深度学习等技术进行人的身份识别。当测试样本在面部识别设备前通过时，就可以将此时的面部图像与标准样本图像进行比对，并且将比对结果以语音的形式或画面的形式给予提示。

传统的身份识别技术（如密钥、磁卡、身份证、签章等）已逐渐退出了高科技信息技术发展的平台。这些传统的认证手段不但使用不便捷，而且伪造比较容易，严重侵害了持有人的权利。公共安全系统，如铁路、银行、医院、机场、政府机关、网络银行、电子商务等更是对身份认证的手段提出了更为严格的要求，人脸识别技术将弥补传统身份识别技术的不足之处。

人脸识别就是针对传统身份识别系统中出现的诸多不利因素而研发的，它克服了传统识别多采用“用户ID+密码”或是通过IC卡进行的打卡制度中出现的忘记密码、密码失窃、身份代替等弊端。面部识别技术实质上是真正意义上的对本人的身份识别，这是一种无法通过其他外界事物所取代的科学技术，是基于生物体所特有的行为和生理特性，用计算机技术及各种识别算法来对被研究对象进行识别认证的方法。

1.4.3 能力储备

1. 人脸识别的优势

生物特征识别技术不同于传统的实物识别技术，因为其所依靠的独特的生理特性降低了被伪造和篡改的可能性。由于生理特性的持久性会大大延长其使用周期，降低设备资金投入，因此适用领域和场所十分广泛。人脸识别技术是生物特征识别领域中的一门学科，具有广泛的应用范围，如应用于火车站、飞机场等公共场所的安保系统，对于犯罪分子和恐怖袭击分子的排查和识别工作起到了非常重要的作用。

目前，人们所使用的人脸识别技术优于其他生物特征（声音、指纹、掌形等）识别的地方有以下几方面：

（1）不需要进行接触　这种形式可以大大提高测试样本的识别速度，同时可以最大限度考虑使用者的行为活动受限制等问题，而使用其他的生物特征识别方式必须提供配合工作。

（2）隐蔽性良好　利用这一特性可以在不被测试者发现的情况下完成身份识别任务，这要比虹膜识别、掌纹识别等进行的特征识别更加优越。

（3）使用方便、快捷　人脸识别不但可以解决正面人脸图像识别问题，还可以通过不同的算法，对各种人脸表情、姿态进行分析和识别，实现了在不同条件下的人脸识别，不需要再重新建立新的标准库。

2. 人脸识别技术存在的困难

目前，人脸识别技术已经取得了相当多的研究成果，但仍然存在一些技术难点，以下几个问题就是以后研究工作的主要难点。

（1）人脸自身的特点　一方面，人脸的姿态是多种多样的，在通常情况下得到的人脸图像不一定总是正面的，在人脸有一定偏转的情况下获取的图像会使面部信息存在缺失，这样会对人脸特征的提取造成不良的影响；另一方面，人脸是一个多维的柔性体，其面部表情十分丰富且复杂，为此将人脸的表情通过描述和面部特征结构进行联系，利用计算机进行抽象的概括和反映是一个重要的难点问题。

（2）环境的影响　由于受到角度的偏转、距离的变化、光照明暗等不确定因素的影响，人脸拍摄取得的图像会体现出各种复杂的状况。例如，当前许多人脸识别方法对图像的光照条件有着不同程度的依赖，过亮、过暗等现象都可能致使人脸识别正确率下降。因此，在进行特征提取和分类之前一般要做好图像预处理工作。

（3）计算机本身的限制　人脸识别主要是将三维人脸信息投影到二维空间上，是一种获取十分复杂且具有非常高维数的视觉信息的过程。如何利用计算机来处理这些巨大的信息，同时还要保证人脸识别系统的实时性，这将是计算机研究的另一主要难点问题。

3. 人脸识别方法及识别过程

（1）识别方法

1）基于人脸识别的特征脸算法：特征脸算法的核心技术是将主成分分析方法应用于人脸识别技术中。在主成分子空间中计算出测试样本的映射数据，将这组映射数据与人脸库中的标准数据样本进行比对，从而实现人脸识别的目的。主成分分析（Principal Component Analysis，PCA）算法的优点还在于，它能将高维空间向量转变成为低维的空间向量，大大缩短了识别时间并降低了对信息存储空间的要求。

2）深度学习：深度学习是机器学习的技术和研究领域之一，通过建立具有阶层结构的人工神经网络（Artificial Neural Network，ANN），在计算系统中实现人工智能的人脸识别。

由于阶层 ANN 能够对输入信息进行逐层提取和筛选，因此深度学习具有表征学习（Representation Learning）能力，可以实现端到端的监督学习和非监督学习。此外，深度学习也可参与构建强化学习（Reinforcement Learning）系统，形成深度强化学习。

深度学习所使用的阶层 ANN 具有多种形态，其阶层的复杂度被称为“深度”。按构筑类型，深度学习的形式包括多层感知器、卷积神经网络、循环神经网络、深度置信网络和其他混合构筑。深度学习使用数据对其构筑中的参数进行更新以达成训练目标，该过程被称为“学习”。

（2）人脸识别的主要过程　人脸识别一般包括以下步骤（如图 1-4 所示）：

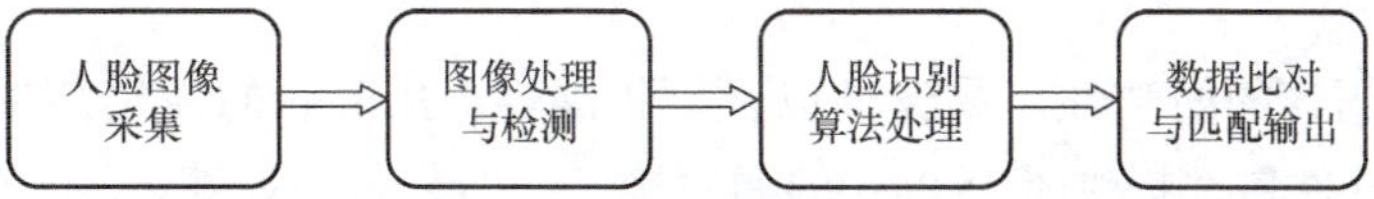

图 1-4　人脸识别的主要过程

1）进行人脸图像的抓取和收集，明确是否有人脸图像信息的存在。一般采集于静止的或是可变的视频中。

2）进行图像处理和人脸信息的检测。在采集到的人脸图像中确定被测样本的主要特征参数，包括人脸大小、角度位置、五官大小和它们之间的距离数值等参数。

3）进行人脸识别算法处理。此环节是人脸识别技术中的核心和关键，采样信息要经过不同算法的处理，包括人脸全局处理、局部特征处理、线性叠加加权处理或是非线性相关处理等算法，得到重要的向量参数。

4）人脸数据比对与图像的匹配，即人脸识别过程。将通过算法处理后得到的人脸数据与人脸库中的数据进行对比，测试结果可以确定所测试人脸的信息，最终达到识别的目的。

4. 人脸识别项目的开发流程

人脸识别又称面部识别、面相识别、面容识别等，使用通用的数字摄像机作为识别信息获取装置，以非接触的方式获取识别对象的面部图像，计算机系统在获取图像后与数据库图像进行比对完成识别过程。

人脸识别是基于生物特征的识别方式，与指纹识别等传统的识别方式相比，具有实时、准确、高精度、易于使用、稳定性高、难仿冒、性价比高和非侵扰等特性，较容易被用户接受。人脸识别的基本开发流程如下：

（1）人脸图像预处理（仿真）　人脸识别的首要任务是对人脸图像进行适当的预处理，以使得人脸库中的图像具有统一尺寸标准和灰度标准，同时经过预处理的图像能够表现出更明显的特征信息。当图像中混有噪声或是图像出现退化现象时，也可以通过图像预处理对图像进行还原。图像预处理一般包括四方面内容，即图像的灰度变换、图像直方图均衡化、图像的滤波处理和图像边缘检测。

通常情况下，图像的获取来自不同的渠道，这就导致图像成像的条件各不相同，如光照强度、图像大小规格、姿态等存在的差异。为了确保人脸图像良好的识别效果，就必须要求人脸图像具有统一的规格，也就是要对图像进行预处理以达到图像的归一化。图像预处理过程处于人脸识别系统中的位置如图 1-5 所示。

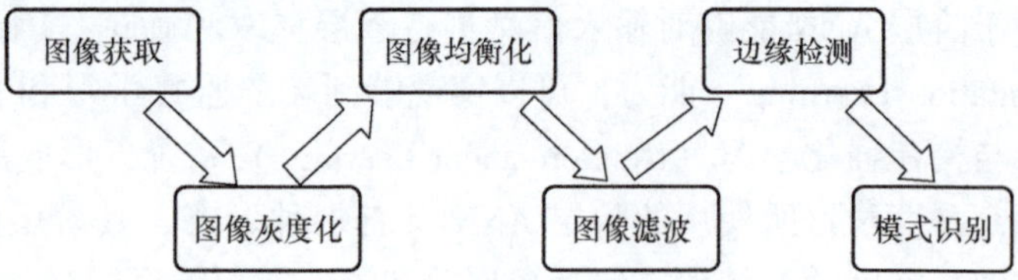

图 1-5 人脸图像预处理过程

（2）人脸识别的原型开发 人脸识别的原型开发是非常专业的开发，对于初学者推荐使用 Python 结合 OpenCV 进行原型开发。Python 语言是一种面向对象的动态类型计算机程序设计语言，最初被设计用于编写自动化脚本（Shell），随着版本的不断更新和语言功能的添加，被越来越多用于独立的、大型项目的开发。

由于 Python 语言的简洁性、易读性以及可扩展性，Python 的使用范围越来越广。众多开源的科学计算软件包都提供了 Python 的调用接口，如著名的计算机视觉库 OpenCV、三维可视化库 VTK、医学图像处理库 ITK 等。

Python 专用的扩展库十分丰富，如 NumPy、SciPy 和 Matplotlib，它们分别为 Python 提供了快速数组处理、数值运算以及绘图功能。因此，Python 语言及其众多的扩展库所构成的开发环境十分适合工程技术、科研人员用以处理实验数据、制作图表，甚至开发科学计算应用程序。

Python 专用的扩展库与 MATLAB 的相比，除了 MATLAB 的一些专业性很强的工具箱还无法被替代之外，MATLAB 的大部分常用功能都可以在 Python 中找到相应的扩展库。

和 MATLAB 相比，用 Python 做科学计算有如下优点：

1）MATLAB 是一款商用软件，并且价格不菲；而 Python 完全免费，众多开源的科学计算库都提供了 Python 的调用接口，用户可以在任何计算机上免费安装 Python 及其绝大多数扩展库。

2）与 MATLAB 相比，Python 是一门更易学、更严谨的程序设计语言，它能让用户编写出更易读、易维护的代码。

3）MATLAB 主要专注于工程和科学计算，然而即使在计算领域，也经常会遇到文件管理、界面设计、网络通信等各种需求。而 Python 有着丰富的扩展库，可以轻松完成各种高级任务，开发者可以用 Python 实现完整应用程序所需的各种功能。

（3）人脸识别开发平台 在使用 Python 语言编写程序之前需要下载一个 Python 解释器，这才是 Python 的本体，没有 Python 解释器，即使写了正确的 Python 脚本也没办法运行。为了更好地帮助初学者学习人脸识别的开发，推荐使用 Anaconda 软件作为 Python 的开发平台。

Anaconda 软件是一个用于科学计算的 Python 发行版，支持 Linux、macOS、Windows，包含了众多流行的科学计算、数据分析的 Python 包，提供了包管理与环境管理的功能，可以很方便地解决多版本 Python 并存、切换以及各种第三方包安装问题。对于初学者来说，原版的 Python 在使用的时候比较麻烦，特别是在添加库、升级库的时候总是会报错。Anaconda 相当于一个 Python 的整合包，是一个开源的 Python 发行版本，包含各种扩展库和依赖项，使用起来非常简单。

（4）深度学习 现阶段深度学习的主流技术之一为 TensorFlow，这是一个基于数据流编程（Dataflow Programming）的符号数学系统，被广泛应用于各类机器学习（Machine Learning）算法的编程实现，其前身是谷歌的神经网络算法库 DistBelief。

2015 年 11 月，在 DistBelief 的基础上，谷歌完成了对“第二代机器学习系统”TensorFlow 的开发并将代码开源。在 2018 年 4 月的 TensorFlow 开发者峰会中，有 21 个 TensorFlow 有关主题得到展示。

TensorFlow 拥有多层级结构，可部署于各类服务器、个人计算机终端和网页，并支持 GPU 和 TPU 高性能数值计算，被广泛应用于谷歌内部的产品开发和各领域的科学研究。

1.4.4　能力拓展

1. 人脸识别的发展历史

人脸识别技术的标志性发展时期开始于 20 世纪 60 年代，近几十年的研究成果逐渐转变成为不同类型的商品，某种程度上推动了社会的和谐发展和进步。人脸识别技术根据其主要特征、技术特点、收到的成效，可划分为以下四个发展阶段：

（1）早期阶段　从 20 世纪 70 到 80 年代末期，研究人员采用的是几何特征的提取，侧重于人脸结构图像的研究，并且已经形成了最早的人脸自动识别系统。这一时期的技术特点是能够识别和提取的信息少，被提取的图像受诸多因素影响，不利于最终的准确率。

（2）中期阶段　20 世纪 90 年代是人脸识别技术的中期阶段，这一时期是该项技术的飞速发展时期，有很多核心技术和新的算法得到突破性开发和应用，主成分分析算法、特征脸方法等技术都发展于此时期，其影响力和良好的运用效果一直沿用至今。在这一时期人脸建模也取得了重大进展，并且分别发展出具有代表性的两种模型，即主动形状模型（Active Shape Model，ASM）和主动表观模型（Active Appearance Model，AAM）。这两种模型与主成分分析算法共同对人脸模型进行建模与融合，形成了性能更好的人脸统计模型。研究重点集中在分割和特征提取方面，但在实用性方面，仍然存在较多的困难。

（3）完善阶段　21 世纪的前 10 年是人脸识别技术日趋完善的阶段，一些算法和技术正逐步完善和成熟，特别是关于测试样本在不稳定条件下的处理问题得到了很好的解决，从 2D 技术向 3D 技术的转变是人脸识别技术未来的发展方向。在这一时期，研发人员还注重提高人脸识别速度的研究，例如级联技术、简单的矩形矩阵快速计算或将大量的弱分类器合并成为少量的强分类器等，这些技术都为提高识别速度提供了支持。

我国在人脸识别技术领域中也取得了很大的突破，许多高校和重点研究机构都建立了相关的人脸识别研究室，投入了巨大的精力和心血，同时也取得了非常大的进展。哈尔滨工业大学、南京理工大学、清华大学、北京大学等重点高校以及中国科学院计算所等科研机构都开展了人脸识别相关课题的研究。

（4）智能化阶段　2010 年以后，随着神经网络、深度学习等技术的融入，尤其是新一代的面部识别由传统的模式转为智能化阶段，面部识别开启自主学习模式。Google X 实验室自 2010 年成立起，基于 TensorFlow 的面向科学研究和谷歌开发的大规模深度学习应用技术，使人脸识别成为人工智能技术应用最广泛的领域。

综上所述，在人脸识别的应用领域中，许多国内外科技公司将人脸检测和人脸识别的科研成果投入到了市场中，实现了其应用价值。

人脸识别技术重要事件发展情况见表 1-2。

表 1-2　人脸识别技术重要事件发展表

发展时间	主要研究人员或组织	技术特点	核心特征
1971 年	Goldstein 等	人脸几何特征结构	是识别技术的早期发展基础，主流方法是特征提取
1973 年	Kanade		
1976 年	Kaufman&Breeding		
1981 年	Harmon 等		
1992 年	Manjunath 等		
1991 年	Turk&Pentland	特征脸方法	成为之后人脸识别技术的基本标准，并运用归一化方法进行特征人脸的测试和确认
1993 年	Brunelli &Poggio	提出模板人脸测试方法	以结构特征人脸识别方法作为基准，结合模板匹配人脸识别方法，更进一步提高了人脸识别率
1996 年	Belhuneur 等	Fisherface 人脸识别方法	主要将高维向量空间降为低维，同时实现散度变化
1997 年	Wiskott	弹性图匹配技术	EMG 技术提取了人脸的关键结构特征点，利用这些被提取点建立模型，为人脸识别率的提高提供技术支持
1995 年	Moghaddam&Pentland	主要提出贝叶斯概率估计人脸识别方法	主要目的是采用概率论中相似概率的方法提出分类事件，即类内差和类间差，同样实现高维向量空间降为低维向量空间
2000 年	Moghaddam 等		
2002 年	Moghaddam		
2001 年	Georghiades 等	光照锥方法	主要解决在提取测试样本时外界条件对人脸造成的不良影响，当人脸处于多角度和不同光照条件下，运用光照技术可以良好地解决这一问题
2005 年	Wan 等	提出了 AAM/ASM 技术	该技术同时要运用 PCA 技术以达到建模的目的，并运用二次 PCA 技术在一次建模基础上形成柔性模型
2005 年	Scheenstra 等	提出了三维模型人脸识别技术	运用三维技术，提取人脸上刚性特征的几何形状
2007 年	马萨诸塞大学	非限定条件下的人脸识别算法	建立并使用人脸测试数据库 LFW（Labeled Faces in the Wild）进行标准测试，采用十折平均精度作为性能评价指标
2014 年	Facebook	深度学习 + 大数据（海量的有标注人脸数据）	Facebook 发表于 CVPR14（IEEE 国际计算机视觉与模式识别会议）。DeepFace 将大数据（400 万人脸数据）与深度卷积网络相结合，在 LFW 数据集上逼近了人类的识别精度

（续）

发展时间	主要研究人员或组织	技术特点	核心特征
2015 年	Google	深度学习 + 大数据（海量的有标注人脸数据）	Google 发表于 CVPR2015。FaceNet 采用了 22 层的深层卷积网络和海量的人脸数据（800 万人的 2 亿张图像）以及常用于图像检索任务的 Triplet 损失函数

2. 我国人脸识别技术的现状

根据美国国家标准与技术研究院（NIST）的 2018 年全球人脸识别算法测试（FRVT）最新结果，2018 年共有来自全球的 39 家企业和机构参与了全球人脸识别算法测试竞赛，前五名的算法被我国公司和机构包揽，显示出了我国在人脸识别领域强大的竞争力。其中，依图科技的算法包揽了前两名，商汤科技的算法获得第三名和第四名，中国科学院深圳先进技术研究院的算法获得第五名，旷视科技的算法获得第八名。

1）依图科技：上海依图网络科技有限公司成立于2012 年，致力于将人工智能技术与行业应用相结合，目前已服务于安防、金融、交通、医疗等多个领域。2018 年 11 月底，公司推出了人工智能癌症筛查工具，可以在几秒钟内对患者的 CT、超声波、病理标配、遗传学及书面记录等一系列检测数据进行分析，并做出诊断和治疗建议，从而减轻医生的工作量，提高诊断能力和准确率。

2）商汤科技：北京商汤科技开发有限公司成立于2014 年，是中国科技部指定的国家新一代人工智能“智能视觉”开放创新平台之一，是中国最大的 AI 算法提供商，也是“全球最具价值的 AI 创新企业”。公司自主研发的人脸识别、图像识别、文本识别、医疗影像识别、视频分析、无人驾驶和遥感等 AI 技术，已经在智慧城市、智能手机、互动娱乐及广告、汽车、金融、零售、教育、地产等多个行业得到应用。

3）旷视科技：北京旷视科技有限公司成立于2011 年，致力于为全球行业用户提供领先的人工智能算法和解决方案，构建城市级智能物联网系统。公司研发的人脸识别技术、图像识别技术、智能视频云产品、智能传感器产品、智能机器人产品等已经广泛应用于金融、手机、安防、物流、零售等领域，拥有上千家核心客户，包括阿里巴巴、蚂蚁金服、富士康、联想、凯德、华润、中信银行等众多行业级头部企业。

4）中国科学院深圳先进技术研究院：中国科学院深圳先进技术研究院是2006 年2 月由中国科学院、深圳市人民政府和香港中文大学共同成立的，以应用基础研究、关键技术研究、技术集成与示范为重要的研究单元。目前，该研究院已设立了 11 个研究中心和 3 个研究室。其中，多媒体集成技术研究中心主要致力于计算机视觉、深度学习、多媒体、智能机器人等领域的研究和开发，并提出 HFA-CNN、Center-Loss 等深度人脸识别模型和方法，在多个国际人脸公测数据库（MORPH、FGNET、CACD、MegaFace、LFW）上取得国际领先或先进的识别性能。

3. 人脸识别的主要应用场景

人脸识别产品已广泛应用于金融、司法、军队、公安、边检、政府、航天、电力、工厂、教育、医疗及众多企事业单位等领域。随着技术的进一步成熟和社会认同度的提高，人脸识别技术将应用在更多的领域：

1）企业、住宅的安全和管理：如人脸识别门禁考勤系统、人脸识别防盗门等。

2）电子护照及身份证：我国公安部一所正在加紧规划和实施电子护照计划。

3）公安、司法和刑侦：如利用人脸识别系统和网络，在全国范围内搜捕逃犯。

4）自助服务：刷脸支付、刷脸取现等。

5）信息安全：如计算机登录、电子政务和电子商务。电子商务中的交易全部在网上完成，电子政务中的很多审批流程也都搬到了网上。当前，交易或者审批的授权都是靠密码来实现的，如果密码被盗，就无法保证安全。但使用生物特征，就可以做到当事人在网上的数字身份和真实身份统一，从而大大增加电子商务和电子政务系统的可靠性。

随着线上身份认证的刚需以及用户习惯培养，人脸识别的应用场景将加大。考虑到安防升级、线上身份认证以及互联网创新应用等因素，未来市场规模或可达千亿元。因此众多企业纷纷布局人脸识别领域，以抢占先机。然而，由于市场的不确定性风险，人脸识别市场发展可能不及预期。例如，人脸识别还存在诸多法律问题、监管问题以及隐私问题，用户出于安全考虑可能会排斥人脸识别的应用，将不利于行业的发展。

一个产业政策的培育和发展演进，离不开产业生态链或生态圈的建设，需要核心技术供应商、方案供应商、设备生产商、系统集成商、渠道、终端用户以及投资者等主要产业角色结合自身核心价值的潜心打造和培育，使专业分工更加清晰、价值链划分更为合理，共兴共荣地构建生态圈。

工作任务书 1

1. 任务简介

以人工智能发展时间为主干，不同阶段为树枝，结合技术领域，如计算机、网络技术、通信技术、云计算、大数据、物联网等为树叶，绘制人工智能的知识图谱。

知识图谱（Knowledge Graph）又称科学知识图谱，是图书情报学领域的概念，用于绘制、分析和显示学科或学术研究主体之间的相互联系，是揭示与显示科学知识发展进程与结构关系的可视化工具。在多数情况下，知识图谱采用图结构进行可视化表示，使用结点代表关键词，使用连线代表结点间的关系。

2. 任务目标

1）知识领域：结合人工智能的发展史，使学生能够掌握人工智能知识图谱的制作。图谱应包含的内容：时间、特点、实现方式。

2）技能领域：结合人工智能的应用场景，使学生能够掌握人工智能工作场景的技术领域图谱的制作，强化学生对人工智能的基本认知。

3）素质领域：通过本工作任务的实施，提高学生的逻辑思维能力、团队合作能力，以及沟通协调能力，提高学生对工作中所需的职业素质的理解能力，提高知识的更新能力。

3. 任务实施

建议以小组为单位，每小组至少 3 人，分工合作进行资料查找以及资料汇总。需要查找的内容如下：

1）了解人工智能发展与计算机发展的紧密关系。

2）了解人工智能发展与计算机网络发展的紧密关系。

3）了解人工智能发展与云计算发展的紧密关系。

4）了解人工智能发展与大数据发展的紧密关系。

5）了解人工智能发展与物联网发展的紧密关系。

6）了解人工智能发展与人类认知能力的关系。

在组长的组织下，进行人工智能发展图谱的研讨，一人负责按照小组会议的讨论结果进行绘制。重点锻炼学生的团队合作能力，资料查找与汇总能力。工作流程如图1-6所示。

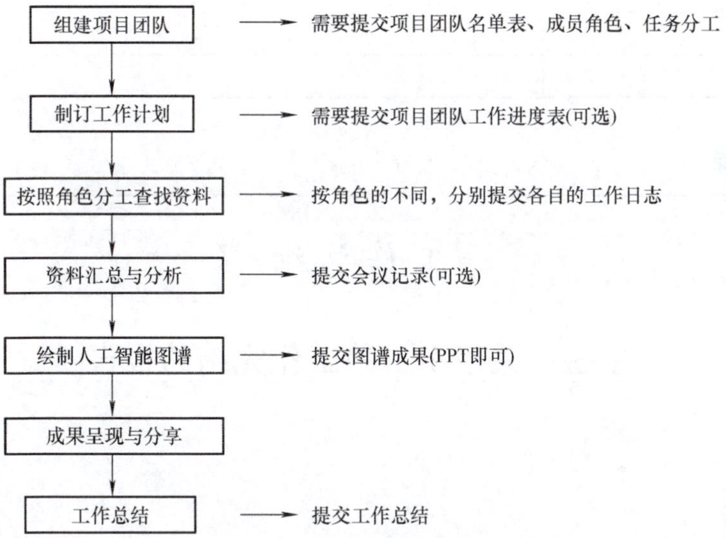

图1-6　工作流程

4. 任务分工

任务分工表见表1-3。

表1-3　任务分工表

序号	角色	姓名	任务分工

5. 工作日志

工作日志见表 1-4。

表 1-4 工作日志

日期	工作内容	问题及解决方式

6. 工作总结

工作总结

主题：关于本工单工作完结的报告

签字：____________

日期：20　年　月　日

审核意见：

7. 任务考核

人工智能图谱的绘制，属于发散性思维，类似头脑风暴，故不设标准答案，但是诚信是“立德树人”的根本，若成果雷同，一票否决。

考核评价表见表1-5。

表 1-5　考核评价表

工单名称	绘制人工智能图谱	评价教师	
质量监测点	评价标准	评价结果	改进方案
1. 人工智能是以计算机技术发展为根发展起来的 2. 以时间发展为主干 3. 时间层次清晰 4. 相关技术交叉合理	满分5分 1. 主要考察学生对IT技术历史的综合理解能力，由指导教师酌情处理 2. 小组之间资料雷同的，扣5分		
1. 开发文档的完整度 2. 开发文档的真实度 3. 开发文档的雷同度	满分5分 1. 主要考察学生对IT技术发展的综合理解能力，由指导教师酌情处理 2. 小组之间资料雷同的，扣5分		
		评价时间　　　年　　月　　日	

8. 成果展示

本次成果要求以汇报的形式进行展示，需要学生以PPT的形式进行展示，请指导教师自行安排。

工作任务2

了解机器视觉仿真

1. 任务简介

某地在2019年高铁建设项目中，预计建设高铁场站的智能大脑。该“大脑”基于“AI+大数据”的模式，用于数据分析和智能识别，实现高铁场站的智能管理。研发人员需要按照子任务的要求，完成相应的工作。

2. 任务目的

通过本工作任务的学习，重点掌握以下几方面的内容：

1）通过学习图像原理的基本概念，强化学生对数字图像的基本认知。

2）通过学习MATLAB的基本知识，提高学生对MATLAB的认知。

3）通过学习图像预处理与特征提取，提高学生对图像处理的认知。

4）通过学习图像特征汇聚与变换，提高学生对人工智能算法与分类器的认知。

3. 素质目标

通过本工作任务的学习，提高学生的逻辑思维能力，提高学生对工作中所需的职业素质的理解能力，提高知识的更新能力。

4. 任务成果

按照子任务要求，需要学生参照“工作任务书”的格式，自行制作并提交工作任务书。

5. 实施方案

通过真实的“任务场景”，使学生能够了解案例的应用场景；“需求分析”部分引出案例中的基本知识点；“能力储备”为掌握这些知识点应知应会的基本知识；“能力拓展”是针对部分能力较强的学生而设立的知识点，由授课教师自行安排。

6. 所需学时

建议16学时，由授课教师按照教学进度自行安排。

子任务 1　使用 MATLAB 绘图

2.1.1　任务场景

某地在 2019 年高铁建设项目中，预计建设高铁场站的智能大脑。该“大脑”基于“AI + 大数据”的模式，总体架构采用“1 个大脑、4 大业务（旅客服务、安全保障、生产指挥、节能环保）+ N 个应用”，实现高铁场站的智能管理。其中安全保障采用以机器视觉为主，实现场站基于人脸识别的身份核验智能监控系统等功能。

该系统部署在私有云上，实现数据的快速分析；视频采集部署在场站出入口、大厅内部；广场采用无人机搭载视频采集设备，进行定点巡航，通过 4G/5G 等无线信道高速传输数据，实现广场智能图像分析和监管等工作。

为满足高铁场站客流统计的需要，开发人员利用 MATLAB 软件进行统计建模的原型开发，需要绘制 $y = \sin(x)$ 与 $g = \cos(x)$ 的组合图形和 $y = 3x + 6$ 线性方程图形，以方便相关信息数据的采样与利用回归预测旅客数据，其中：

1）线性方程的 x 取值范围为（0:5:12）。

2）混合图形的 x 取值范围为（0:0.01:12）。

2.1.2　需求分析

MATLAB 软件是由美国的 MathWorks 公司研发的一款商业数学软件。MATLAB 是英文矩阵实验室的全拼缩写，顾名思义，该软件是以矩阵的形式来处理各种命令。MATLAB 软件在处理各种功能的参数时，以矩阵为基本的数据单元，因此用户在使用该软件时要比 C、FORTRAN 等语言的复杂、晦涩语句表达式的编写相对容易得多。MATLAB 软件的符号计算可以在原有的基础上进行扩充，完全可以实现实时的文字处理和可视化建模仿真。

MATLAB 软件还推出了一系列基于数字图像分析和操作功能十分强大的工具包，图像处理工具包中包含了许多可以处理图像的不同功能的函数矩阵，能够进行的图像处理功能包括：图像的统计和分析功能、图像的恢复和增强功能、图像的几何操作功能、图像的滤波功能以及二值图像处理功能等。

MATLAB 软件非常适合图像识别初学者的原型开发，易学易懂，其功能和特点如下：

1）MATLAB 软件具有丰富的函数库，并且语句编写简洁、灵活、方便，可以进行数值计算、可视化和应用程序的开发。使用库函数，可以大大降低开发人员的工作负担，语言书写、输入形式相对灵活。

2）MATLAB 的语句输入具有一定的控制结构化，提供了一个互动的环境，能探索、设计和解决问题的迭代。

3）MATLAB 语言程序在使用时，可以不用对所使用的矩阵进行事先定义，体现了该语言良好的可移植性，并且算法集成了 C、Java、.NET 和 Microsoft Excel 等外部应用程序和语言功能。

4）MATLAB 软件可以实现图像的功能编辑，不但可以进行各种图形的绘制，还有强大的图像处理能力。它提供了内置的数据可视化工具，用于自定义图形的绘制、界面构建等应用开发。

2.1.3 能力储备

MATLAB 是美国 MathWorks 公司出品的商业数学软件，是面向算法开发、数据可视化、数据分析以及数值计算等的高级计算语言和交互式环境。

MATLAB 提供了面向科学计算、可视化以及交互式程序设计等计算环境，它将数值分析、矩阵计算、科学数据可视化以及非线性动态系统的建模和仿真等诸多强大功能，集成在一个易于使用的视窗环境中，为科学研究、工程设计以及数值计算等众多科学领域提供了一种全面的解决方案，并在很大程度上摆脱了传统非交互式程序设计语言（如 C、FORTRAN 等）的编辑模式，代表了当今国际科学计算软件的先进水平。

MATLAB 的基本数据单位是矩阵，它的指令表达式与数学、工程中常用的形式十分相似，故用 MATLAB 来解决问题要比用 C、FORTRAN 等语言完成相同的事情简捷得多。MATLAB 也吸收了像 Maple 等软件的优点，使它成为一个强大的数学软件，在新的版本中也加入了对 C、FORTRAN、C ++ 、Java 等开发语言的支持。

1. 认识 MATLAB 环境

（1）MATLAB 中文版软件的获取与安装　MATLAB 是商业软件，需要购买，购买方式请读者自行与当地经销商联系，安装方法请读者仔细阅读产品说明书。

MATLAB 系统由 MATLAB 开发环境、数学函数库、开发语言、图形处理系统和应用程序接口（API）五大部分构成。

1）开发环境：MATLAB 开发环境是一套方便用户使用的 MATLAB 函数和文件工具集，其中许多工具是图形化用户接口。它是一个集成的用户工作空间，允许用户输入/输出数据，并提供了文件的集成编译和调试环境，包括 MATLAB 桌面、命令窗口、文件编辑调试器、MATLAB 工作空间和在线帮助文档。

2）数学函数库：MATLAB 数学函数库包括了大量的计算算法，从基本算法，如四则运算、三角函数，到复杂算法，如矩阵求逆、快速傅里叶变换等。

3）开发语言：MATLAB 语言是一种高级的基于矩阵/数组的语言，它有程序流控制、函数、数据结构、输入/输出和面向对象编程等特色开发语言。用这种语言能够方便、快捷地建立起简单运行的程序，也能建立复杂的程序。

4）图形处理系统：MATLAB 的图形处理系统能方便图形化显示向量和矩阵，而且能对图形添加标注和打印。它包括强大的二维、三维图形函数以及图像处理和动画显示等函数。

5）应用程序接口：MATLAB 应用程序接口（API）是能与 C、FORTRAN 等其他高级编程语言进行交互的函数库，该函数库的函数能通过调用动态链接库（DLL）实现与 MATLAB 文件的数据交互，其主要功能包括在 MATLAB 中调用 C 和 FORTRAN 程序，以及在 MATLAB 与其他应用程序间建立客户、服务器关系。

（2）MATLAB 开发环境　MATLAB 中文版安装结束后，运行该软件。下面以 MATLAB R2016b（上半年出的版本是 a 版，下半年出的版本是 b 版）为例进行开发环境的介绍。

1）基本界面：MATLAB 打开之后的基本界面如图 2-1 所示，上方为命令功能区，右侧为命令行窗口，左上角为当前路径中文件夹的详情，左下角为软件工作区。

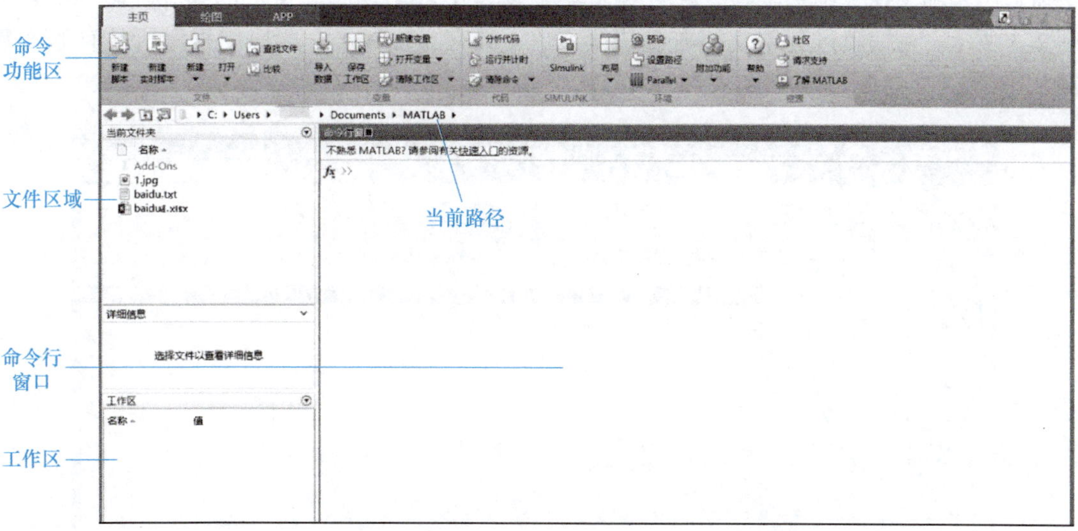

图 2-1　MATLAB 的基本界面

2）数据的导入：MATLAB 经常被用于做数据可视化、数据分析等，这就需要数据的导入。单击图 2-2 所示的“导入数据”按钮，然后在弹出的“导入数据”对话框中选择要导入的数据文件，单击“打开”按钮即可导入数据。

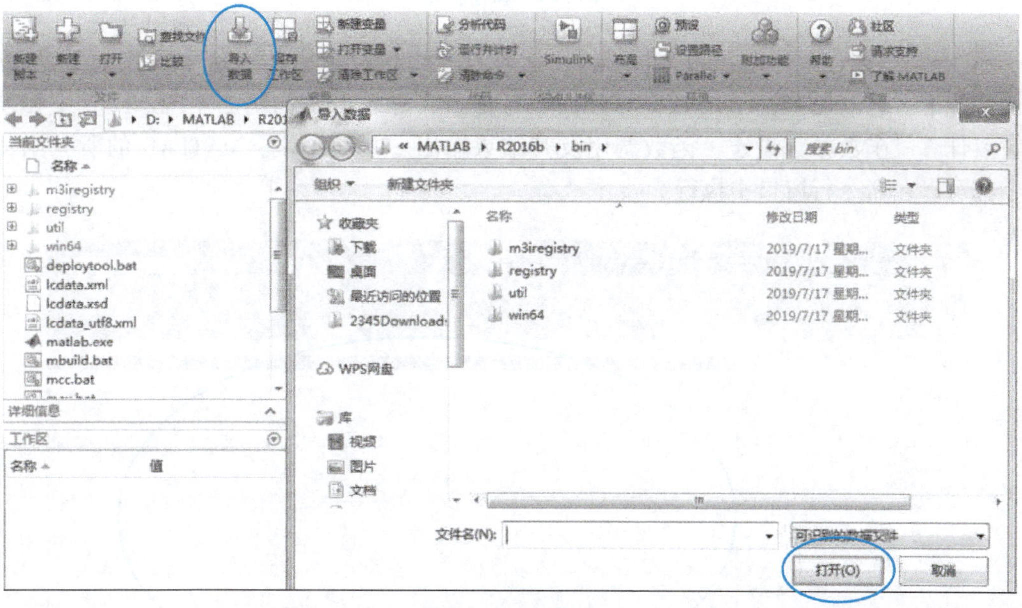

图 2-2　导入数据

3）“主页”工具栏：“主页”工具栏分若干个功能模块，包括文件的新建、打开、查找等，数据的导入、保存工作区、新建变量等，代码分析、程序运行、命令清除等，窗口布局，预设 MATLAB 部分工作环境、设置当前工作路径，系统帮助，附加功能等。

例如，单击“主页”工具栏的“新建”→“脚本”命令，系统弹出“编辑器”窗口，该窗口结构和主窗口结构类似。在“编辑器”窗口中可实现脚本文件的编写、调试等，如图 2-3 所示。在编辑过程中支持右键快捷菜单，具有 Windows 一般应用程序所具有的“复制”“粘贴”“全选”等功能。

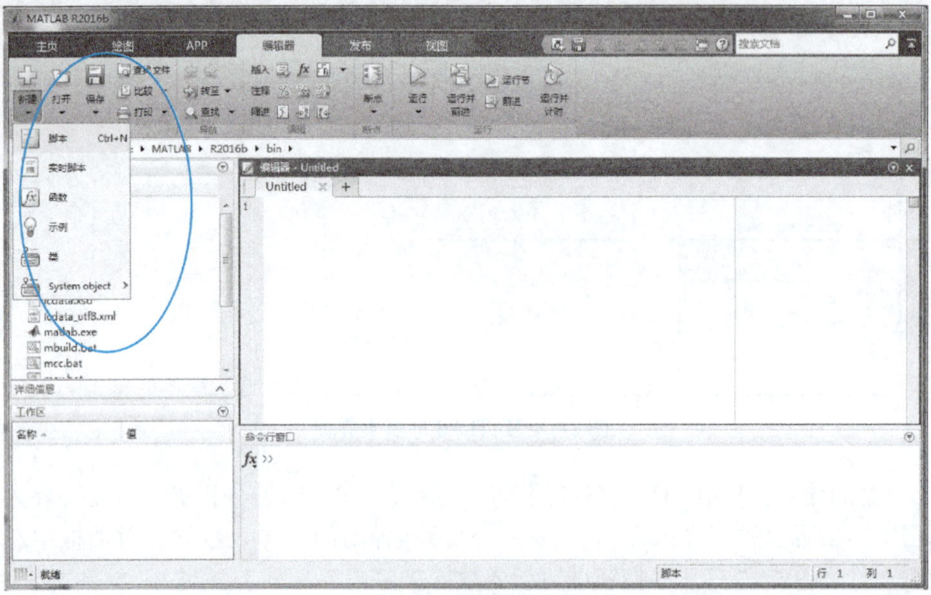

图 2-3　新建脚本

4）命令行窗口（Command Window）：命令行窗口是对 MATLAB 进行操作的主要载体。默认情况下，启动 MATLAB 时就会打开命令行窗口，显示形式如图 2-4 所示，其主要功能为数值计算、函数参数设定、函数调用及其结果输出。一般来说，MATLAB 的所有函数和命令都可以在命令行窗口中执行。

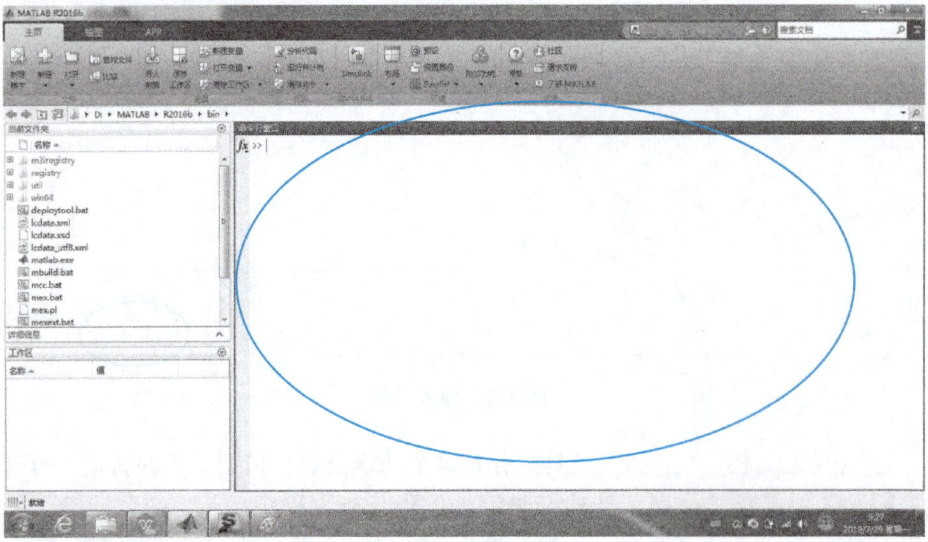

图 2-4　命令行窗口

例如，在命令行窗口中输入函数“sin（pi/5）”，然后按 < Enter > 键，则会得到输出结果“ans = 0. 5878”，如图 2-5 所示。其中，“pi” 就是我们熟知的 π；“ >> ” 符号所在的行可输入命令，没有符号 “ >> ” 的行为显示结果。

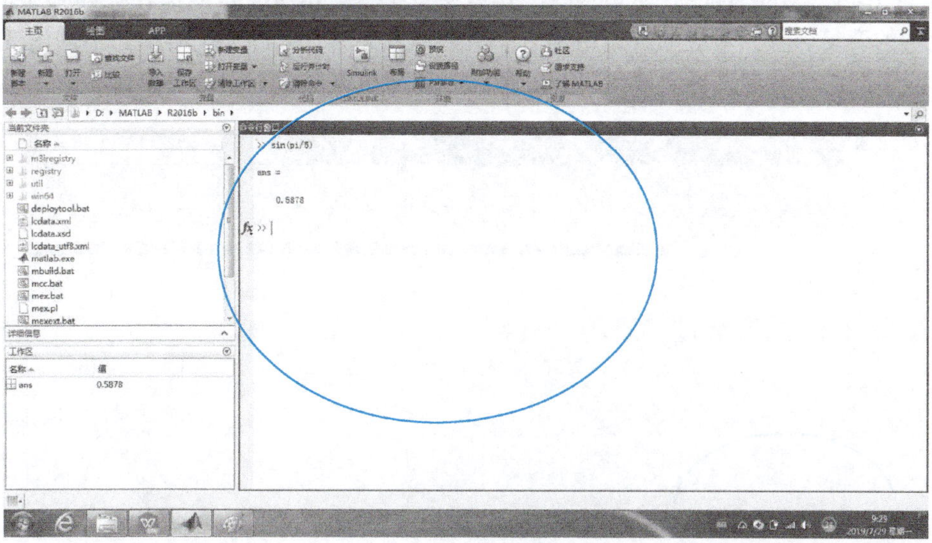

图 2-5　命令行窗口的使用

注意：在 MATLAB 命令行操作中，有一些键盘按键可以提供特殊而方便的编辑操作。例如，< ↑ > 可用于调出前一个命令行，< ↓ > 可调出后一个命令行，这样避免了重新输入的麻烦。当某命令记忆不清时，输入若干首字母并按 < Tab > 键，可用于查询该命令的提示。

5）命令历史记录（Command History）窗口：该窗口记录着用户每一次开启 MATLAB 的时间，以及每一次开启 MATLAB 后，在 MATLAB 命令行窗口中运行过的所有命令行。主窗口右上角的“面板”下拉菜单提供了不同的快捷操作命令，如图 2-6 所示。

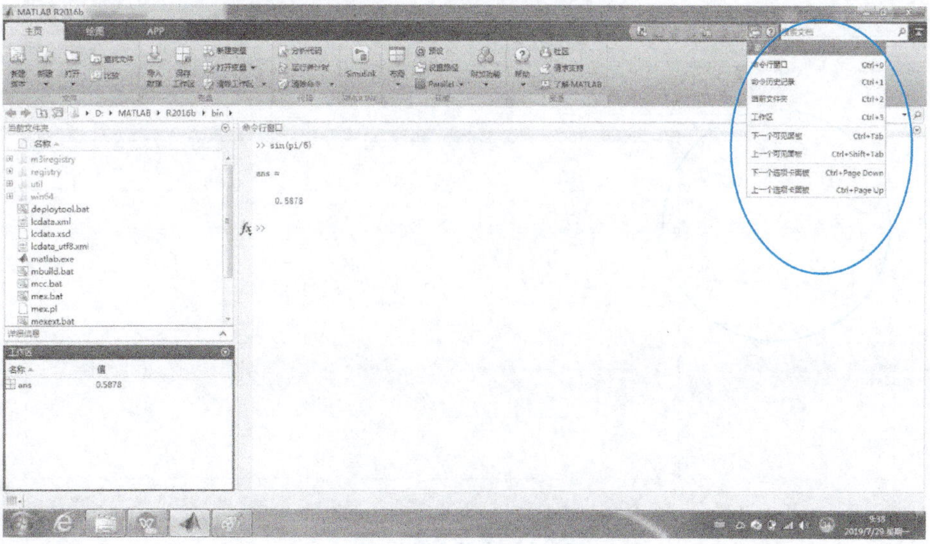

图 2-6　命令历史记录窗口

这些命令行记录可以被复制到命令行窗口中再运行，从而减少了重新输入的麻烦。选中该窗口中的任一命令记录，然后右击，则可选择菜单命令进行相应操作。或者双击某一行命令，也可在命令行窗口中执行该命令。

6）工作区（Workspace）窗口：在工作区窗口中将显示所有目前保存在内存中的 MATLAB 变量的变量名及其对应的数据结构、字节数以及类型，如图 2-7 所示。不同的变量类型分别对应不同的变量名图标。该窗口右上角的下拉菜单提供了不同的快捷操作命令。

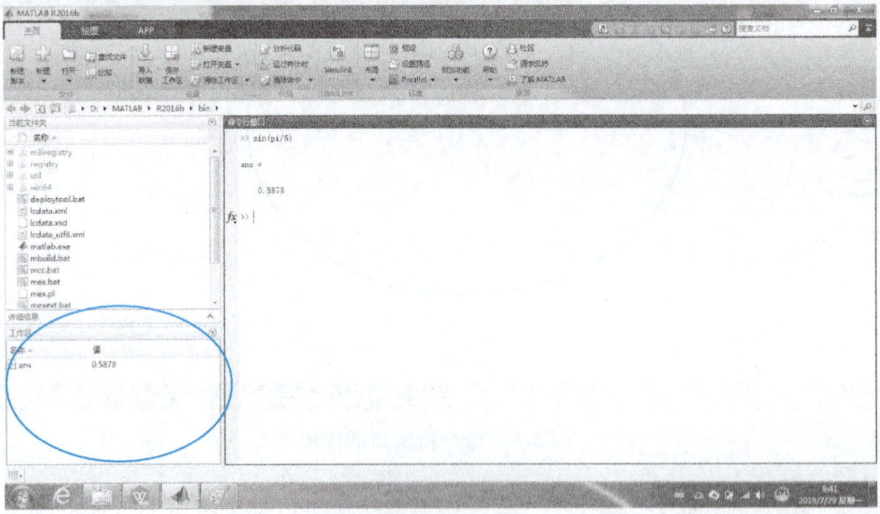

图 2-7 工作区窗口

7）当前文件夹（Current Directory）窗口：在当前文件夹窗口中可显示或改变当前文件夹，还可以显示当前文件夹下的文件，包括文件名、文件类型、最后修改时间以及该文件的说明信息等，并提供搜索功能，如图 2-8 所示。MATLAB 只执行当前目录或搜索路径下的命令、函数与文件。

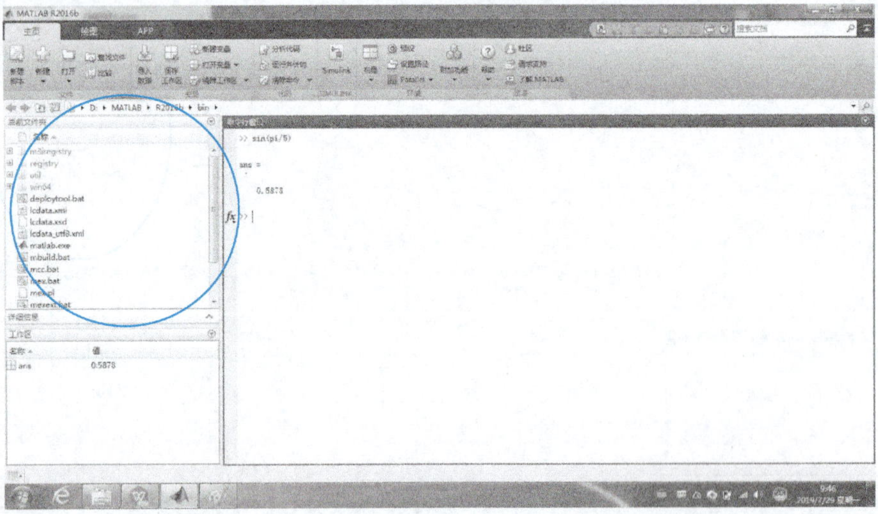

图 2-8 当前文件夹窗口

当用户在 MATLAB 命令行窗口中输入一条命令后，MATLAB 按照一定次序寻找相关的文件，基本的搜索过程如下：

① 检查该命令是不是一个变量。

② 检查该命令是不是一个内部函数。

③ 检查该命令是不是当前目录下的文件。

④ 检查该命令是不是 MATLAB 搜索路径中其他目录下的文件。

用户可以将自己的工作目录列入 MATLAB 搜索路径，从而将用户目录纳入 MATLAB 系统统一管理。用对话框设置搜索路径的操作过程如下：

① 在“主页”工具栏中选择“设置路径”命令，将出现搜索路径设置对话框。

② 通过“添加文件夹”或“添加并包含子文件夹”按钮，将指定路径添加到搜索路径列表中。

③ 在修改完搜索路径后，需要将其保存。

8）图形（Figure）窗口：在运行含有绘图命令的程序时，会出现一个与命令行窗口隔离的图形窗口，并在该窗口中绘制图形，如图 2-9 所示。图形窗口与其他窗口类似，有菜单栏与工具栏，能实现图形的编辑、修饰、存储等功能。

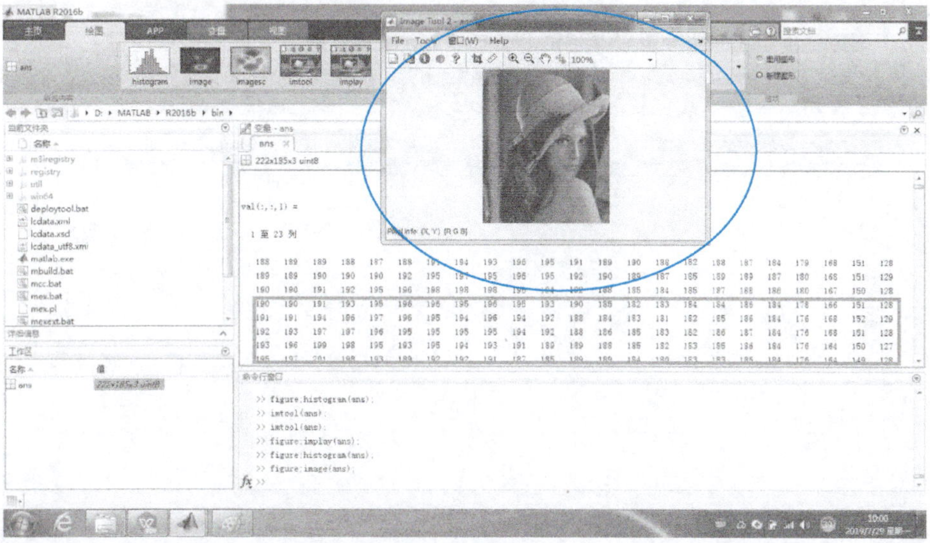

图 2-9　图形窗口

在图 2-9 中，圆圈区域为图形窗口，方框区域就是 RGB 三通道图片的矩阵信息，数字就是所代表的颜色。

9）“帮助”命令：这是最实用的功能，如图 2-10 所示。如果遇到了不了解的函数，只需要在“帮助”菜单中选择“文档”命令（如图 2-10 所示），或者直接按键盘的 <F1> 键，即可查看对于该函数的详细介绍。

10）Simulink 仿真：这是 MATLAB 中用于仿真实验的模块。如图 2-11 所示，在“主页”工具栏中，单击 Simulink 命令按钮，即可启动 Simulink 模块。在打开的窗口中可以进行数据模型的搭建，对一些实体进行仿真实验。

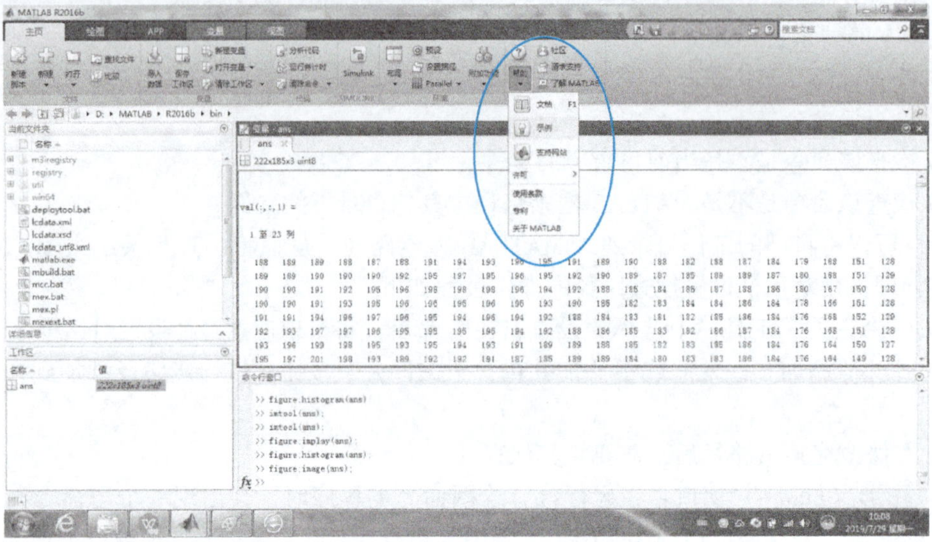

图 2-10　“帮助”命令

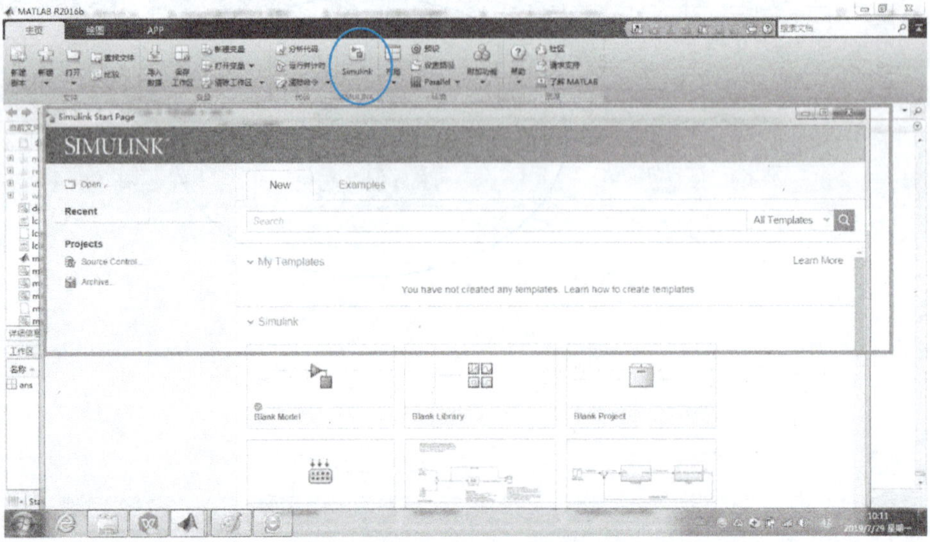

图 2-11　Simulink 仿真

2. MATLAB 基础知识

（1）变量　MATLAB 解决问题的最基本思路是建立脚本文件，那么脚本文件的第一段就是定义一些变量，这和 C 语言等编程思想是一样的。MATLAB 提供的变量类型有很多，最基础的是数值变量、符号变量和字符串三种，其他的类型还有 cell、table 等，这里仅说明最基础的变量类型。

1）数值变量：MATLAB 中所有的数值变量都是矩阵，赋值时，以“[”作为开头，以“]”作为结尾，以英文逗号“,”或空格分隔同行元素，以英文分号“;”分隔各列。例如，在命令行窗口中输入“a = [1 2; 3 4]”，运算结果如图 2-12 所示。

其中，a 是一个数值变量，同时工作区窗口里出现一个田字形的变量 a，说明变量 a 的类型是数值型，如图 2-13 所示。

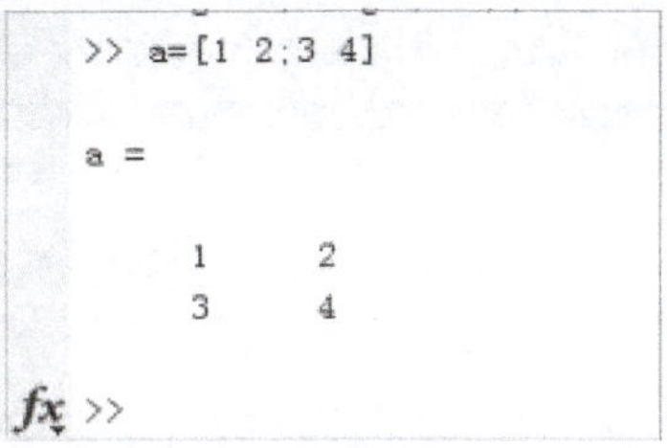

图 2-12　数值变量示例

图 2-13　矩阵的数值表示

2）符号变量：总体而言，符号变量比数值变量简单得多，因为变化非常少，常用的赋值命令是 syms。例如，在命令行窗口中输入“syms A B”，工作区窗口中的显示如图 2-14 所示。

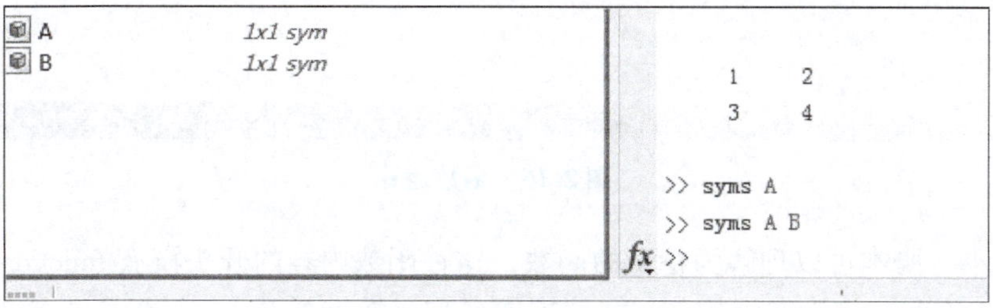

图 2-14　符号变量示例

3）字符串：比数值、符号更为简单的就是字符串了，其定义方法是以单引号开头和结尾。例如，在命令行窗口中输入“A ='hello world'”，工作区窗口显示如图 2-15 所示。

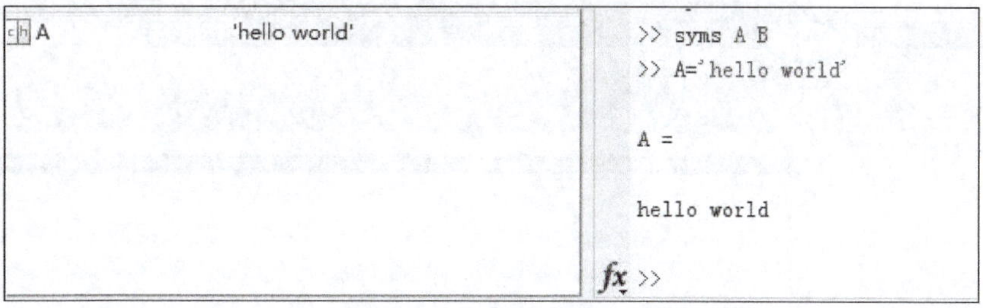

图 2-15　字符串示例

（2）函数　MATLAB 了提供大量的函数，用户也可以建立自定义函数，方法是：在“主页”工具栏中，单击“新建”→“函数”命令。自定义函数一般保存在工作路径下。函数文件的特征：扩展名为 . m，内容的第一行以 function 开头，后续内容是“输出变量 = 函数名（输入变量）”，且函数名和文件名相同。每个函数在命令行窗口中运行，用来完成特定的计算任务。运行方式：输入“输出变量 = 函数名（输入变量）”，然后按 <Enter> 键。例如，有个系统自带的函数是用来求绝对值的，函数名为 abs，所以在命令行窗口中输入“c = abs(-1)”，就会显示运算结果为“a = 1”。在工作区窗口里会出现一个变量 c，双击后可看到 c 的值是 1，如图 2-16 所示。

其中，圆圈区域为自定义函数定义，“%”用于代码注释，方框区域为函数名。

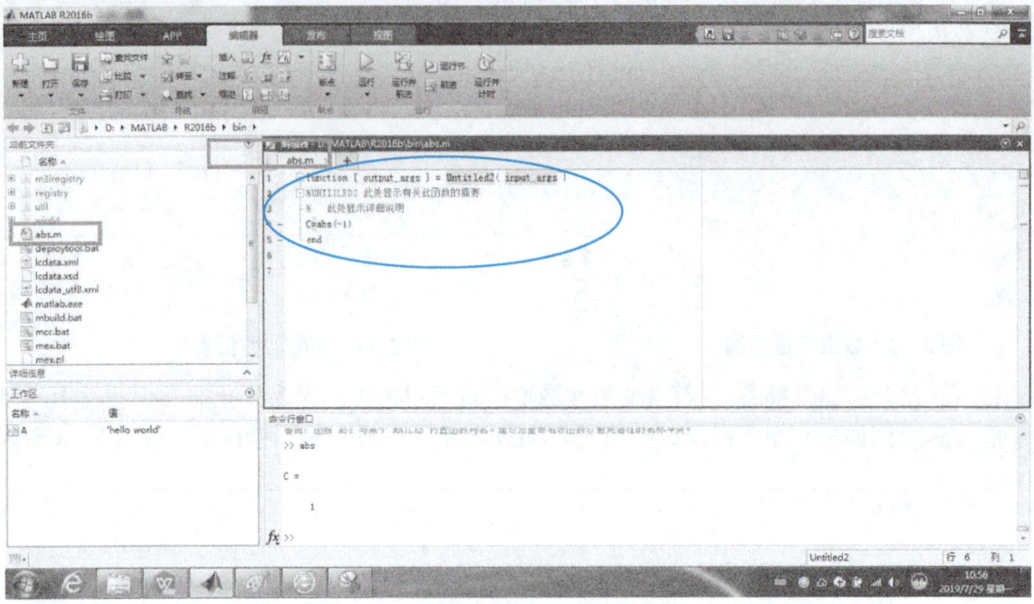

图 2-16　函数运算

（3）脚本　脚本可以理解为特殊的函数，这种函数内容的开头没有 function 行，因此没有输入、输出变量，也没有函数名，文件扩展名和函数一样是 . m，也需要在命令行窗口中运行。脚本都是用户建立的，方法是：单击主页工具栏中的“新建”→“脚本”命令，一般将其保存在工作路径下。脚本的功能就是完成用户需要的、复杂的计算任务，通常脚本里会调用很多函数。运行时，单击编辑器工具栏中的“运行”命令按钮，如图 2-17 所示。

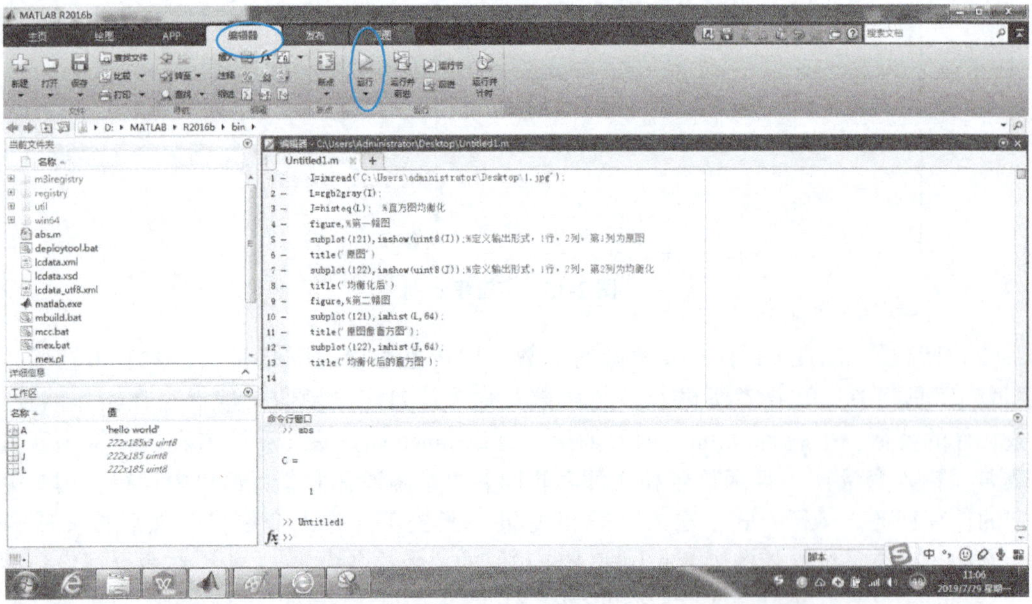

图 2-17　脚本编辑器

3. MATLAB 绘图

MATLAB 的功能非常强大，这里仅介绍绘图功能，其他功能由读者自行学习。

(1) 线性函数的绘制　线性函数就是人们常用的直线方程，常用的表示形式为 $f(x)=kx+b$，其中，k 为直线的斜率，b 为截距，如图 2-18 所示。

在 MATLAB 中绘制函数图形的步骤如下：

1）定义变量 x，指定变量 x 值的范围。

2）定义函数，$y=f(x)$。

3）调用 plot 函数，如 plot(x,y)。

接下来我们通过例子绘制简单的函数 $y=x$，x 值的范围为 [0,100]，增量为 5。

【例 2-1】 在 MATLAB 中建立一个脚本文件，输入下述代码：

```
x=[0:5:100];
y=x;
plot(x,y)
```

运行之后结果如图 2-19 所示。

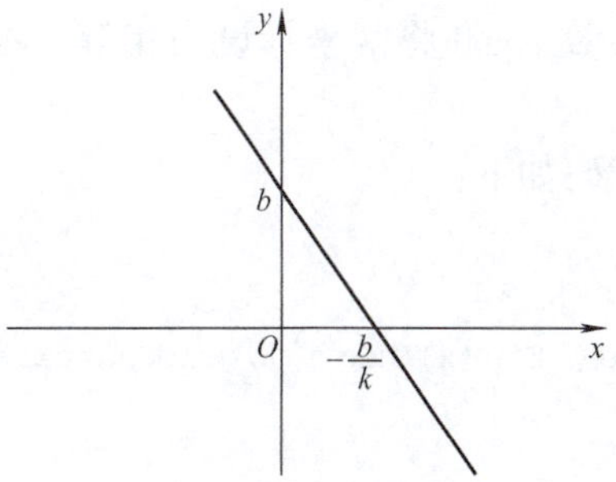

图 2-18　线性函数

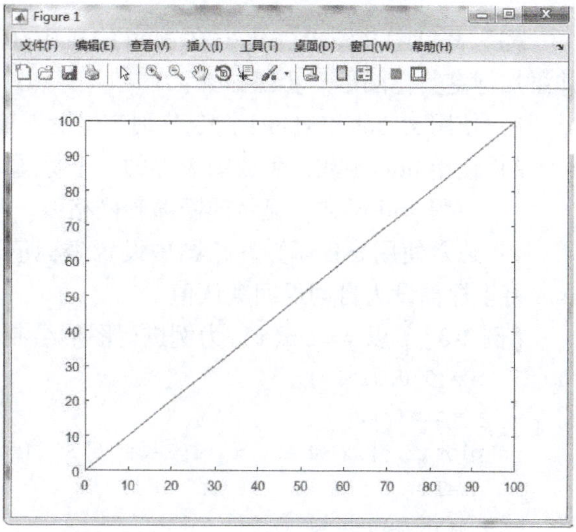

图 2-19　绘制直线方程

(2) 二次函数的绘制　二次函数（Quadratic Function）的基本表示形式为 $y=ax^2+bx+c(a\neq0)$，二次函数最高次幂必须为二次。二次函数的图形是一条对称轴与 y 轴平行或重合于 y 轴的抛物线。

【例 2-2】 绘制函数 $y=x^2$，示例代码如下：

```
x=[1 2 3 4 5 6 7 8 9 10];
x=[-100:20:100];
y=x.^2;
plot(x,y)
```

运行之后的结果如图 2-20 所示。

例 2-2 中 x 的变化区间为 [-100,100]，以 20 的增量进行取值，绘制的曲线不够光滑。

如果想曲线变得光滑，应减小 x 的增量取值。建议读者参照图 2-21 自行调整 x 的增量取值，由图可见图形变得平滑了。

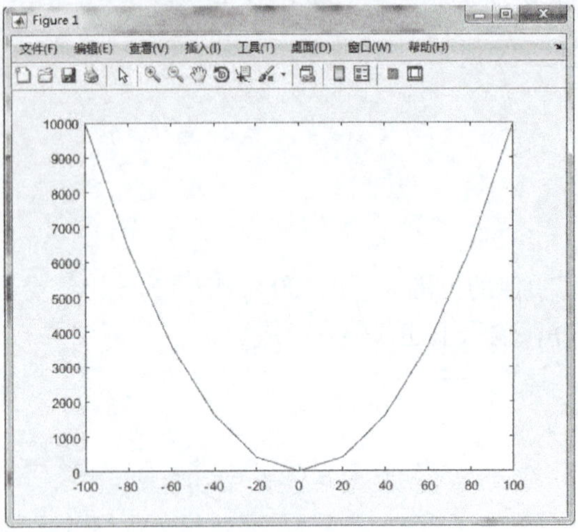

图 2-20 绘制二次函数

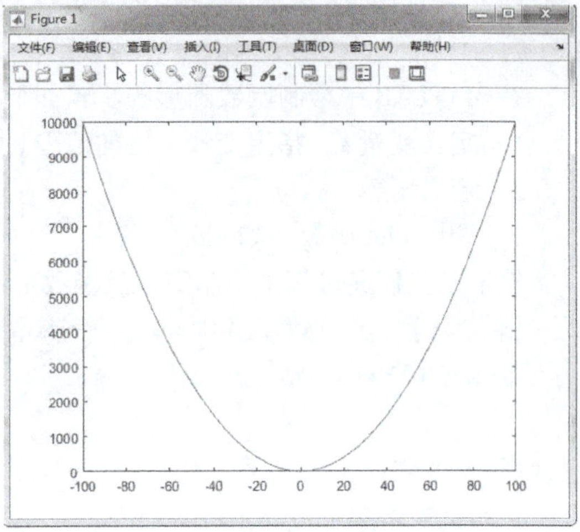

图 2-21 减小增量的二次函数图

（3）MATLAB 图形美化　在 MATLAB 中还可以添加标题，调整 x 轴、y 轴的网格线，并添加标签美化图形。步骤如下：

1）使用 xlabel 和 ylabel 指令分别产生沿 x 轴和 y 轴的标签。

2）使用 title 函数，生成图表上的一个标题。

3）使用 grid 函数，显示或隐藏轴网格线。参数 on 为显示，参数 off 为隐藏。

4）通常使用 axis 函数在绘图中设置坐标值范围。参数 equal 将两坐标设为相等，参数 auto 将坐标轴设为自动返回默认值。

【例 2-3】 以 $y=\sin(x)$ 为例进行图形绘制，示例代码如下：

```
x=[0:0.01:10];
y=sin(x);
plot(x,y),xlabel('x'),ylabel('Sin(x)'),title('Sin(x)Graph'),grid on,axis e-
qual
```

运行结果如图 2-22 所示。

【例 2-4】 在 MATLAB 中的同一张图上可绘制多个函数，以 $y=\sin(x)$、$y=\cos(x)$ 为例进行图形绘制。示例代码如下：

```
x=[0:0.01:10];
y=sin(x);
g=cos(x);
plot(x,y,x,g,'.-'),legend('Sin(x)','Cos(x)')
```

运行结果如图 2-23 所示。

2.1.4 能力拓展

1. MATLAB 的图像处理原理

MATLAB 图像处理的基本数据单位是矩阵，数字图像的组成原理如图 2-24 所示。

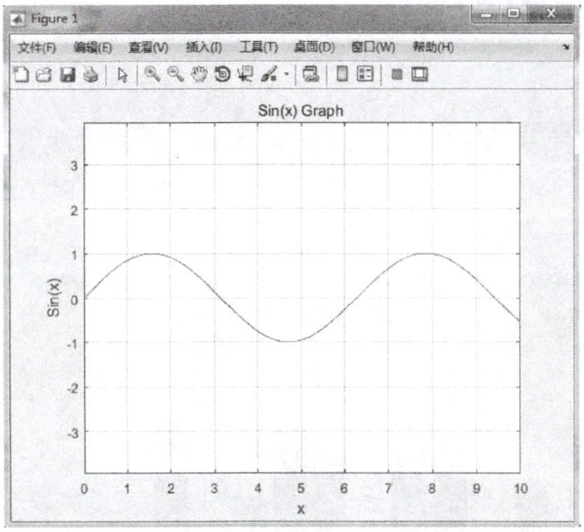

图 2-22 $y=\sin(x)$ 图形绘制

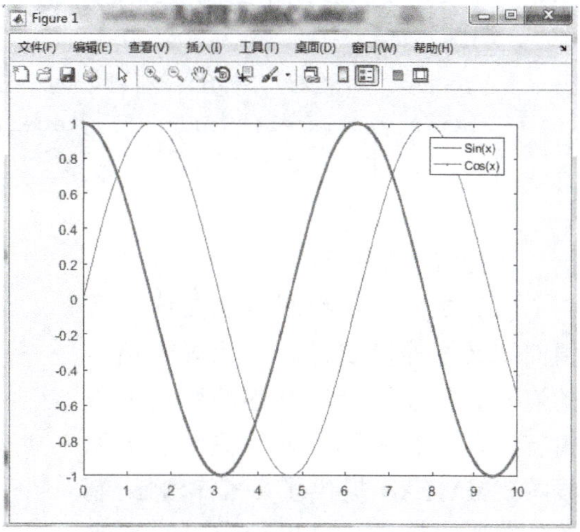

图 2-23 绘制多个函数

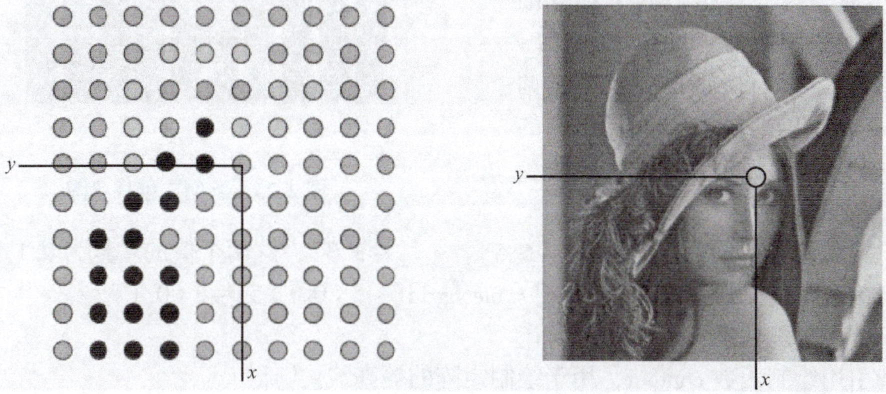

图 2-24 数字图像的组成原理

图像会表示成一个二维实数矩阵 $f(x,y)$，也称为图像在那个像素的灰度或者亮度，其矩阵的表示方式如下：

1）二值化图像，1bit 图像（1 个像素是 1bit）的取值范围为 0 或 1。

2）灰度图像，8bit 图像（1 个像素是 8bit）的取值范围为 0 ~ 255。

3）彩色图像，24bit（R、G、B 各占 8bit，即三通道图像），同时会有隐含的第四通道，即系统自动提供对每个像素透明性的索引，其中每个像素给出索引和索引所指示的彩色调色板中的元素 R、G、B 的值。

2. MATLAB 多维图像处理

下面进一步熟悉 MATLAB 的图像绘制。

(1) 绘制二维柱状图

【例 2-5】 有一个包含 10 名学生的成绩单，这些学生获得的分数分别为 75 分、58 分、90 分、87 分、50 分、85 分、92 分、75 分、60 分和 95 分，使用这些数据，在 MATLAB 中建立一个脚本文件，用于绘制成绩统计图。示例代码如下：

```
x=[1:10];
y=[75,58,90,87,50,85,92,75,60,95];
bar(x,y),xlabel('Student'),ylabel('Score'),
title('First Sem:')
print-deps graph.eps
```

运行结果如图 2-25 所示。

(2) MATLAB 绘制等值曲线　等值曲线又称等量线，是以相等数值点的连线表示连续分布且逐渐变化的数量特征的一种图形，如等高线、等温线等。MATLAB 提供了一个轮廓绘制等值曲线的函数，可以给定一个水平值，用于创建等值曲线。对于一个给定功能的轮廓线 $g=f(x,y)$，这个函数有两个变量，因此将生成两个独立的变量，即两个数据集 x 和 y。在 x 和 y 的取值域内，进行增量取值，通过调用 meshgrid（生成绘制 3D 图形所需的网格数据）命令，进行等值曲线的绘制。绘制步骤如下：

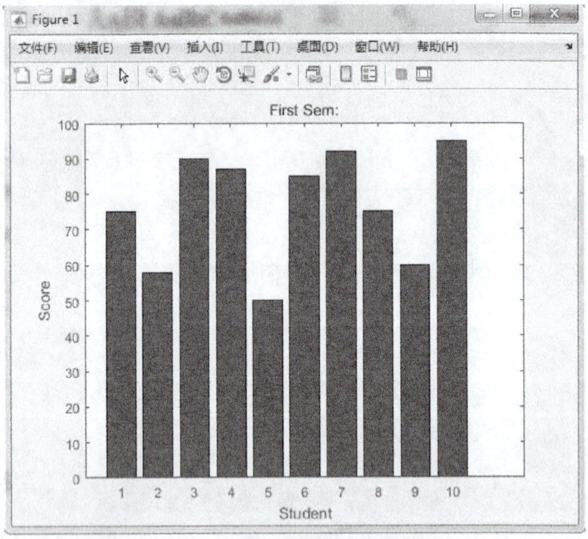

图 2-25　绘制二维柱状图

1) 定义函数 $g=f(x,y)$，$x=[-5,5]$，$y=[-3,3]$，这两个值的增量为 0.1。

2) 为这些变量设置语法：$[x,y]=\text{meshgrid}(-5:0.1:5,-3:0.1:3)$。

3) 需要分配功能，函数是 x^2+y^2。

4) 引用绘制函数 contour，用于绘制矩阵的等高线。

【例 2-6】 绘制等高线，示例代码如下：

```
[x,y] = meshgrid(-5:0.1:5,-3:0.1:3); % 引用绘制函数,输出 X 轴的每一行的数值都是复制的 x 的值,输出 Y 轴的每一列的数值都是复制的 y 的值
g = x.^2 + y.^2;                     % 引用分配功能
contour(x,y,g)                       % 该函数用于绘制矩阵的等高线
print-deps graph.eps
```

运行结果如图 2-26 所示。

【例 2-7】 美化图 2-26 所示的等高线，示例代码如下：

```
[x,y] = meshgrid(-5:0.1:5,-3:0.1:3); % 引用绘制函数,输出 X 轴的每一行的数值都是复制的 x 的值,输出 Y 轴的每一列的数值都是复制的 y 的值
g = x.^2 + y.^2;                     % 引用分配功能
[C, h] = contour(x,y,g);             % 该函数用于绘制矩阵的等高线
set(h,'ShowText','on','TextStep',get(h,'LevelStep')* 2)
print-deps graph.eps
```

运行结果如图 2-27 所示。

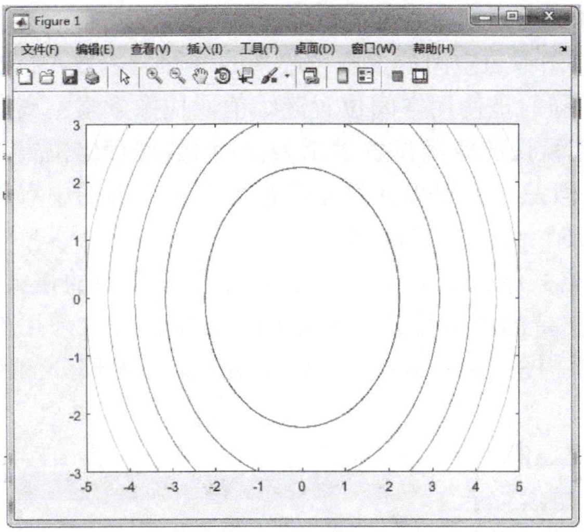

图 2-26 绘制等高线

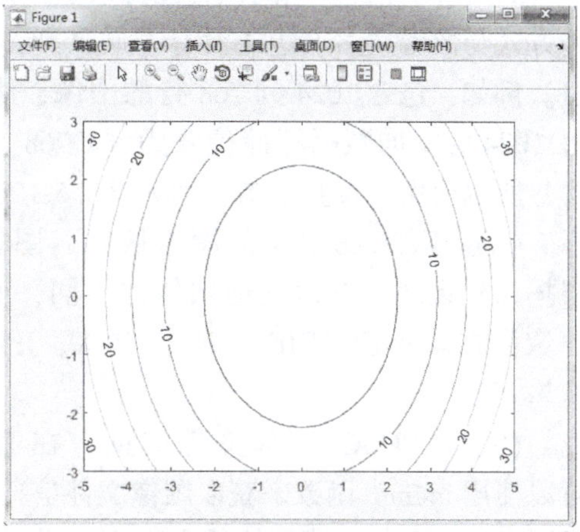

图 2-27 美化后的等高线

（3）MATLAB 绘制三维图 三维绘图基本是以函数 $g=f(x,y)$ 为基础来定义的，使用 meshgrid（用于生成 3D 网格采样点的函数）命令进行数据点采样，使用 surf（画三维曲面（色）图）命令来创建曲面图。

【例 2-8】 绘制三维曲线，示例代码如下：

```
[x,y] = meshgrid(-2:0.2:2);   % 引用 meshgrid 函数,x = [-2:0.2:2],y = [-2:0.2:2]
g = x.* exp(-x.^2 - y.^2);    % 定义函数 g = f(x,y)
surf(x,y,g);
print-deps graph.eps
```

运行结果如图 2-28 所示。

3. MATLAB 图像表示

在 MATLAB 中，基本数据结构为数列，大部分图像也是以数列的方式存储的，例如，包含 1024 列 768 行的彩色图像，在 MATLAB 中被存储为 1024 × 768 的矩阵，其中，矩阵的值为色彩值。这样就把图像变成了数列，MATLAB 就可以使用数学函数对图像进行处理了。

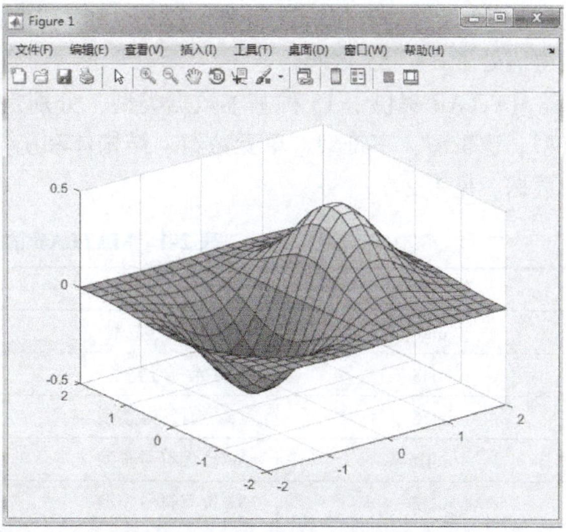

图 2-28 绘制三维曲线

（1）MATLAB 图像表达方式 在 MATLAB 中，图像可以以两种方式表达：像素索引和空间位置。

1）像素索引：像素索引是表达图像最方便的方法。在使用像素索引时，图像被视为离散的单元，按照空间顺序从上往下、从左往右排列，像素索引值为正整数。在使用像素索引时，像素值与索引有一一对应的关系。例如，位于第 3 行第 3 列的像素值存储在矩阵元素（3,3）中，可以使用 MATLAB 中的命令 A(3,3) 获取第 3 行第 3 列的像素值，还可以使用命令 A(3,3,:) 获取 RGB 图像中第 3 行第 3 列的 RGB 值。

2）空间位置：空间位置图像表达式是将图像与空间位置联系起来的一种表达方式，这种方式与像素索引表达式没有本质区别，不同的是使用空间位置连续值取代像素索引离散值。例如，包含 1024 列 768 行的图像，使用默认的空间位置表示为：x 向数据存储位置为［1 1024］，y 向数据存储位置为［1 768］。但是，由于数据存储位置为坐标范围的中点位置，所以使用的位置范围分别为［0.5 1024.5］和［0.5 768.5］。

(2) MATLAB 支持的图像格式　图像格式指的是存储介质上存储图像采用的格式，根据操作系统、图像处理软件的不同，所支持的图像格式可能不同。目前，经常采用的图像格式有 BMP、GIF、TIFF、PCX、JPEG、PSD 和 WMF 等。MATLAB 支持大部分的图像格式。

(3) MATLAB 图像文件信息　在 MATLAB 中，可以使用 imfinfo 函数来获取图像文件信息。虽然对于不同类型的文件，获取的信息也不一样，但对于所有格式的图像文件，都可以获取文件名、文件格式、文件格式版本、文件修改日期、文件大小、横向像素量、纵向像素量、像素值位数、图像类型（如真彩色灰度值）等信息。也可以在工作区窗口中看到相应的图像文件信息，如图 2-29 所示。

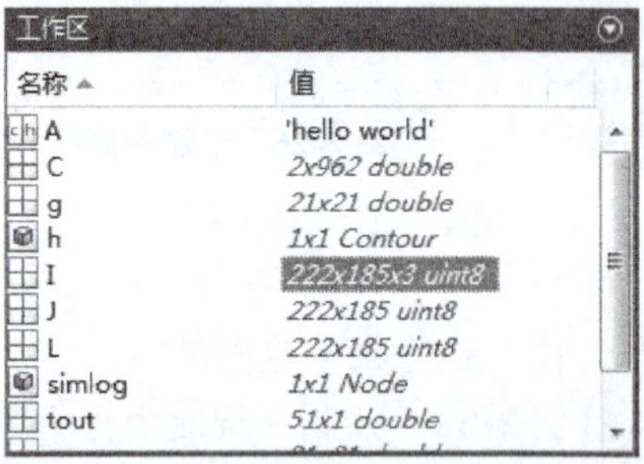

图 2-29　MATLAB 图像文件信息

在 MATLAB 中读取图像后，保存的数据是 uint8（8 位无符号整数，即 1 个字节）类型，以此方式存储的图像称为 8 位图像。其优势是相比较默认的 MATLAB 数据类型——双精度浮点 double（64 位，即 8 个字节）类型，可以节省很大一部分存储空间。当图像为 RGB 图像时，就存入 8 位 RGB 矩阵中。例如，图 2-29 中的 I 就是一个无符号 8 位二进制数，222×185 为像素点，×3 表示 RGB 三通道，其中每个颜色通道值处于 0～255 之间。

MATLAB 提供了 15 种基本数据类型，分别是 8 种整型数据、单精度浮点型、双精度浮点型、逻辑型、字符型、单元数组、结构体和函数句柄，每种数据类型存储矩阵或数组形式的数据，见表 2-1。

表 2-1　MATLAB 的基本数据类型

数据类型	描　　述
int8	8 位有符号整型
uint8	8 位无符号整型
int16	16 位有符号整型
uint16	16 位无符号整型
int32	32 位有符号整型
uint32	32 位无符号整型
int64	64 位有符号整型

（续）

数据类型	描　述
uint64	64 位无符号整型
single	单精度浮点型
double	双精度浮点型
logical	逻辑值为 1 或 0，分别代表 true 和 false
char	字符型（字符串作为字符向量存储）
单元数组	索引单元阵列，每个都能够存储不同维数和数据类型的数组
结构体	C 型结构，每个结构具有能够存储不同维数和数据类型的数组的命名字段
函数句柄	指向一个函数的指针

工作任务书 2

1. 任务简介

某地在 2019 年高铁建设项目中，实现高铁场站的智能管理，其中安全保障采用以机器视觉为主，实现场站基于人脸识别的身份核验智能监控系统等功能。先期采用 MATLAB 进行客流统计分析的建模仿真，需要绘制 $y=\sin(x)$ 与 $g=\cos(x)$ 的组合图形和 $y=3x+6$，以方便相关信息数据的采样与利用回归预测旅客数据。

2. 任务目标

1）知识领域：通过了解 MATLAB 软件，强化学生对数字图像的基本认知。

2）技能领域：通过学习 MATLAB 的绘图功能，提高学生对统计分析、函数等知识的认知，以及代码的编写能力。

3）素质领域：通过本工作任务的实施，提高学生的逻辑思维能力、团队合作能力，以及沟通协调能力，提高学生对工作中所需的职业素质的理解能力，提高知识的更新能力。

3. 任务实施

1）了解 MATLAB R2016b 的基础运行环境：

- 硬件环境：计算机的 CPU 为 i5，内存容量为 4GB，硬盘容量至少 40GB，网卡为 100/1000Mbit/s 自适应。
- 软件环境：Windows 7 或 Windows 10，64 位。

2）熟悉 MATLAB 的基本使用。

3）学会 MATLAB 脚本开发。

4）学会 MATLAB 标准函数的使用。

5）学会使用标准函数绘图。

6）使用自己的姓名命名混合图形和线性方程的名字。

4. 工作日志

工作日志见表 2-2。

表 2-2 工作日志

日期	工作内容	问题及解决方式

5. 工作总结

工作总结 主题：关于本工单工作完结的报告   签字：__________ 日期：20 年 月 日 审核意见：

6. 任务考核

考核评价表见表2-3。

表2-3　考核评价表

工单名称	绘制统计图表	评价教师	
质量监测点	评价标准	评价结果	改进方案
1. 图像预处理的准确性 2. 图像预处理的完整性与连续性 3. 代码	满分5分 主要考察学生对MATLAB的使用能力，由指导教师酌情处理。无本人姓名的图像，扣2分		
1. 开发文档的完整度 2. 开发文档的真实度	满分5分 1. 缺少工作日志，扣1分 2. 缺少工作总结，扣1分 3. 缺少进度表，扣1分		
拓展任务	此为附加分选项，由指导教师酌情处理，建议为5分/项		
评价时间　　年　　月　　日			

7. 成果展示

成果展示见表2-4。

表2-4　成果展示

成果展示			
主　题		日　期	
制作人		成　绩	
提交成果：（粘贴代码和图像） 年　　月　　日			

子任务2　了解数字图像

2.2.1　任务场景

高铁场站人流密集，人员身份复杂，为了识别旅客的身份信息，需要采用人脸识别系统。该系统需具有耗时短、身份识别率高的特点。该系统在功能的设计上应尽量考虑平台的简洁、清晰和重点突出。基于人工智能的机器视觉系统先期人脸采集系统的功能需求如下：

1）人脸图像信息采集功能：主要对人脸样本进行识别。

2）人脸图像预处理功能：对收集到的大量的人脸图像进行调整，按照要求统一成标准规格，为后续进行人脸图像训练和测试做好前期工作。

3）人脸图像样本的训练：人脸图像预处理达到统一要求后，要对人脸图像数据进行特征提取，所提取的数据可以作为下一阶段人脸识别的依据。

4）人脸图像测试样本的识别：对测试样本图像信息进行检测和判断，获得正确的结果，完成身份识别。

2.2.2 需求分析

该系统的旅客身份自动识别主要依靠人脸识别进行，投入使用时，应进行旅客的面部数据等关键性信息的采集，并以此为依据，分别通过相关管理部门的身份信息、失信人员管理、征信管理、网逃信息等数据库相关信息进行旅客的身份识别。

人脸识别系统的重点是面部的正确识别，通常分为两个阶段：第一阶段是图像的采集和录入，以搭建人脸图像基本数据平台；第二阶段是面部训练样本和测试样本的匹配识别，这将是人脸识别系统的主要研究部分和重点测试部分。根据人脸识别系统的功能要求，将人脸识别系统所实现的目标总结如下：

1）人脸图像的采集：在使用摄像机拍摄人脸图像时，本系统对采集的图像要求是正面人脸图像，人脸的图像应该完整，并且尽量保持相同的人脸图像背景。

2）人脸图像的预处理：对收集到的图片除了要设定统一的大小规格，还要具有统一灰度的要求。

3）人脸图像的特征提取：通过大量的人脸图像信息的反复验证，得到一组稳定、可靠的人脸特征信息，以此来作为人脸识别的对比参照数据。

4）人脸识别：识别阶段的前期处理过程与训练阶段是完全相同的，都要经过图像采集、预处理、特征提取的过程来进行操作。训练样本得到的特征信息与测试样本信息进行比对，如果得到的比对值在一定的范围内，那么说明测试样本在人脸库中存在，并且可以判定此人的身份。

5）输出结果（验证成功或验证失败）。

旅客进入场站出入口时，应配合监管人员自行取下面部遮挡物，视频采集设备覆盖应无死角，因此可直接采集到人脸的正面的、面部没有遮挡物的图像，这样就大大减少了图像处理环节和满足后续人脸识别算法等特殊的要求，也减少了样本训练过程中繁杂的工作环节。本任务人脸识别系统的基本框架如图 2-30 所示。

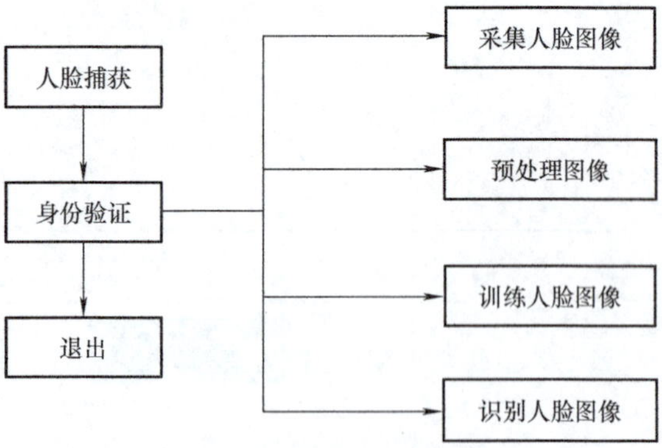

图 2-30 人脸识别系统的基本框架

2.2.3 能力储备

机器视觉是工程领域和科学领域中的一个富有挑战性的重要研究领域。据统计，人的一生中，70% 的信息是通过“看”来获得的。机器视觉是一门综合性的学科，赋予了机器“看”的功能，属于感知智能的范畴。它已经吸引了来自各个学科的研究者参与到对它的研究之中，其中包括计算机科学和工程、信号处理、物理学、应用数学和统计学、神经生理学和认知科学等。在机器视觉应用领域，如制造业、检验、文档分析、医疗诊断和军事等领域，机器视觉是各种智能自主系统中不可分割的一部分。由于它的重要性，一些先进国家，如美国，把对机器视觉的研究列为对经济和科学有广泛影响的科学和工程中的重大基本问题，即所谓的重大挑战（Grand Challenge）。

机器视觉的挑战是要为计算机和机器人开发与人类水平相当的视觉能力，需要对图像信号、纹理和颜色建模，进行几何处理和推理，以及物体建模。一个有能力的视觉系统应该把所有这些处理都紧密地集成在一起。作为一门学科，机器视觉开始于20世纪60年代初，但机器视觉的许多重要进展是在20世纪80年代取得的。机器视觉与人类视觉密切相关，对人类视觉有一个正确的认识将对机器视觉的研究非常有益。

1. 数字图像原理

数字图像又称数码图像或数位图像，是二维图像采用二维数组形式表示的图像，由一个个点组成，这些点称为像素（像素是数字图像的基本元素）。数字图像是由模拟图像数字化得到的、以像素为基本元素的、可以用数字计算机或数字电路存储和处理的图像，如图2-31所示。

像素是在模拟图像数字化时对连续空间进行离散化得到的，每个像素具有整数行（高）和列（宽）位置坐标，同时每个像素都具有整数灰度值或颜色值，用数组或矩阵表示，其光照位置和强度都是离散的。

一个单色静止图像可以用一个二维的光强度函数，即 $s=f(x,y)$ 来表示，其中，x 与 y 表示像素点的空间坐标，f 是位于二维空间中 x 和 y 坐标处的灰度值（用单字节表示，即单通道），而在任意点（x，y）的 f 值与在该点图像的亮度（或灰度）成正比。一个数字图像是图像 $f(x, y)$ 在空间坐标和亮度上都数字化后的图像。可将数字图像视作一个矩阵，矩阵行与列的值决定一个点，而对应的矩阵元素值就是该点的灰度，这种矩阵的元素就是像素，所对应的灰度就是像素值。

如果是黑白图像（灰度图像），每个像素由一个亮度值表示，通常为一个字节。最小值为0，即最低亮度，表示黑色；最大值为255，为最高亮度，即白色。0～255之间的数值则表示中间亮度，如图2-32所示。

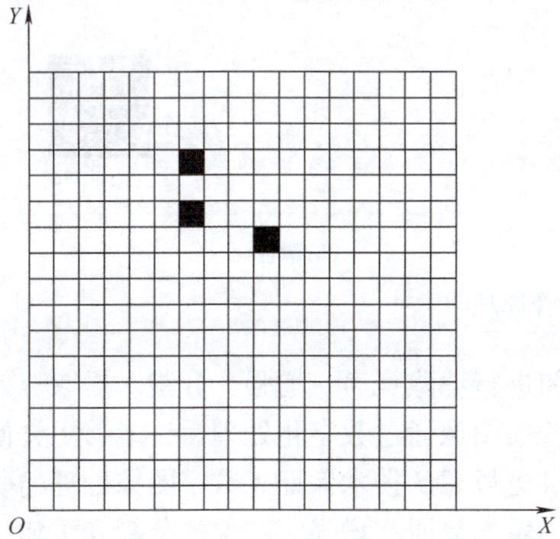

图2-31　数字图像原理

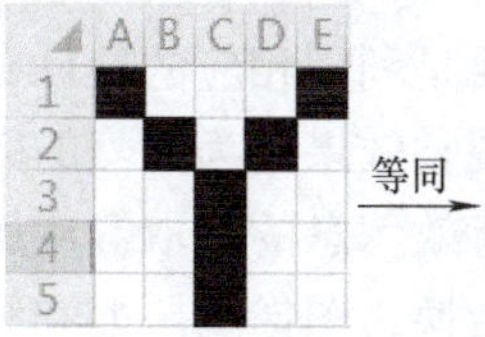

0	255	255	255	0
255	0	255	0	255
255	255	0	255	255
255	255	0	255	255
255	255	0	255	255

图2-32　像素表示

在计算机中，是以字节作为基本单位来描述数据的，当把一幅图像转化成一组数据时，这组数据里的每个数组大小都是以一个字节作为基本单位存储到存储单元中的，上限值是一个字节的取值范围，即 $2^8=256$，并且每个数组对应着图像的各个颜色信息。

如果是彩色图像，每个像素的颜色通常代表红、绿、蓝（RGB）的三个字节（即三通道），所有颜色均由各通道分量变化来决定，如图 2-33 所示。

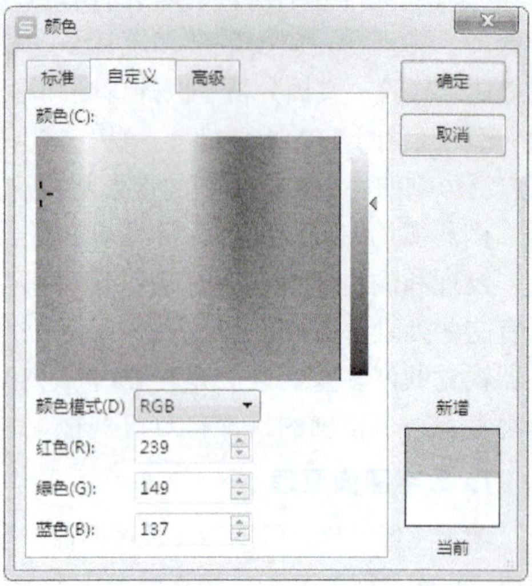

图 2-33　RGB 原理图

如果所有分量均为 255，即为白色；所有分量均为 0，即为黑色，如图 2-34 所示。

2. 图像处理

数字图像处理，即将图像转化为数字的形式，对图像做处理。平时所见到的图像，在计算机中都是一组数字，当通过数码照相机捕获现实世界的景物时，数码照相机会捕获现实世界的光源信号，并转化为数字信号保存到存储器上，当显示时，GPU（显卡的 CPU）会根据这些数字信息将其绘制到屏幕上，将图像呈现出来。

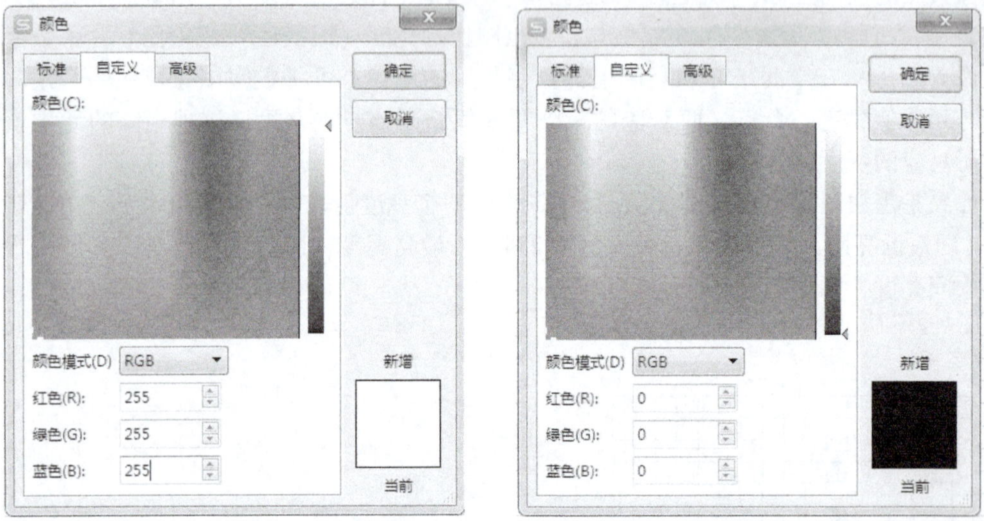

a) 白色　　b) 黑色

图 2-34　彩色图像原理图

数字图像处理主要是利用相应的软件，对图像进行滤除噪声、增强、分割、提取有效特征等处理，得到一种视觉效果更为强烈的效果。普通图像通过数字化处理后，能够更方便地为计算机编程和图像有效信息的提取等应用，提供更可靠的技术保证。数字图像处理的研究内容主要包括图像的变换、图像的压缩和编码、图像的复原和增强、图像的分割和重建、图像的描述与识别等。

图像处理技术把输入图像转换成具有所希望特性的另一幅图像。例如，可通过处理使输出图像有较高的信噪比，或通过增强处理突出图像的细节，以便操作员的检验。图像处理通常采用以下几种方案：

（1）图像灰度变换 图像灰度变换能够实现将彩色图像变为黑白图像的功能，这可使人脸识别系统处理图像的过程更为简单和具体，可以减少不必要的信息对人脸识别造成的不良后果。但是，在灰度处理的同时，也会损失掉图像中的少量有用信息。所以，在本系统研究的过程中，尽量采用简单的公式来表示复杂的图像细节。

1）彩色与灰度之间的图像变换：为了降低图像预处理过程的复杂性，可以直接采用彩色到灰度图像转换的经验公式：

$$\text{gray} = 0.39R + 0.50G + 0.11B$$

式中，gray 代表图像的灰度值；R、G、B 则代表颜色红、绿、蓝的分量值；0.39、0.50、0.11 分别代表相应的颜色取值系数。

2）图像灰度的线性变换：图像灰度的线性变换可以弥补图像在拍摄过程中由于曝光问题所造成的某种缺陷，如图像细节处不够清晰等问题，进行灰度线性处理就可以使图像的外观得到很好的改善，如图 2-35 所示。

a) 原图

b) 灰度线性变换后

图 2-35 图像灰度的线性变换

（2）图像直方图均衡化 图像直方图均衡化的实质是将图像最初直方图灰度区间的相对密集处做均匀分布处理，即将密集区间映射到所有灰度的范围内。直方图均衡化变换是一种非线性变换，将灰度图像的像素值重新进行分配和设定，最终使得相邻近区域内的像素值变化范围不大。

直方图均衡处理后的图像具有两个比较明显的特点：第一，经过处理后的图像在灰度排列顺序上与原始图像将保持一致；第二，均衡处理前后的图像灰度值变化范围将保持一致性。图像直方图均衡化如图 2-36 所示。

（3）图像中值滤波 图像中值滤波是对图像中混有的噪声进行滤出的一种非线性处理手段。实质上，是要对某些像素点以及与之相关联的像素点一同进行顺序排列，当前所处理的像素点就用新的排列所得到的中间数值来代替。当图像中出现不理想的噪声时，就可以采用中值滤波处理方法，来避免噪声对图像识别的干扰。

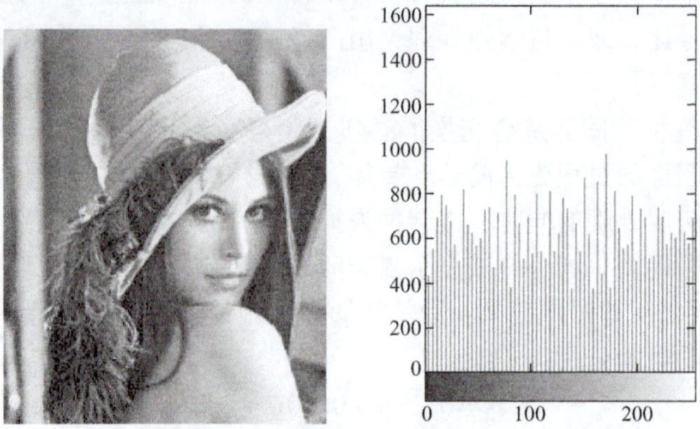

a) 均衡化后　　b) 均衡化后的直方图

图 2-36　图像直方图均衡化

中值滤波不但能够提高图像的信噪比，同时也抑制了图像噪声所带来的不良影响。中值滤波的运算过程与卷积运算很相似，但是所求结果不是加权求和，而是把所有与当前像素相邻的灰度值都进行有序排列后，找到中间值作为最后的像素输出值，如图 2-7 所示。

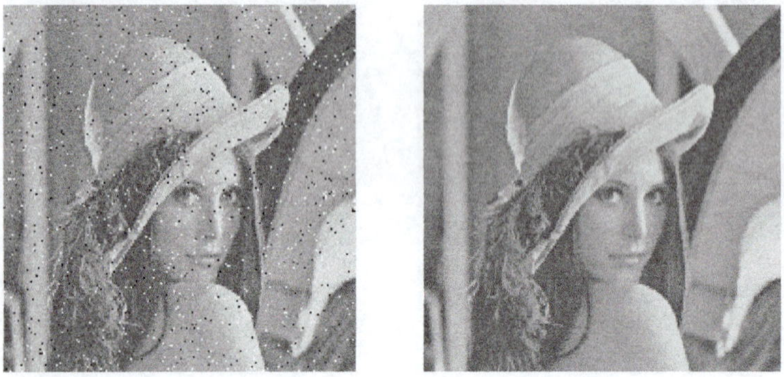

a) 原图像　　b) 中值滤波后

图 2-37　图像中值滤波

3. 图像边缘

所谓图像边缘是指图像周围像素灰度急剧变化的那些像素集合，它是图像最基本的特征。图像边缘可以表现图像应该具有的基本特征，反映了图像灰度的间断性，如在图像边缘处可以发现像素的灰度值有明显的突变。通常用到的边缘检测算法是查看某些范围内像素灰度的变化情况，然后采用一阶或二阶方向导数的边缘邻近方法进行图像边缘检测。

边缘的类型有两种，它们之间存在明显的差异，如图 2-38 所示。第一种类型称为阶跃型边缘，它的边缘处二阶方向导数呈现出零交叉特性，相邻像素灰度值具有不连续的特点；第二种类型称为屋顶状边缘，它的边缘处二阶方向导数取极值，灰度值从小到大和从大到小的变化处为转折点。

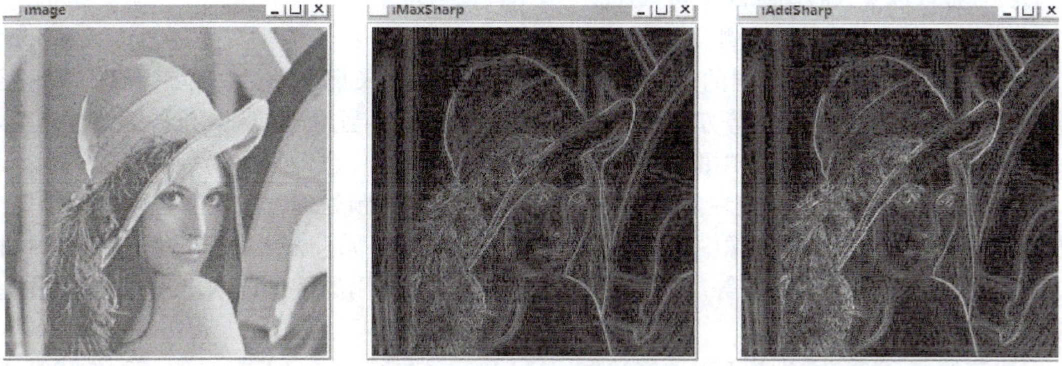

a) 原图　　b) 阶跃型边缘　　c) 屋顶状边缘

图 2-38 图像边缘检测

4. 图像理解

给定一幅图像，图像理解程序不仅描述图像本身，而且描述和解释图像所代表的景物，以便对图像代表的内容做出决定。在机器视觉研究的初期，经常使用景物分析这个术语，以强调二维图像与三维景物之间的区别。图像理解除了需要复杂的图像处理以外，还需要具有关于景物成像的物理规律的知识以及与景物内容有关的知识。

2.2.4 能力拓展

人脸识别是基于人的脸部特征信息，而进行身份识别的一种生物识别技术，利用摄像机或摄像头采集含有人脸的图像或视频流，并自动在图像中检测和跟踪人脸，进而对检测到的人脸进行识别的一系列相关技术，通常也称为人像识别或面部识别。

人脸识别系统的研究始于 20 世纪 60 年代，在 20 世纪 80 年代后，随着计算机技术和光学成像技术的发展得到提高，而真正进入初级的应用阶段则在 20 世纪 90 年代后期，并且以美国、德国和日本的技术实现为主。

人脸识别系统成功的关键在于是否拥有尖端的核心算法，并使识别结果具有实用化的识别率和识别速度。人脸识别系统集成了人工智能、机器识别、机器学习、模型理论、专家系统、视频图像处理等多种专业技术，同时需结合中间值处理的理论与实现，是生物特征识别的最新应用，其核心技术的实现，展现了弱人工智能向强人工智能的转化。

传统的人脸识别技术主要是基于可见光图像的人脸识别，这也是人们熟悉的识别方式，已有 30 多年的研发历史。但这种方式有着难以克服的缺陷，尤其在环境光照发生变化时，识别效果会急剧下降，无法满足实际系统的需要。针对光照问题的解决方案有三维图像人脸识别和热成像人脸识别，但这两种技术还不成熟，识别效果不尽人意。迅速发展起来的一种解决方案是基于主动近红外图像的多光源人脸识别技术，它可以克服光线变化的影响，已经取得了卓越的识别性能，在精度、稳定性和速度方面的整体系统性能超过三维图像人脸识别。这项技术在近 10 年发展迅速，使人脸识别技术逐渐走向实用化。

1. 人脸识别系统的组成

人脸识别系统主要由四部分组成，分别为人脸图像采集及检测、人脸图像预处理、人脸图像特征提取以及人脸图像匹配与识别。

（1）人脸图像采集及检测

1）人脸图像采集：不同的人脸图像都能通过摄像头采集下来，如静态图像、动态图像、不同的位置、不同表情等方面都可以得到很好的采集，当用户在采集设备的拍摄范围内时，采集设备会自动搜索并拍摄用户的人脸图像。

2）人脸检测：人脸检测在实际中主要用于人脸识别的预处理，即在图像中准确标定出人脸的位置和大小。人脸图像中包含的模式特征十分丰富，如直方图特征、颜色特征、模板特征、结构特征及 Haar 特征等。人脸检测就是把这其中有用的信息选取出来，并利用这些特征实现人脸检测。

主流的人脸检测方法基于以上特征采用 Adaboost 学习算法。Adaboost 是一种迭代算法，其核心思想是针对同一个训练集训练不同的分类器（弱分类器），然后把这些弱分类器集合起来，构成一个更强的最终分类器（强分类器）。人脸检测过程中使用 Adaboost 算法挑选出一些最能代表人脸的矩形特征（弱分类器），按照加权投票的方式将弱分类器构造为一个强分类器，再将训练得到的若干强分类器串联组成一个级联结构的层叠分类器，有效地提高分类器的检测速度。

（2）人脸图像预处理　对于人脸的图像预处理是基于人脸检测结果，对图像进行处理并最终服务于特征提取的过程。系统获取的原始图像由于受到各种条件的限制和随机干扰，往往不能直接使用，必须在图像处理的早期阶段对它进行灰度校正、噪声过滤等图像预处理。对于人脸图像而言，其预处理过程主要包括人脸图像的光线补偿、灰度变换、直方图均衡化、归一化、几何校正、滤波以及锐化等。

（3）人脸图像特征提取　人脸识别系统可使用的特征通常分为视觉特征、像素统计特征、人脸图像变换系数特征、人脸图像代数特征等。人脸特征提取就是针对人脸的某些特征进行的。人脸特征提取也称人脸表征，它是对人脸进行特征建模的过程。人脸特征提取的方法归纳起来分为两大类：

1）基于知识的表征方法：主要是根据人脸器官的形状描述以及它们之间的距离特性来获得有助于人脸分类的特征数据，其特征分量通常包括特征点间的欧氏距离、曲率和角度等。人脸由眼睛、鼻子、嘴、下巴等局部构成，对这些局部和它们之间结构关系的几何描述，可作为识别人脸的重要特征，这些特征被称为几何特征。基于知识的人脸表征主要包括基于几何特征的方法和模板匹配法。

2）基于代数特征的表征方法：在基于代数特征的人脸识别中，每一幅人脸图像被看成是以像素点灰度为元素的矩阵，用反映某些性质的数据特征来表示人脸的特征。在基于代数特征的人脸识别方法中，主成分分析法（PCA）和 Fisher 线性判别分析（LDA）是研究最多的方法。

（4）人脸图像匹配与识别　人脸图像匹配与识别是将提取到的人脸图像的特征数据与数据库中存储的特征模板进行搜索匹配，通过设定一个阈值，当相似度超过这一阈值，则把匹配得到的结果输出。这一过程又分为两类：一类是确认，是一对一进行图像比较的过程；另一类是辨认，是一对多进行图像匹配对比的过程。

2. 人脸识别的算法

系统输入一般是一张或者一系列含有未确定身份的人脸图像，以及人脸数据库中的若干已知身份的人脸图像或者相应的编码，而其输出则是一系列相似度得分，表明待识别的人脸的身份。人脸识别系统的核心是人脸识别算法。目前，人脸识别算法大致有以下几种：

1）基于人脸特征点的识别算法（Feature-based recognition algorithms）。

2）基于整幅人脸图像的识别算法（Appearance-based recognition algorithms）。

3）基于模板的识别算法（Template-based recognition algorithms）。

4）利用神经网络进行识别的算法（Recognition algorithms using neural network）。

5）基于光照估计模型理论提出的基于灰度矫正的光照预处理方法：在光照估计模型的基础上，进行相应的光照补偿和光照平衡策略。

6）基于统计形变的优化的形变统计校正理论：用于优化人脸姿态。

7）强化迭代理论：是对DLFA人脸检测算法的有效扩展。

8）独创的实时特征识别理论：侧重于人脸实时数据的中间值处理，从而可以在识别速率和识别效能之间，达到最佳的匹配效果。

3. 人脸识别的优势与困难

人脸识别的优势在于其自然性和不易被被测个体察觉的特点。所谓自然性，是指该识别方式同人类（甚至其他生物）进行个体识别时所利用的生物特征相同。例如，人类是通过观察比较人脸区分和确认身份。另外，具有自然性的识别还有语音识别、体形识别等。而指纹识别、虹膜识别等都不具有自然性，因为人类或者其他生物并不通过此类生物特征区别个体。

不被察觉的特点对于一种识别方法也很重要，这会使该识别方法不令人反感，并且因为不容易引起注意而不容易被欺骗。人脸识别具有这方面的特点，它完全利用可见光获取人脸图像信息，而不同于指纹识别或者虹膜识别，需要利用电子压力传感器采集指纹，或者利用红外线采集虹膜图像，这些特殊的采集方式很容易被人察觉，从而更有可能被伪装欺骗。

人脸识别被认为是生物特征识别领域甚至人工智能领域最困难的研究课题之一。人脸识别的困难主要是由人脸作为生物特征的特点所带来的。

不同个体之间的区别不大，所有的人脸的结构都相似，甚至人脸器官的结构外形都很相似，这样的特点对于利用人脸进行定位是有利的，但是对于利用人脸区分人类个体是不利的。

人脸的外形很不稳定，人可以通过脸部的变化产生很多表情；而在不同观察角度，人脸的视觉图像也相差很大；另外，人脸识别还受光照条件（如白天和夜晚、室内和室外等）、遮盖物（如口罩、墨镜、头发、胡须等）、年龄等多方面因素的影响。

在人脸识别中，人脸生物特征的变化是应该放大而作为区分个体的标准的，而人脸识别条件的变化应该消除，因为它们可以代表同一个体。通常称人脸生物特征变化为类间变化（Inter-class difference），而称人脸识别条件变化为类内变化（Intra-class difference）。对于人脸，类内变化往往大于类间变化，从而使在受类内变化干扰的情况下利用类间变化区分个体变得异常困难。

子任务 3 数字图像预处理

2.3.1 任务场景

高铁场站智能管理系统的开发人员利用 MATLAB 软件进行面部识别系统的原型开发，对面部图像的采集和录入，用以搭建人脸图像基本数据平台，使用 MATLAB 软件进行图像录入、处理，面部训练样本和测试样本的匹配与识别的快速、准确性等是系统开发的关键。

2.3.2 需求分析

图像预处理是人脸识别最开始也是最重要的一步，是人脸识别能够顺利和有效进行的前提。图像经预处理后，其标准程度将直接关系到人脸识别的最终结果。对图像的预处理，最重要是对图像进行标准化变换，包括尺寸归一化和灰度归一化。

在采集图像信息时，拍摄的人脸图像已经进行了同步的像素规定和处理，以获得所有像素大小相同的图像，这样就可以使图像预处理的时间大大缩短。

MATLAB 图像预处理的基本操作流程如图 2-39 所示。

1）读取图像并显示：数字图像要以一定的标准储存于存储器中，并且可以采用 BMP、TIF、PCX 等格式进行存放。

2）检查内存中的图像：当图像输入到计算机内存后，为了后续程序编写的需要，可以检查图像的格式标准。

3）实现图像数字化处理：当文件已经导入到内存中并进行检查后，就可以对图像进行数字化处理，如进行图像二值处理、灰度处理、滤波处理和各种图像变换等。

4）保存图像：对图像处理后的文件进行保存，此时保存的格式可以与之前的格式不同，如原来的图像是 . tif 格式，保存后的图像可改为 . png 格式。

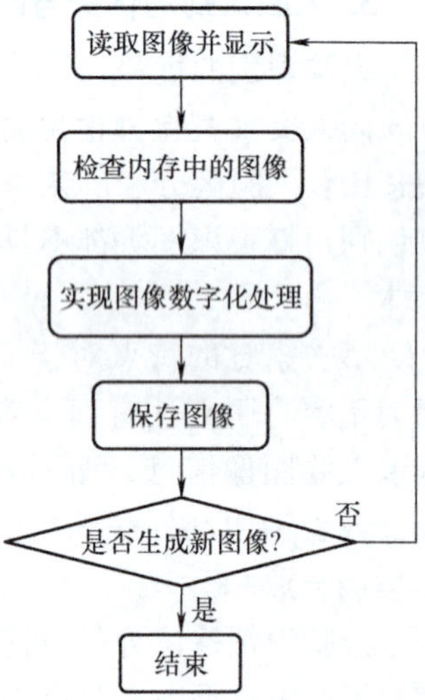

图 2-39 MATLAB 图像预处理的基本操作流程

5）检查内存中是否生成新图像：如果内存中又生成新的图像，则可以查看生成的图像信息，此时所有图像预处理程序执行将结束；如果没有在内存找到新图像，说明新的图像没有生成成功，需要再从第 1）步重新执行一次。

2.3.3 能力储备

通过 MATLAB 软件的强大图像处理工具箱，采用相应的函数对一幅彩色图像进行相关的图像处理，主要包括图像类型转换、图像增强、图像边缘检测等处理方式。

1. 图像类型转换

现在大部分的彩色图像都是采用 RGB 颜色模式，处理图像的时候，要分别对 RGB 三种分量进行处理，称为三通道处理。在自然界中，颜色本身非常容易受到光照的影响，RGB

变化很大，实际上 RGB 并不能反映图像的形态特征，只是从光学的原理上进行颜色的调配，反而灰度信息更能提供更本质的信息。

和彩色图像相比，灰度图不含色彩信息，故灰度化之后的图像所含信息量大大减少，三通道转为一通道后，图像处理的计算量也相应大幅减少，方便后续计算。

灰度是把白色与黑色之间按对数关系分成的若干等级，共有 256 阶。灰度图又称灰阶图，是用灰度表示的图像。灰度数字图像是每个像素只有一个采样颜色的图像，这类图像通常显示为从最暗的黑色到最亮的白色的灰度，尽管理论上这个采样可以是任何颜色的不同深浅，甚至可以是不同亮度上的不同颜色。

灰度图像与黑白图像不同，在计算机图像领域中黑白图像只有黑和白两种颜色，灰度图像在黑色与白色之间还有许多级的颜色深度。灰度图的特点为只含亮度信息，不含色彩信息，其亮度由暗到明，亮度变化是连续的。

MATLAB 软件可以支持的图像类型有很多种，可以根据特定的具体要求对图像类型进行变换。这里采用的是 MATLAB 图像处理工具箱中的函数 rgb2gray( )，实现彩色图像转变为灰度图像。当出现数据类型相互不匹配的时候，还可以应用工具箱中的转换函数，如可以转换为双精度类型的 double( ) 函数等。图像类型转换的实现过程如下：

1）将待处理的图像输入到内存中，作为以后处理的导出资料，采用 imread( ) 函数进行命令的执行。

2）将原始的 RGB 图像转变为灰度图像，使用 rgb2gray( ) 函数实现图像转换。

3）输出图像。

【例 2-9】 使用 MATLAB 脚本将 RGB 转换为灰度图像，示例代码如下：

```
I=imread('C:\Users\administrator\Desktop\1.jpg');
%使用imread()函数读取图像,C:\Users\administrator\Desktop\1.jpg表示图像存储路径
L=rgb2gray(I);                    %使用rgb2gray()函数,实现RGB转为灰度图
figure,                           %第一幅图
subplot(121),imshow(uint8(I));    %定义输出形式,1行,2列,第1列为原图
title('原图');                     %输出的第一幅图命名
subplot(122),imshow(uint8(L));    %定义输出形式,1行,2列,第2列为均衡化
title('灰度图');                   %输出的第二幅图命名
```

灰度转换的输出结果如图 2-40 所示。

【例 2-10】 对图像进行均衡化的灰度图处理，示例代码如下：

```
I=imread('C:\Users\administrator\Desktop\1.jpg');
%使用imread()函数读取图像,C:\Users\administrator\Desktop\1.jpg表示图像存储路径
L=rgb2gray(I);                   %使用rgb2gray()函数,实现RGB转为灰度图
J=histeq(L);                     %使用histeq()函数,使得灰度直方图均衡化,如果图像
                                  的对比度太差,常用的方法就是灰度直方图均衡化
figure,                          %第一幅图
subplot(121),imshow(uint8(I));   %定义输出形式,1行,2列,第1列为原图
title('原图');                    %输出的第一幅图命名
subplot(122),imshow(uint8(J));   %定义输出形式,1行,2列,第2列为均衡化
title('均衡化后');                 %输出的第二幅图命名
```

均衡化的灰度图输出结果如图 2-41 所示。

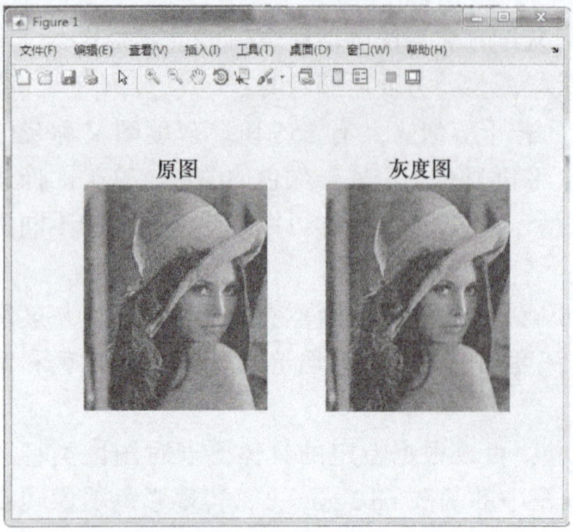

图 2-40　灰度转换

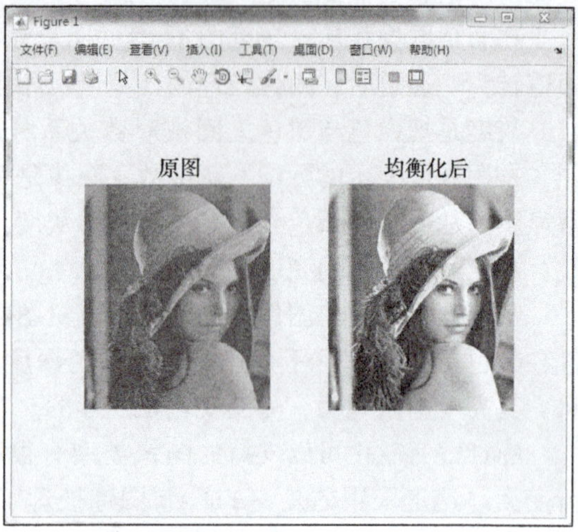

图 2-41　均衡化的灰度图

2. 图像增强

为了便于计算机对图像进行处理和分析，可以通过图像增强的方法使图像的清晰度和视觉效果得到提高。图像增强包括两种方法，即频域法和空域法。两者的区别是，前者是通过变换域对图像整体进行变换，而后者则是对图像的每个像素点进行变换。对于空域法的图像处理方法，经常使用如下解决方案：

（1）图像直方图均衡化　直方图（Histogram）又称质量分布图，是一种统计报告图，由一系列高度不等的纵向条纹或线段表示数据分布的情况。一般用横轴表示数据类型，纵轴表示分布情况，如图 2-42 所示。

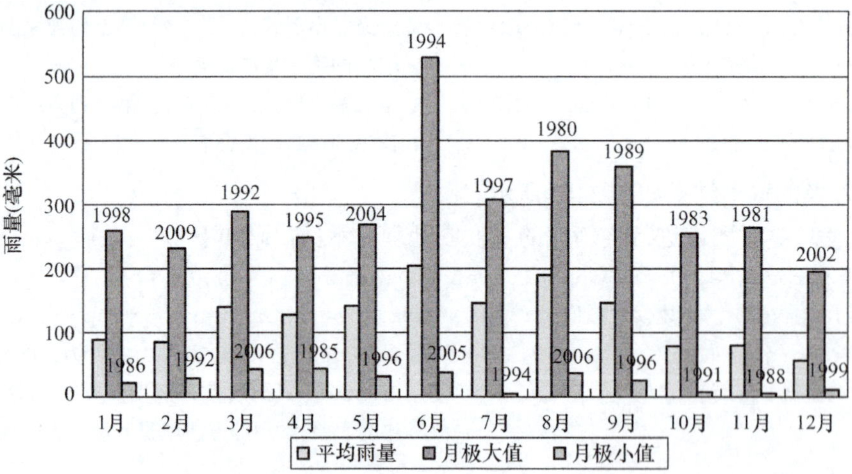

图 2-42　直方图示例

图像直方图由于其计算代价较小，且具有图像平移、旋转、缩放不变性等众多优点，被广泛地应用于图像处理的各个领域，特别是灰度图像的阈值分割、基于颜色的图像检索以及图像分类，经过直方图均衡化处理可以使原图像更加清晰，并且比原直方图具有更为理想的形状。

直方图优势如下：

1）直方图用图形表示图像的每个亮度级别的像素数量，展示像素在图像中的分布情况。

2）直方图显示阴影中的细节（在直方图的左侧部分显示）、中间调（在中部显示）以及高光（在右侧部分显示）。

3）直方图可以帮助用户确定某个图像是否有足够的细节来进行良好的校正。

4）直方图还提供了图像色调范围或图像基本色调类型的快速浏览图，低色调图像的细节集中在阴影处，高色调图像的细节集中在高光处，而平均色调图像的细节集中在中间调处。

在使用 MATLAB 进行图像直方图转换时，使用 imhist( ) 函数用以提取图像中的直方图信息。

【例 2-11】 对图像进行直方图转换，示例代码如下：

```
I = imread('C:\Users\administrator\Desktop\1.jpg');
subplot(2,1,1);                 % 定义输出形式,2 行,1 列,第 1 列为原图
imshow(I);                      % 输出原图
L = rgb2gray(I);                % 将原图转为灰度图
subplot(2,1,2);                 % 定义输出形式,2 行,1 列,第 2 列为直方图
imhist(L);                      % 引用 imhist()函数,将图片转为直方图
```

直方图输出结果如图 2-43 所示。

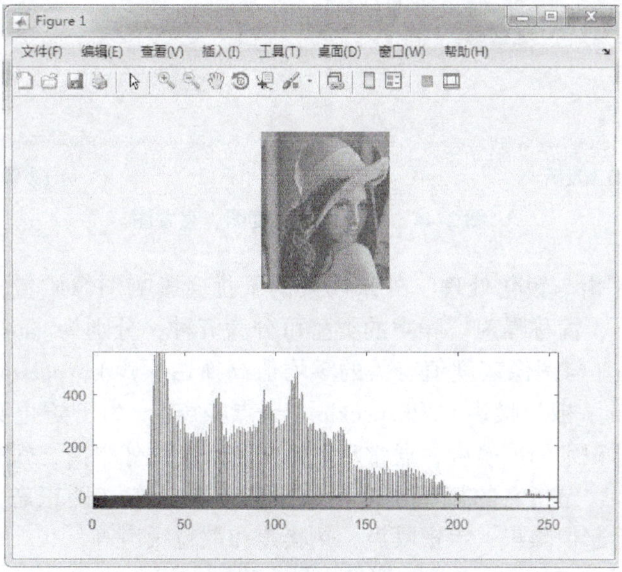

图 2-43　图像转为直方图

【例 2-12】 对图像进行直方图均衡化，示例代码如下：

```
I=imread('C:\Users\administrator\Desktop\1.jpg');
L=rgb2gray(I);
J=histeq(L);                          % 直方图均衡化
figure,                               % 第一幅图
subplot(121),imshow(uint8(I));        % 定义输出形式,1 行,2 列,第 1 列为原图
title('原图')
subplot(122),imshow(uint8(J));        % 定义输出形式,1 行,2 列,第 2 列为均衡化
title('均衡化后')
figure,                               % 第二幅图
subplot(121),imhist(L,64);            % 引用 imhist()函数,将图像转为直方图
title('原图像直方图');
subplot(122),imhist(J,64);
title('均衡化后的直方图');
```

均衡化的灰度图、直方图的输出结果如图 2-44 所示。

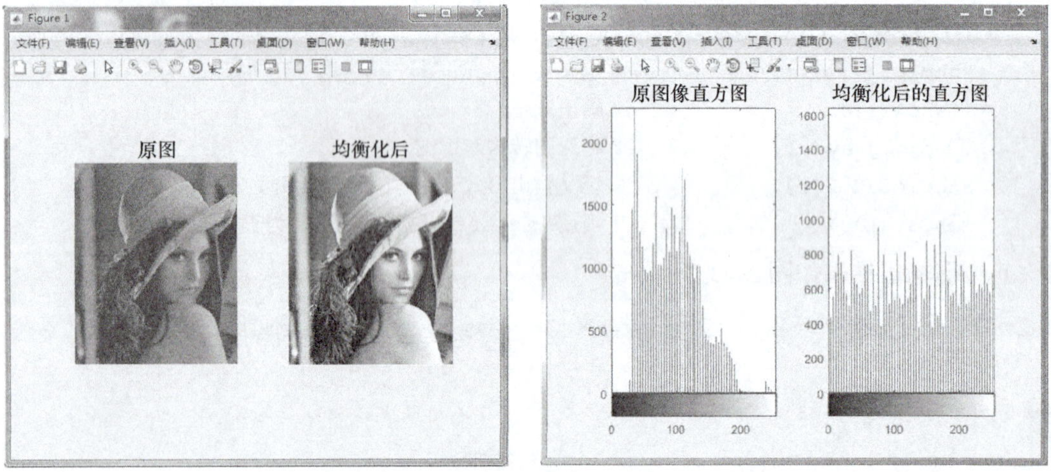

a) 灰度图　　b)直方图

图 2-44　均衡化的灰度图、直方图

（2）灰度图像平滑与锐化处理　外来因素的干扰会影响图像质量，这些外来因素称为图像噪声，简称噪声。噪声的类型可分为五种，分别为 gaussian（高斯白噪声）、localvar（与图像灰度值有关的零均值高斯白噪声）、poisson（泊松噪声）、salt & pepper（椒盐噪声）和 speckle（斑点噪声）。为了防止噪声对图像的影响，提高图像识别的准确度，通常对图像采用灰度图像平滑与锐化处理，常用的是去除高斯噪声。高斯噪声是指它的概率密度函数服从高斯分布（即正态分布）的一类噪声，常见的高斯噪声包括起伏噪声、宇宙噪声、热噪声和散粒噪声等。

【例 2-13】　利用 imnoise()函数在图像中加入噪声，语句格式如下：

1）J = imnoise（I，type）：一般情况下使用默认参数。

2）J = imnoise（I，type，parameters）：表示允许修改参数，参数值的设定可根据具体需求。

其中，I 为原图像的灰度矩阵，J 为加噪声后图像的灰度矩阵。

示例代码如下：

```
M=imread('C:\Users\administrator\Desktop\1.jpg')          % 读取图像
subplot(1,3,1)                    % 定义输出图像的形式,1 行,3 列,第一幅图为原始图像
imshow(M)                                                  % 显示原始图像
title('原始图像')
P1=imnoise(M,'gaussian',0.02)
                                  % 引用 imnoise()函数,加入高斯噪声,0.02 是自定义的参数
subplot(1,3,2)
imshow(P1)                                                 % 加入高斯噪声后显示图像
title('高斯噪声图像');
P2=imnoise(M,'salt & pepper',0.02)                         % 加入椒盐噪声
subplot(1,3,3)
imshow(P2)                                                 % 加入椒盐噪声后显示图像
title('椒盐图像');
```

输出结果如图 2-45 所示。

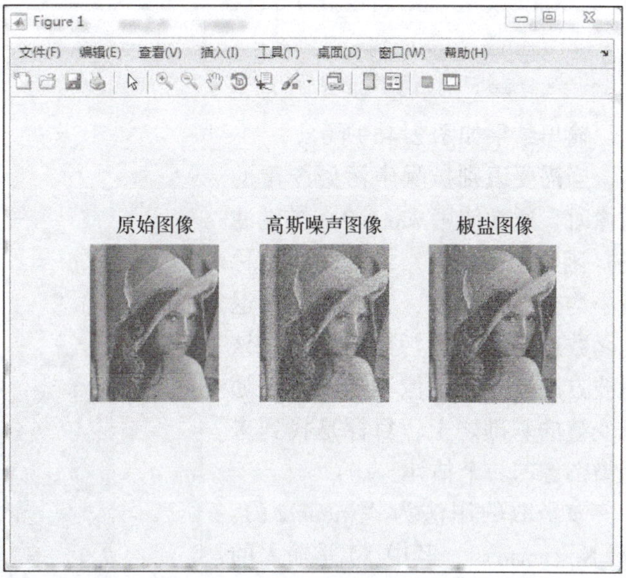

图 2-45 加入噪声的图像

图像锐化是补偿图像的轮廓，为了突出图像的边缘、轮廓，或某些线性目标要素的特征，增强图像的边缘及灰度跳变的部分，使图像变得清晰。而图像平滑的目的是使图像亮度平缓渐变，减小突变梯度，去除噪声对图像的影响，改善图像质量。

目前比较经典的图像去噪算法主要有以下三种：

1）均值滤波算法：是典型的线性滤波算法，是指在图像上对目标像素给一个模板，该模板包括了其周围的临近像素（以目标像素为中心的周围 8 个像素，构成一个滤波模板，即去掉目标像素本身），然后再用模板中的全体像素的平均值来代替原来像素值。均值滤波本身存在着固有的缺陷，即它不能很好地保护图像细节，在图像去噪的同时也破坏了图像的细节部分，从而使图像变得模糊，不能很好地去除噪声点。

2）中值滤波算法：是基于排序统计理论的一种能有效抑制噪声的非线性信号处理技术。它也是一种邻域运算，类似于卷积网络（后面的内容会阐述），但是计算的不是加权求和，而是把数字图像或数字序列中一点的值，用该点的一个邻域中各点值的中值代替，让周围像素灰度值的差比较大的像素改取与周围的像素值接近的值，从而可以消除孤立的噪声点。中值滤波技术在衰减噪声的同时能较好地保护图像的边缘。

3）高斯滤波算法：是一种线性平滑滤波，适用于消除高斯噪声，被广泛应用于图像处

理的减噪过程。通俗地讲，高斯滤波就是对整幅图像进行加权平均的过程，每一个像素点的值，都由其本身和邻域内的其他像素值经过加权平均后得到。高斯滤波的具体操作是：用一个模板（或称卷积、掩模）扫描图像中的每一个像素，用模板确定的邻域内像素的加权平均灰度值去替代模板中心像素点的值。

在 MATLAB 软件中，可以利用 medfilter2( ) 函数对图像进行中值滤波。medfilter2( ) 函数必须使用灰度图像（二维矩阵图像）进行中值滤波，不能使用彩色图像（RGB 三维矩阵图像）。其用法是“medfilt2(A, [m n])”，其中，A 是输入的二维矩阵图像，即灰度图；[m n] 指定滤波模版的大小，m 行 n 列。

【例 2-14】 利用 medfilter2( ) 函数对高斯噪声干扰的图像进行中值滤波，示例代码如下：

```
M = imread('C:\Users\administrator\Desktop\1.jpg');
P1 = imnoise(M,'gaussian',0.02)                    % 加入高斯噪声
subplot(1,2,1)
imshow(P1)                                          % 加入高斯噪声后显示图像
title('高斯噪声图像');
subplot(1,2,2);
M1 = rgb2gray(P1);
photo1 = medfilt2(M1,[3,3]);
imshow(photo1);
title('高斯噪声滤波后')
```

输出结果如图 2-46 所示。

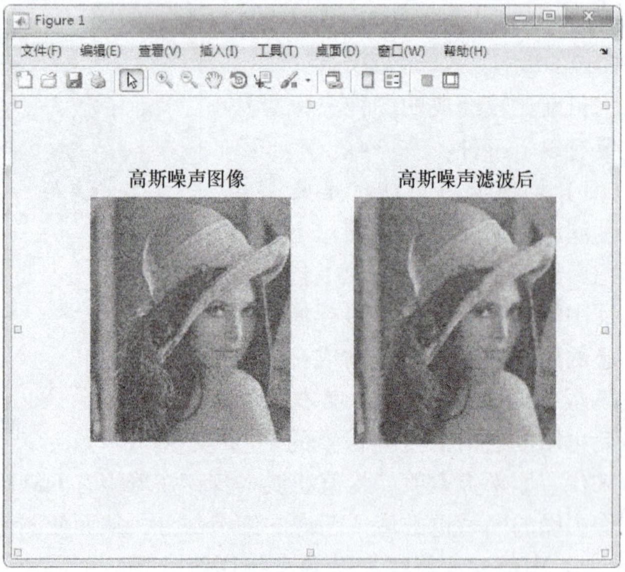

图 2-46 高斯噪声滤波后的图像

当需要识别被噪声污染严重的图像时，通常使用 wiener2（维纳滤波）函数进行滤波。维纳滤波也称最小均方误差滤波，它能处理被退化函数退化和噪声污染的图像。该滤波方法建立在图像和噪声都是随机变量的基础之上，目标是找到未污染图像的一个估计。

该函数的用法为“wiener2(I, [M N], noise)”，其中，I 是输入的二维矩阵图像，即灰度图；[M N] 表示使用 M×N 大小邻域局部图像均值与偏差，采用像素式自适应滤波器对图像 I 进行滤波；noise 表示噪声功率估计值，由用户自行设定，如果不设定，即为默认值。

【例 2-15】 利用 wiener2( ) 函数对椒盐噪声干扰的图像进行滤波，示例代码如下：

```
M = imread('C:\Users\administrator\Desktop\1.jpg');
P2 = imnoise(M,'salt & pepper',0.02)   % 加入椒盐噪声
subplot(1,2,1)
```

```
imshow(P2)   % 加入椒盐噪声后显示图像
title('椒盐图像');
subplot(1,2,2);
M1 = rgb2gray(P2);
photo1 = wiener2(M1,[3,3],0.01); % 选择 3 × 3 邻域局部图像均值与偏差,noise 噪声功率
设为 0.01
imshow(photo1);
title('椒盐噪声滤波后')
```

输出结果如图 2-47 所示。

3. 图像边缘检测

图像边缘存在于目标、背景和区域之间，是图像位置的标志，因此，边缘是图像匹配的重要特征，是图像分割所依赖的、最重要的依据。

边缘检测和区域划分是图像分割的两种不同的方法，二者具有相互补充的特点。边缘检测是提取图像中不连续部分的特征，根据闭合的边缘确定区域；区域划分则是把图像分割成特征相同的区域，区域之间的边界就是边缘。由于边缘检测方法不需要将图像逐个像素地分割，因此更适合大图像的分割。

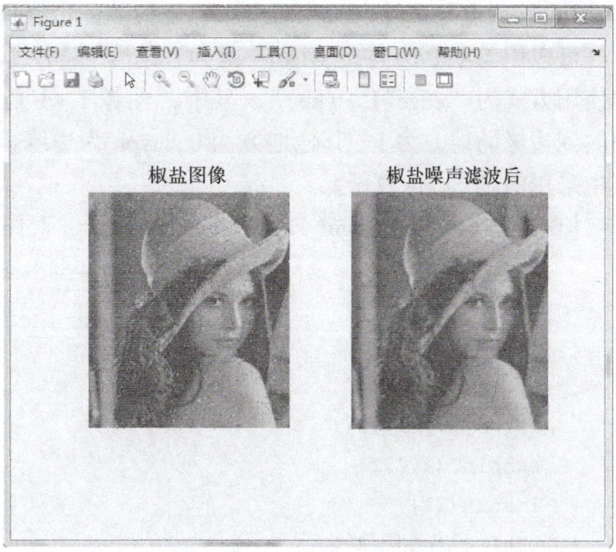

图 2-47　椒盐噪声滤波后图像

边缘检测是图像处理和机器视觉中的基本问题。边缘检测的目的是标志数字图像中亮度变化明显的点。图像属性中的显著变化通常反映了属性的重要事件和变化，这些包括深度上的不连续、表面方向不连续、物质属性变化和场景照明变化等。

边缘检测使用的主要工具是边缘检测模板，使得图像边缘检测大幅度地减少了数据量，并且剔除了可以认为不相关的信息，保留了图像重要的结构属性。边缘检测有许多方法，分类如下：

1）基于一阶微分算子检测边缘图像：一阶微分边缘算子又称梯度边缘算子，它是利用图像在边缘处的阶跃性，以及图像梯度在边缘取得极大值的特征性进行边缘检测，如 sobel、prewitt、roberts、canny 等算子。

这些算子的优点是实现简单、运算速度快。其缺点是易受噪声影响，其主要原因如下：

① 实际边缘灰度与理想边缘灰度存在差异，有可能检测出多个边缘。

② 算子尺度固定不利于检测出不同尺度的边缘。

2）基于二阶微分算子检测边缘图像：二阶微分边缘检测算子是利用图像在边缘处的阶跃性导致图像二阶微分在边缘处出现零值这一特性进行边缘检测的，因此该算法又称零点算

子和拉普拉斯算子。

3）基于 SUSAN 特征检测算子的边缘提取：SUSAN（Smallest Univalue Segment Assimilating Nucleus）又称最小核值相似区。它使用一个原型模板和一个圆的中心点，通过圆中心点像元值与模板圆内其他像元值的比较，统计出圆中心点像元值近似的像元数量，并与所设定的阈值进行比较，以确定是否是边缘。其优点是抗噪能力好、计算量小且速度快、可以检测边缘的方向信息。

当前最受欢迎的边缘检测方法是 canny 边缘检测算法，该算法的目标是找到一个最优的边缘检测算法。最优边缘检测的含义如下：

1）最优检测：算法能够尽可能多地标志出图像中的实际边缘，漏检真实边缘的概率和误检非边缘的概率都尽可能小。

2）最优定位准则：检测到的边缘点的位置距离实际边缘点的位置最近，或者是由于噪声影响引起检测出的边缘偏离物体的真实边缘的程度最小。

3）检测点与边缘点一一对应：算子检测的边缘点与实际边缘点应该是一一对应的。

可以用 MATLAB 中的 edge( ) 函数，结合 canny 算子对图像实现边缘检测。edge( ) 函数的使用方式为“edge(I，type)”，其中，图像 I（I 必须是灰度图）作为它的输入，在函数检测到边缘的地方为 1，其他地方为 0；type 为边缘检测算子，可以由用户自行指定，本案例中采用的是 canny 算子。

【例 2-16】 利用 edge( ) 函数和 canny 算子，对图像进行边缘检测，示例代码如下：

```
I = imread('C:\Users\administrator\Desktop\1.jpg');      % 读取当前路径下的图像
subplot(2,2,1);
imshow(I);
title('原始图像')
I1 = rgb2gray(I);
subplot(2,2,2);
imshow(I1);
title('灰度图像');
I2 = edge(I1,'canny');   % 使用 edge( )函数,定义图像边界,图像必须是灰度图;使用 can-
                          ny 算子进行最优边界检测
subplot(2,2,3);
imshow(I2);
title('canny 算子分割结果');
```

输出结果如图 2-48 所示。

2.3.4 能力拓展

1. 图像灰度原理

光照会使得拍摄人脸造成一定的影响，为了能让机器视觉精准地识别图像，必须要对人脸图像进行零均值的自身灰度处理，即减去自身灰度的均值处理。基于这样的思路，可以对人脸库中的原始图像进行灰度处理，这里采用的是线性变换方式。

图像灰度的线性变换是一种点运算方式，主要是将图像中存在的每一个像素点的灰度通

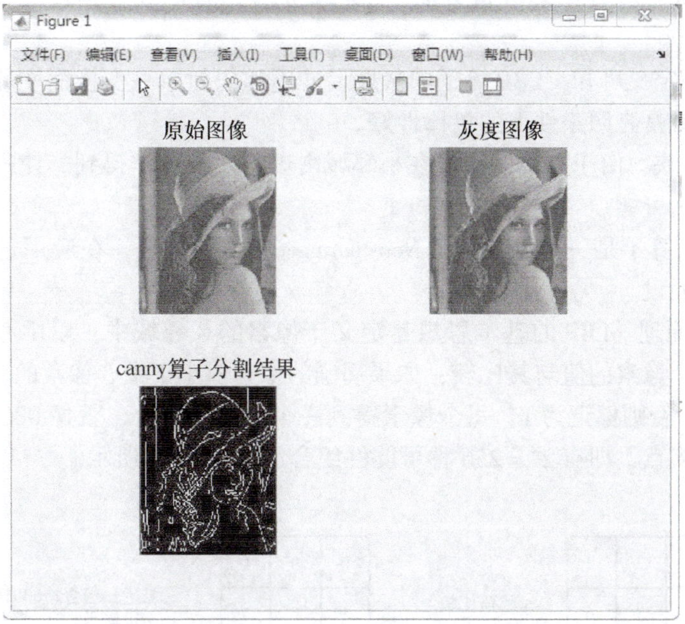

图 2-48 图像边缘检测

过一定的函数关系进行线性变换。将这样的变换用一维线性函数 $f(x)$ 来表示，则存在的函数关系为 $f(x)=f_A x+f_B$，其中，f_A 表示线性函数 $f(x)$ 的斜率；f_B 表示 $f(x)$ 在纵坐标上的截距数值。相应的灰度变换方程可表示为 $D_B=f_A D_A+f_B$，其中，变量 D_A 表示输入图像具有的灰度；变量 D_B 代表输出图像的灰度。图像灰度变化大致可分为以下几种：

1）当 $f_A>1$ 时，人脸图像的输出对比度将变大。

2）当 $f_A<1$ 时，人脸图像的输出对比度将会变小。

3）当 $f_A=1$ 且 $f_B\neq 0$ 时，该函数变换的作用是将图像灰度值进行变换，图像会变得更暗或者更亮。

4）如果 $f_B<0$，图像的暗区变亮，亮区将会变暗，这一结果类似于函数的求补运算。

5）当 $f_A=1$ 且 $f_B=0$ 时，图像的输入与输出完全相同。

6）当 $f_A=1$ 且 $f_B=255$ 时，图像的灰度会变成与原来图像相反的效果。

2. LBP 直方图原理

LBP 直方图最初由芬兰奥卢大学的 T. Ojala 等人于 1996 年提出，用于分析图像纹理特征，2004 年被用于人脸识别。LBP（Local Binary Pattern，局部二值模式）是一种用来描述图像局部纹理特征的算子，最初使用在模式识别和数字图像处理领域，用来辅助图像的局部对比度，后来提升为一种有效的纹理描述算子，用来度量和提取图像局部的纹理信息。其优势是对光照具有不变性。LBP 还用于质量检测、人脸图像分析等领域，取得了很好的效果。

LBP 算子定义为一种灰度尺度不变的纹理算子，是从局部邻域纹理的普通定义得来的，其基本思想是用中心像素的灰度值作为阈值，用与它的邻域相比较得到的二进制码来表述局部纹理特征。

（1）LBP 的特点　在纹理分析方面，LBP 算子是最好的纹理描述之一，它主要有以下几个优点：

1）通过它的定义可知，LBP 算子的灰度尺度不随任何单一变换而变化，因此灰度尺度的鲁棒性好，也就是光照条件下的鲁棒性好。

2）计算速度快，由于它可以通过在小邻域内进行比较操作得到，使得在复杂的实时条件下分析图像成为可能。

3）由于 LBP 算子是一种无参数（Non-parametric）的方法，在应用过程中不需要对它的分布进行预先假设。

（2）LBP 的原理　LBP 的基本思想是定义于像素的 8 邻域中，以中心像素的灰度值为阈值，将周围 8 个像素的值与其比较，如果周围的像素值小于中心像素的灰度值，该像素位置就被标记为 0，否则标记为 1，每个像素得到一个二进制组合，就像 00010011，每个像素有 8 个相邻的像素点，即有 $2^8=256$ 种可能性组合，如图 2-49 所示。

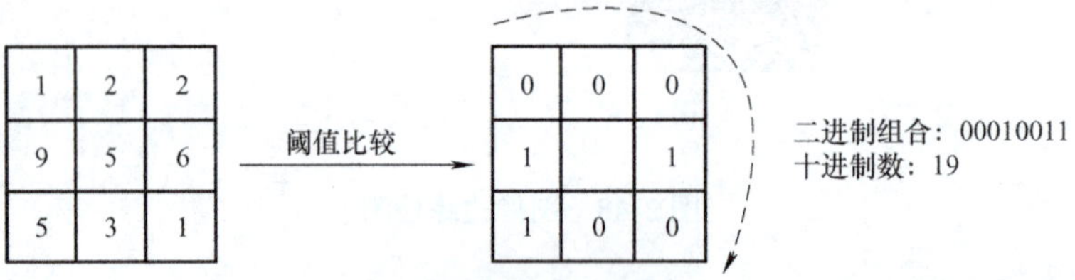

图 2-49　LBP 的原理

LBP 算子可以产生不同的二进制模式，随着邻域集内采样点数的增加，二进制模式的种类是急剧增加的。例如，5×5 邻域内 20 个采样点，有 $2^{20}=1048576$ 种二进制模式。如此多的二进制模式无论对于纹理的提取还是对于纹理的识别、分类及信息的存取都是不利的；同时，过多的模式种类对于纹理的表达是不利的。将 LBP 算子用于纹理分类或人脸识别时，常采用 LBP 模式的统计直方图来表达图像的信息，而较多的模式种类将使得数据量过大，且直方图过于稀疏。因此，需要对原始的 LBP 模式进行降维，使得在数据量减少的情况下能最好地代表图像的信息。

（3）LBP 的优化　为了解决二进制模式过多的问题，提高统计性，Ojala 提出了采用一种“等价模式”（Uniform Pattern，有的译为“均衡模式”）来对 LBP 算子的模式种类进行降维处理。Ojala 将“等价模式”定义为当某个 LBP 所对应的循环二进制数从 0 到 1 或从 1 到 0 最多有两次跳变时，该 LBP 所对应的二进制就称为一个等价模式。如 00000000（0 次跳变）、00000111（只含一次从 0 到 1 的跳变）、10001111（先由 1 跳到 0，再由 0 跳到 1，共两次跳变）都是等价模式。在实际图像中，对于 3×3 邻域内 8 个采样点来说，绝大多数 LBP 模式最多只包含两次从 1 到 0 或从 0 到 1 的跳变，二进制模式由原始的 256 种减少为 58 种。

除等价模式以外的模式都归为另一类，称为混合模式，例如，10010111（共四次跳变），而 01010000、00110011、01001101 分别包含了 4 次、3 次、5 次跳变。为保证图像信息的准确性，将这种跳变强制归为一类模式，这样共得到 59 种二进制模式，即 58 种等价模式和 1 种混合模式，共计 59 种二进制模式，这样直方图从原来的 256 维变成 59 维，这使得特征向量的维数更少，并且可以减少高频噪声带来的影响。

【例 2-17】 给定一幅人脸图像，像素为 128 × 160，将其划分为 20 个区域的子图像，即 4 × 5，则每个区域的像素为 32 × 32，该区域的特征即可得到 59 种 LBP 二进制模式的直方图。依此类推，整个面部特征描述为 1180（20 × 59）种 LBP 二进制模式的直方图，如图 2-50 所示。

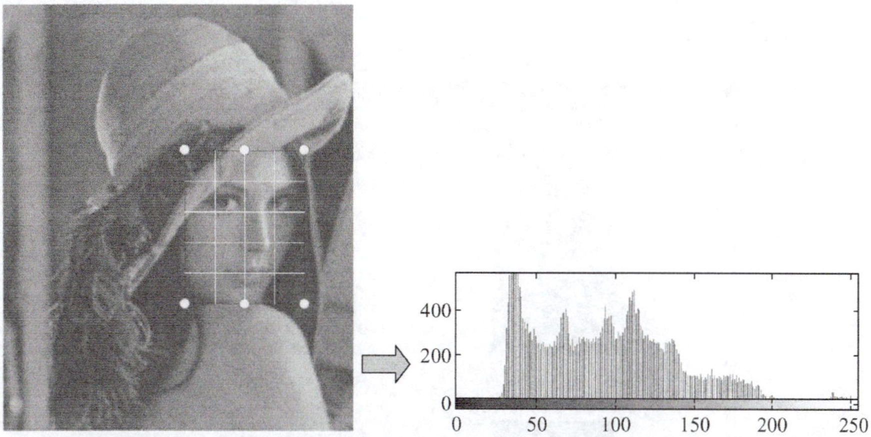

图 2-50 用 LBP 直方图描述人脸图像

通过 LBP 的图像比对与机器训练，可以预设一个阈值，如 95%，如果输入图像与预设图像的 LBP 比较，相似度超过 95%，即可认为是同一个人。

3. 边缘检测的其他算法

（1）sobel 算子 sobel 算子（索贝尔算子）是像素图像边缘检测中最重要的算子之一，在机器学习、数字媒体、计算机视觉等信息科技领域占有举足轻重的地位。在技术上，它是一个离散的一阶差分算子，用来计算图像亮度函数的一阶梯度近似值，该算子包含两组 3 × 3 的矩阵，分别为横向用于检测水平边缘的，以及纵向用于检测垂直边缘的，两组算子分别与图像做平面卷积，即可分别得出横向及纵向的亮度差分近似值。该算子在 MATLAB 中的用法：

```
image =edge(in_image,'sobel',threshold,direction);
```

其中，in_ image 为输入的图像（必须是灰度图），在函数检测到边缘的地方为 1，其他地方为 0；sobel 为边缘检测算子；threshold 表示阈值；direction 表示方向。后两个参数不设定，采用函数默认值即可。

【例 2-18】 利用 edge( ) 函数和 sobel 算子，对图像进行边缘检测，示例代码如下：

```
I=imread('C:\Users\administrator\Desktop\1.jpg');    % 读取当前路径下的图像
subplot(2,2,1);
imshow(I);
title('原始图像')
I1=rgb2gray(I);
subplot(2,2,2);
imshow(I1);
title('灰度图像');
```

```
I2 = edge(I1,'sobel'); % 使用 edge 函数,定义图像边缘,图像必须是灰度图;使用 sobel 算
                         子进行最优边缘检测
subplot(2,2,3);
imshow(I2);
title('sobel 算子分割结果');
```

输出结果如图 2-51 所示。

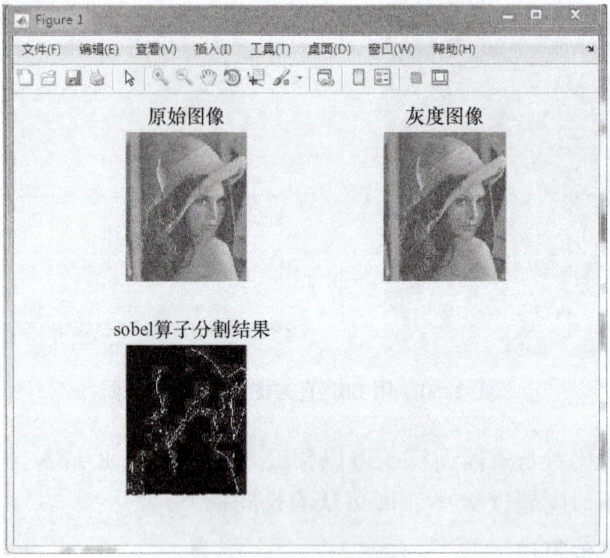

图 2-51　sobel 边缘检测

sobel 算子采用加权平均方法，邻域的像素对当前像素产生的影响不是等价的，所以距离不同的像素具有不同的权值，对算子结果产生的影响也不同。一般来说，距离越远，产生的影响越小。

（2）prewitt 算子　prewitt 算子是一种一阶微分算子，利用像素点上下左右邻点的灰度差在边缘处达到极值检测边缘，去掉部分伪边缘，对噪声具有平滑作用。其原理是在图像空间利用两个方向模板与图像进行邻域卷积来完成的，这两个方向模板一个检测水平边缘，一个检测垂直边缘。该算子在 MATLAB 中的用法：

```
image = edge(in_image,'prewitt',threshold,direction);
```

其中，in_ image 为输入的图像（必须是灰度图），在函数检测到边缘的地方为 1，其他地方为 0；prewitt 为边缘检测算子；threshold 表示阈值；direction 表示方向。后两个参数不设定，采用函数默认值即可。

【例 2-19】 利用 edge( ) 函数和 prewitt 算子，对图像进行边缘检测，示例代码如下：

```
I = imread('C:\Users\administrator\Desktop\1.jpg');     % 读取当前路径下的图像
subplot(2,2,1);
imshow(I);
title('原始图像')
I1 = rgb2gray(I);
subplot(2,2,2);
```

```
imshow(I1);
title('灰度图像');
I2 =edge(I1,'prewitt'); % 使用 edge 函数,定义图像边缘,图像必须是灰度图;使用 pre-
                          witt 算子进行最优边界检测
subplot(2,2,3);
imshow(I2);
title('prewitt 算子分割结果');
```

输出结果如图 2-52 所示。

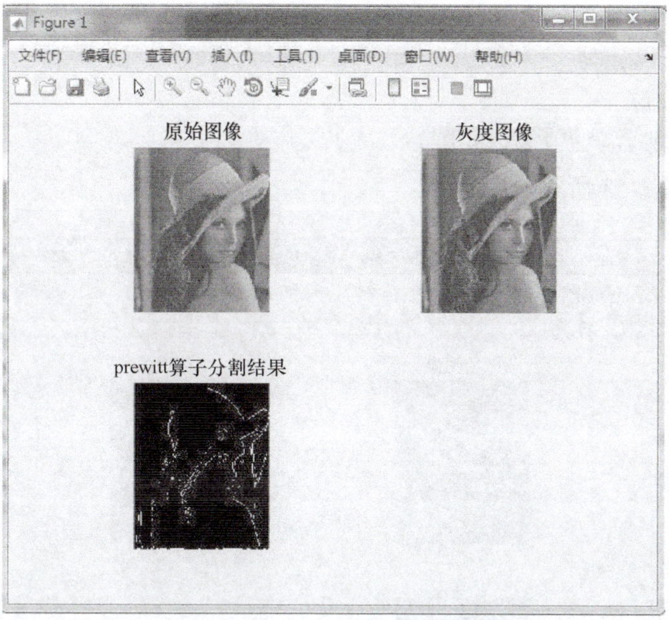

图 2-52　prewitt 算子边缘检测

prewitt 算子采用的是加权平均方法，对噪声有抑制作用，抑制噪声的原理是通过像素平均，但是像素平均相当于对图像的低通滤波，所以 prewitt 算子对边缘的定位不如 roberts 算子。

（3）roberts 算子　roberts 算子又称罗伯茨算子，是一种最简单的算子，利用局部差分算子寻找图像边缘，采用对角线方向相邻两像素之差近似梯度幅值检测边缘。检测垂直边缘的效果好于斜向边缘，定位精度高，对噪声敏感，无法抑制噪声的影响。该算子在 MATLAB 中的用法：

```
image = edge(in_image,'roberts',threshold);
```

其中，in_image 为输入的图像（必须是灰度图），在函数检测到边缘的地方为 1，其他地方为 0；roberts 为边缘检测算子；threshold 表示阈值，这个参数不设定，采用函数默认值即可。

【例 2-20】　利用 edge( ) 函数和 roberts 算子，对图像进行边缘检测，示例代码如下：

```
I=imread('C:\Users\administrator\Desktop\1.jpg'); % 读取当前路径下的图像
subplot(2,2,1);
imshow(I);
title('原始图像')
I1=rgb2gray(I);
subplot(2,2,2);
imshow(I1);
title('灰度图像');
I2=edge(I1',roberts'); % 使用 edge 函数,定义图像边缘,图像必须是灰度图;使用
                         roberts 算子进行最优边界检测
subplot(2,2,3);
imshow(I2);
title('roberts 算子分割结果');
```

输出结果如图 2-53 所示。

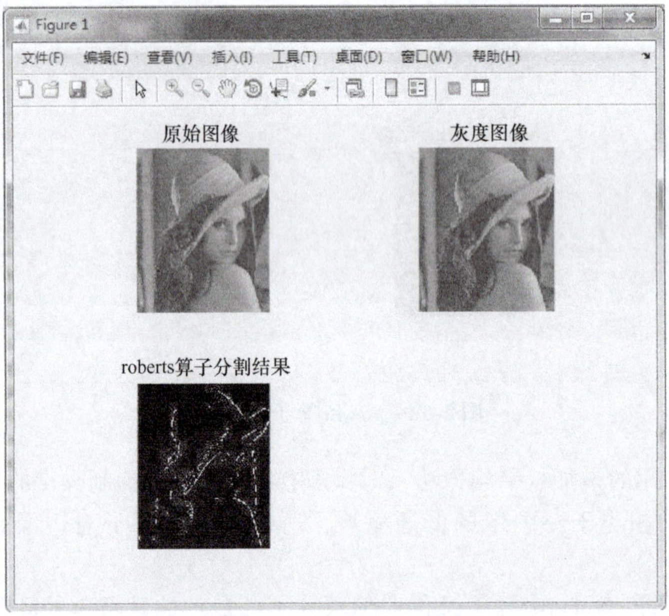

图 2-53 roberts 算子边缘检测

roberts 边缘检测算子是一种利用局部差分算子寻找边缘的算子。采用 robert 算子图像处理后的边缘不是很平滑。经分析，由于 robert 算子通常会在图像边缘附近的区域内产生较宽的响应，故采用上述算子检测的边缘图像常需做细化处理，边缘定位的精度不是很高。

（4）高斯拉普拉斯方法 高斯拉普拉斯方法（Laplacian of Gaussian，LoG）执行过程如下：

1）对图像做高斯滤波。

2）再求其拉普拉斯（Laplacian）二阶导数，即图像与高斯函数的拉普拉斯变换进行滤波运算。

3）通过检测滤波结果的零交叉（Zero Crossings）获得图像或物体的边缘，因而，也被

业界简称为 Laplacian of Gaussian（LoG）算子。

该算子在 MATLAB 中的用法：

```
image = edge(in_image,'log',threshold);
```

其中，in_ image 为输入的图像（必须是灰度图），在函数检测到边缘的地方为 1，其他地方为 0；log 为边缘检测算子；threshold 表示阈值，这个参数不设定，采用函数默认值即可。

【例 2-21】 利用 edge( ) 函数和 log 算子，对图像进行边缘检测，示例代码如下：

```
I=imread('C:\Users\administrator\Desktop\1.jpg'); % 读取当前路径下的图像
subplot(2,2,1);
imshow(I);
title('原始图像')
I1=rgb2gray(I);
subplot(2,2,2);
imshow(I1);
title('灰度图像');
I2=edge(I1,'log'); % 使用 edge 函数,定义图像边缘,图像必须是灰度图;使用 log 算子进
                     行最优边界检测
subplot(2,2,3);
imshow(I2);
title('log 算子分割结果');
```

输出结果如图 2-54 所示。

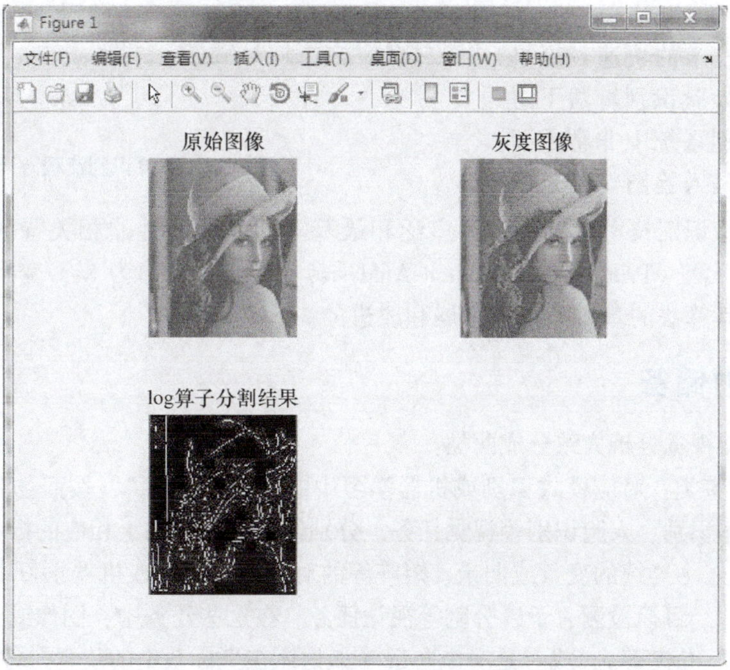

图 2-54　log 算子边缘检测

log 算子检测边缘的结果要优于 roberts 和 sobel 算子，检测出来的边缘比较完整，且抗噪能力较好。

子任务 4 特征汇聚算法简介

2.4.1 任务场景

开发人员利用 MATLAB 软件实现人脸图像的采集、录入和转换，建成人脸图像基本数据平台，然后利用 MATLAB 软件进行人脸图像信息的特征提取、分析、人脸识别训练、处理、比对等开发工作，逐步实现人脸识别系统的原型，为今后实现基于神经网络的深度学习、大数据分析的人工智能打下良好的基础。

2.4.2 需求分析

人们通过眼睛来处理多维信息的人脸图像并不是一件难事，人们不但可以准确而快速地捕捉到不同人的脸型、肤色、五官或一些其他面部特征信息，还可以对这些信息加以比对和确认。但是，对于计算机来说，处理大量的高维人脸信息则是一个非常难以实现的任务，高维数据信息不但加大了计算机运算处理的时间，同时也对相关分类器的选择和设计设置了难以逾越的技术障碍。因此，找到一种可以将高维向量转变成低维向量的算法，是利用计算机来处理人脸识别的关键性问题。人脸识别流程如图 2-55 所示。

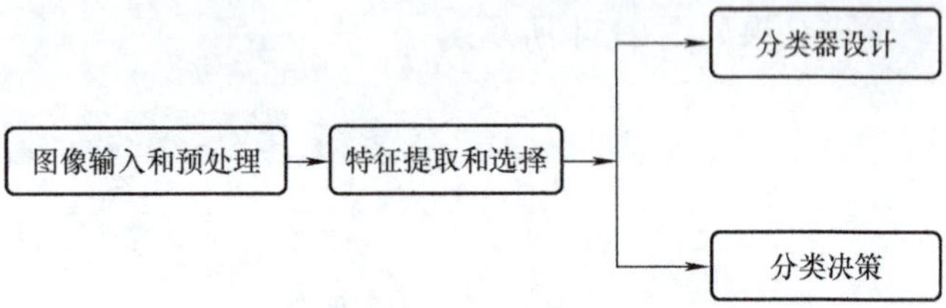

图 2-55 人脸识别流程

人脸识别技术的快速发展是在多种形式的人脸识别算法下进行的，人脸识别系统中非常重要的一个环节就是人脸图像信息的特征提取。人脸识别技术中应用最为广泛和最基本的一种线性非相关特征提取识别算法是主成分分析算法（Principal Component Analysis，PCA），又称为 K-L 变换算法，许多其他算法都是在其算法的基础上得以拓展和改进的。

2.4.3 能力储备

早期的机器视觉分析大致分成两类：

1）分类标签类：对应模式识别或机器学习中的“分类问题”，按照场景、图像、物体识别、清晰物体识别、人脸识别等视觉任务，分别给这些图像贴上相应的标签。

2）回归类：为连续的变量或向量、矩阵等的对应模式识别或机器学习中的“回归”问题，如距离估计、目标检测、予以分割等视觉任务。在这些任务中，图像或者是连续的变量（如距离、年龄、角度等），或者是一个向量（如物体在坐标系中的位置、方向等），或者是每个像素有一个物体类别的编号（如图像分割的结果）。

到 2012 年以后，机器视觉分类被重新定义，多数视觉模型和方法可以被划为以下两类：

1）基于深度模型和学习的方法。

2）与“深度”对应的浅层模型和方法。

下面主要讨论面部识别的浅层模型和方法，深度模型和方法在后面讨论。

1. 特征汇聚与变换功能

图像的特征提取带来大量的特征数据，如2.3.4节中所阐述的LBP直方图案例，20个子图像带来的特征维数就达1180，这给后续的图像比对带来了计算上的困难。解决方案就是提高计算能力，这样就会造成计算成本的提高，不利于实现技术产业化。

因此，在进行图像分类、检索或识别等任务时，需将这些特征进行进一步的处理，以便把高维特征进一步编码到某个更低维度或具有更好判别能力的新空间，这就是图像特征的汇聚与变换的功能。

2. 特征汇聚与变换的方法

（1）特征汇聚的方法　典型的方法包括视觉词袋模型、Fisher向量和局部聚合向量法。其中，词袋模型最早出现在自然语言处理和信息检索领域，该模型忽略掉文本的语法和语序，用一组无序的单词来表达一段文字或一个文档。受此启发，研究人员将词袋模型扩展到机器视觉中，并称之为视觉词袋模型。其大致原理是：图像可以被看作文档，而图像中的局部视觉特征可以看作单词的实例，从而可以直接应用词袋模型方法实现大规模图像检索等任务。

（2）特征变换的方法　特征变换方法又称子空间分析，这类方法特别多，典型的方法有主成分分析（PCA）法、线性判别分析法、核方法、流形学习等。各自的特点如下：

1）主成分分析法是一种在最小均方差意义下最优的线性变换降维方法，在计算机视觉中应用极为广泛。1990年发布的Eigenface是人脸识别领域最具里程碑式的特征向量库，其本质上就是PCA。直至2010年，PCA都是人脸识别系统中不可或缺的模块。

PCA在寻求降维变换时的目标是重构误差最小化，与样本所属类别无关，因而是一种无监督的降维方法。

2）线性判别分析法：在众多分析法中，最著名的就是费舍尔线性判别分析法（FLDA）。FLDA也是一种非常简单而优美的线性变换方法，其基本思想是寻求一个线性变换，使得变换后的空间中同一类别的样本散度尽可能小，而不同类别的样本的散度尽可能大，即所谓“类内散度小，类间散度大”。

3）核方法曾经是实现非线性变换的重要手段之一，它不试图直接构造或学习非线性映射函数本身，而是在原始特征空间内通过核函数（ensteight）来定义“高维隐含特征空间”中的内积，换句话说，核函数实现了一种隐式的线性映射，将原始特征映射到新的高维空间，从而可以在无须显示得到映射函数和目标空间的情况下，计算该空间内模式向量的距离或相似度，完成模式分类或回归任务。前述的PCA和FLDA均可以“核化”，以实现非线性的特征抓取。

4）实现非线性映射的另一类方法是流形学习。所谓流行学习，可以简单地理解为高维空间中低维嵌入，其维度通常称为本征维度。流形学习的主要思想是寻求将高维的数据映射到低维本征空间的低维嵌入，要求该低维空间中的数据能够保持原高维数据的某些本质结构特征。

最著名的是2000年在 *Science* 杂志上发表的《等距映射 ISOMAP 和局部线性嵌入》。其中，ISOMAP 保持的是测地距离（测地距离就是在三维空间中，两点之间的最短路径，在三维中间从一个点到另外一个点的路径有无数种，但是最短路径只有一条，那么这个最短路径的长度就是测地距离），其基本策略如下：

1）通过路径方法计算数据点之的测地距离。

2）通过多维标度法（Multidimensional Scaling，MDS，是一种在低维空间展示“距离”数据结构的多元数据分析技术）得到满足数据点之间测地距离的低维空间。

3）局部线性嵌入方法假设每个数据点可以由其近邻点重构，通过优化方法寻求一个低维嵌入，使所有数据仍能保持原空间邻域关系和重构系数。略显不足的是，多数流形学习方法不易得到一个显式的非线性映射，因而往往难以将没有出现在训练集合中的样本变换到低维空间，只能采取一些近似策略，但效果并不理想。

（3）分类器　通过以上的介绍，读者们了解了面向浅层模型的人工智能设计特征及其对它们进一步汇聚或变换的方法，得到图像所具有的特征，剩下的就是分类器或回归函数的设计和学习。事实上，计算机视觉中的分类器基本都借鉴模式识别或机器学习领域，如最近邻分类器、线性感知机、决策树、随机森林等。

3. 主成分分析法的实现

（1）PCA 的作用　主成分分析（PCA）算法是由 Kirby 和 Sirovich 等研究人员提出的一种广泛应用的线性统计学算法，其作用是把人脸信息的高维向量空间转换成一维或是较低维数的向量空间，形成特定的子空间，即在大量的人脸信息中找出一部分有用的人脸信息进行替代，替代后的信息依旧可以代表原人脸中所携带的全部信息。经过这样处理后的低维向量可以使人脸识别过程所用时间大大降低，提高了人脸识别的效率。

（2）PCA 的本质　PCA 算法的本质是通过一系列矩阵变换后找到合适的特征向量矩阵，完成高维向量空间向低维向量空间的降维，即将要识别的人脸信息参数向低维向量空间上做投影计算，得到一组投影参数，将这组参数进行相似性测量，找出与这组投影参数相关的分布点，以此来确定人脸图像信息在低维子空间中的分布位置，从而实现人脸自动识别。

PCA 是一种较为常用的降维技术，算法主要利用 K-L 变换（Karhunen-Loeve Transform）作为基础。K-L 变换是一种基于正交变换处理方法中典型的人脸识别方法。建立一个新的坐标系是变量完成 K-L 变换的目的，通过 K-L 变换将随机变量中具有相关性关系的分量去除掉，从而忽略携带少量信息的向量坐标系，目的是降低特征向量的空间维数。

人脸识别的 PCA 算法的核心是通过 K-L 变换，得到训练样本集的特征值以及特征向量。如果图像库中图像的规格是 $N \times N$，那么特征值和特征向量要从 $N^2 \times N^2$ 维矩阵中算得，维数过高使得直接计算相当困难。例如，人脸图像的大小如果设定为 128×128，则它们的自相关矩阵 R 的维数就高达 16384×16384。对于计算机来说，通过处理这样大的一个矩阵来计算特征值和特征向量，所消耗的时间和所需的内存都是无法想象的，同时人脸快速识别也就失去了意义。由此产生了奇异值分解定理（Singular Value Decomposition，SVD）。

SVD 算法在人脸识别中的运用有如下特点：

1）当图像受到外界的干扰表现出良好的性能，源于奇异值变化不明显。

2）奇异值体现了图像的代数特征，并且从某种程度上来说，SVD 特征也具有几何特性。

2.4.4 能力拓展

使用 PCA 算法为核心的人脸识别算法被称为特征脸方法。使用 PCA 算法进行人脸识别的核心思想是：

1）要实现图像矩阵从高维向低维向量矩阵的转变，即线性向量特征子空间的构成。

2）要将人脸图像向量投影到这个特征子空间中，这组投影系数就是人脸识别的特征向量。

3）将测试样本的投影系数与第 2）步得到的投影系数进行对比，找出一类特征与被识别人脸最相近的数据。图 2-56 所示为运用最小距离分类原则进行的人脸识别流程图。

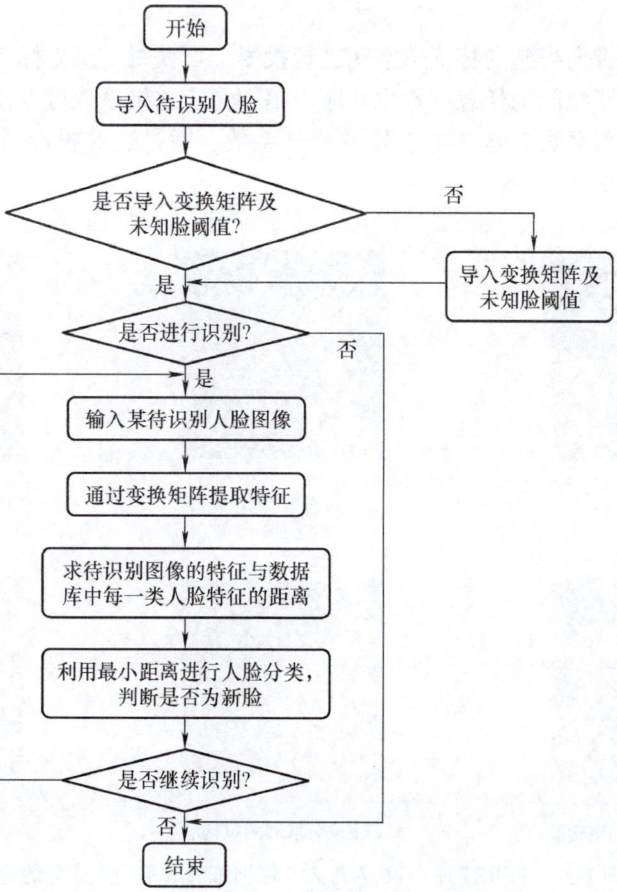

图 2-56 人脸识别流程图

计算较低维数矩阵的特征值和特征向量是人脸识别技术中的重要手段，它可以大大降低运算的复杂程度。将特征值由大到小排序，其特征值对应的向量为某一特征值，这就是特征子空间的正交集。如果每一组特征向量符合人脸特征，那么这组特征向量被称为特征脸，如图 2-57 所示。

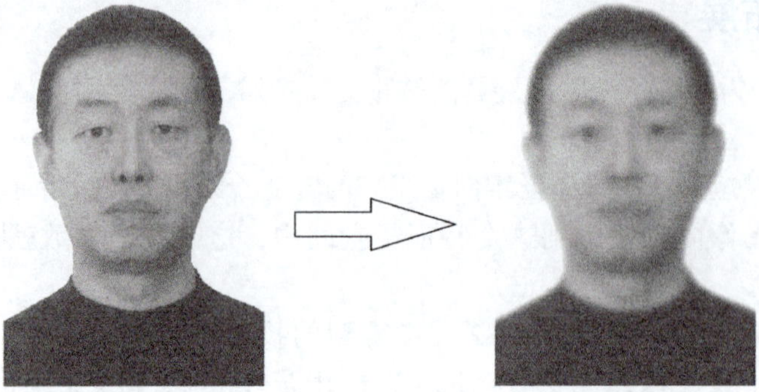

a) 原人脸图像　　b) 特征脸图像

图 2-57　原人脸及其特征脸图像

每一幅人脸图像向得到的特征子空间进行投影，可获得一组坐标系数，即对应于子空间的一个点，同样，子空间的任意一点也对应一幅图像。这组系数可以作为人脸识别的判别依据，实际上各个加权系数就是 K-L 变换的展开系数，通过这些投影系数以及投影矩阵就可重建人脸图像，如图 2-58 所示。

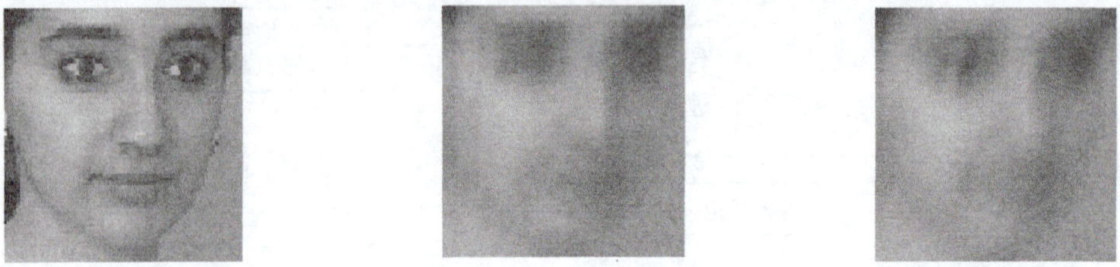

a) 原始图像　　b)主成分取5的重构脸　　c)主成分取10的重构脸

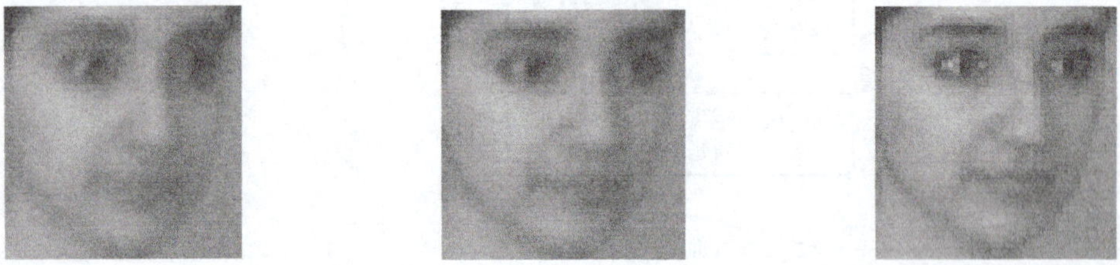

d) 主成分取15的重构脸　　e)主成分取25的重构脸　　f)主成分取30的重构脸

图 2-58　FERET 库中 40 人每人 5 幅训练后取不同主成分的重构脸

工作任务书 3

1. 任务简介

高铁场站智能管理系统的开发人员利用 MATLAB 软件进行人脸识别系统的原型开发，对面部图像进行采集和录入，用以搭建人脸图像基本数据平台。使用 MATLAB 软件进行图像录入和处理，面部训练样本和测试样本的匹配识别的快速、准确性等是系统开发的关键。为了测试人脸识别的准确性，以开发人员自己的正面图像（如大头贴）为基础，进行图像处理。需要提交以下工作成果：

1）柱状图的对比图：原始灰度与均衡灰度的对比图。

2）去高斯噪声的对比图：原图、加高斯噪声、去高斯噪声的对比图。

3）边界检测对比图：原图、灰度图、canny 算子边缘检测图的对比图。

2. 任务目标

1）知识领域：通过学习图像预处理的基本知识，强化学生对图像预处理的基本认知。

2）技能领域：通过学习 MATLAB 的图像处理功能，提高学生对图像灰度、均衡等知识的认知，以及代码的写作能力。

3）素质领域：通过本工作任务的实施，提高学生的逻辑思维能力、团队合作能力，以及沟通协调能力，提高学生对工作中所需的职业素质的理解能力，提高知识的更新能力。

3. 任务实施

1）对于图像数字化处理的第一步就是将待处理的图像输入到内存中，作为以后处理的导出资料，采用 imread( ) 函数进行命令的执行。

2）将原始的 RGB 图像转变为灰度图像，使用 rgb2gray（）函数实现图像转换。

3）使用相应的函数对图像进行处理。

4）输出图像。

4. 工作日志

工作日志见表 2-5。

表 2-5 工作日志

日期	工作内容	问题及解决方式

5. 工作总结

工作总结 主题：关于本工单工作完结的报告 签字：__________ 日期：20　年　月　日 审核意见：

6. 任务考核

考核评价表见表2-6。

表2-6　考核评价表

工单名称	图形图像仿真处理	评价教师	
质量监测点	评价标准	评价结果	改进方案
1. 图像预处理的准确性 2. 图像预处理的完整性与连续性 3. 代码	满分5分 主要考察学生对MATLAB的使用能力，由指导教师酌情处理。无本人姓名的图像，扣2分		
1. 开发文档的完整度 2. 开发文档的真实度	满分5分 1. 缺少工作日志，扣1分 2. 缺少工作总结，扣1分 3. 缺少进度表，扣1分		
		评价时间　　年　　月　　日	

7. 成果展示

成果展示见表2-7。

表2-7　成果展示

成果展示			
主　题		日　期	
制作人		成　绩	
提交成果：（粘贴代码和图像） 年　　月　　日			

工作任务3

神经网络与模型训练

1. 任务简介

研发人员按照前期的模型规划，进行神经网络的搭建，以备深度学习使用。研发人员需要按照子任务的要求，完成相应的工作。

2. 任务目的

通过本工作任务的学习，重点掌握以下几方面的内容：

1）通过学习神经网络的基本知识，强化学生对神经网络的基本认知。

2）通过学习环境搭建，提高学生对开发环境建设的能力。

3）通过学习模型训练，提高学生对人工智能算法与分类器的认知。

3. 素质目标

通过本工作任务的学习，提高学生的逻辑思维能力，提高学生对工作中所需的职业素质的理解能力，提高知识的更新能力。

4. 任务成果

按照子任务要求，需要学生参照“工作任务书”的格式，自行制作并提交工作任务书。

5. 实施方案

通过真实的“任务场景”，使学生能够了解案例的应用场景；“需求分析”部分引出案例中的基本知识点；“能力储备”为掌握这些知识点应知应会的基本知识；“能力拓展”是针对部分能力较强的学生而设立的知识点，由授课教师自行安排。

6. 所需学时

建议16学时，由授课教师按照教学进度，自行安排。

子任务1 了解神经网络

3.1.1 任务场景

研发人员利用MATLAB软件完成了人脸识别系统的基础原型开发，如何实现快速、准确的人脸识别，需要开发人员利用MATLAB的基础原型，结合OpenCV中的人脸特征库进行人脸特征汇聚的模型训练，为了更好地进行下一阶段的开发，需要开发人员熟悉神经网络的工作原理。

3.1.2 需求分析

人工神经网络（Artifical Neural Network，ANN）是近年来发展和应用十分快速的一门交叉学科，它具有灵活的拓扑结构和优秀的非线性映射能力。这门学科的发展和研究，成功地将认知学、生物学、人工智能学、电子信息处理科学、模式识别等理论学科与计算机学科有机地结合起来。通过运用神经网络的方法可以解决人脸识别过程中遇到的诸多线性描述和大量的规则等难点问题，神经网络方法可以将这些难点通过隐性表达进行转变，从而获得解决问题的办法。

目前，在人脸识别领域中应用神经网络方法是非常适合的，如果图像的数据量不大，可以采用 BP（Back Propagation）神经网络来实现；对于大规模图像处理，卷积神经网络（Convolutional Neural Network，CNN）表现更为出色。

3.1.3 能力储备

1. 神经网络简介

人工神经网络（Artificial Neural Network，ANN）也简称为神经网络（NN）或称为连接模型（Connection Model），它是一种模仿动物神经网络行为特征，进行分布式并行信息处理的数学算法模型。这种网络依靠系统的复杂程度，通过调整内部大量节点之间相互连接的关系，以达到处理信息的目的。

人工神经网络按其模型结构大体可以分为前馈型网络（也称为多层感知机网络）和反馈型网络（也称为 Hopfield 网络）两大类，前者在数学上可以看作是一类大规模的非线性映射系统，后者则是一类大规模的非线性动力学系统。神经网络的结构模型如图 3-1 所示，图中圆代表神经元，其间的有向连线代表神经元突触。

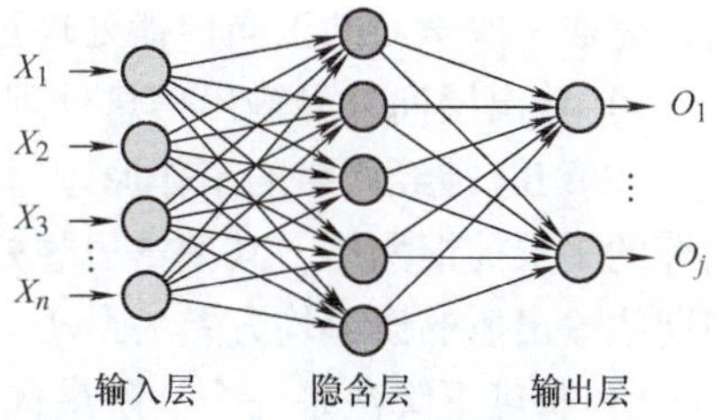

图 3-1 神经网络的结构模型

神经网络是将多个神经元按一定规则连接在一起而形成的网络，从图 3-1 可以看出，一个神经网络包括输入层、隐含层（中间层）和输出层。输入层神经元个数与输入数据的维数相同，输出层神经元个数与需要拟合的数据个数相同，隐含层神经元个数与层数就需要设计者自己根据一些规则和目标来设定。在深度学习出现之前，隐含层的层数通常为一层，即通常使用的神经网络是三层网络。各层的关系是：隐含层使用输入层的服务，为输出层提供服务。

神经网络的基本组成单元是神经元，神经元的通用模型如图 3-2 所示，其中常用的激活函数有阈值函数、sigmoid( )函数和双曲正切函数等。

如何保证输出值的准确度？通常采用层间反馈方法（前向反馈或后向反馈），将误差层层传递，并利用梯度下降法更新每一层的参数，这就是 BP 神经网络。

2. BP 神经网络

（1）BP 神经网络简介　多层前馈（Back Propagation，BP）神经网络是 1986 年由鲁梅尔哈特和麦克利兰为首的科学家提出的概念，是一种按照误差逆向传播算法训练的多层前馈神经网络。BP 算法的含义是“逆推”学习算法，它将网络中各层之间的连接权重从后向前进行修正，运算能力十分强大，是目前应用最广泛的神经网络。

BP 神经网络一般是由输入层、隐含层和输出层这三层构成的，如图 3-3 所示。它具有强大的可操作性结构特点，由于可以在网络中引入隐含的节点，因此一个具有三层的 S 型函数神经元的网络就能以极高的精度对任意连续函数进行描述，其中，S 型函数（Sigmoid Function）是 BP 神经网络中常用的非线性作用函数。运用 BP 神经网络算法构造成模型以后，人脸识别的速度和精度都有很大的提高。

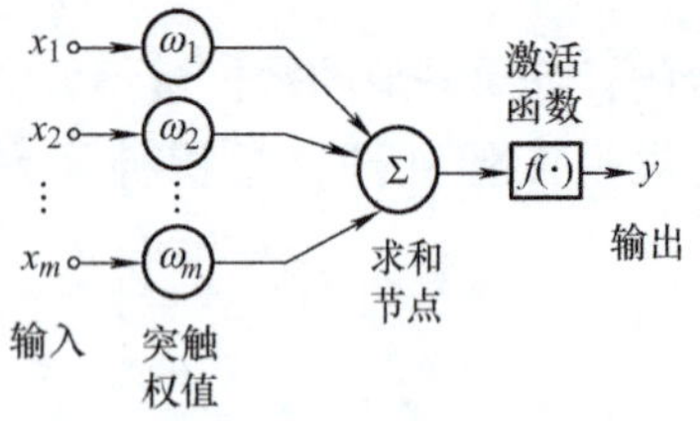

图 3-2　神经元的通用模型

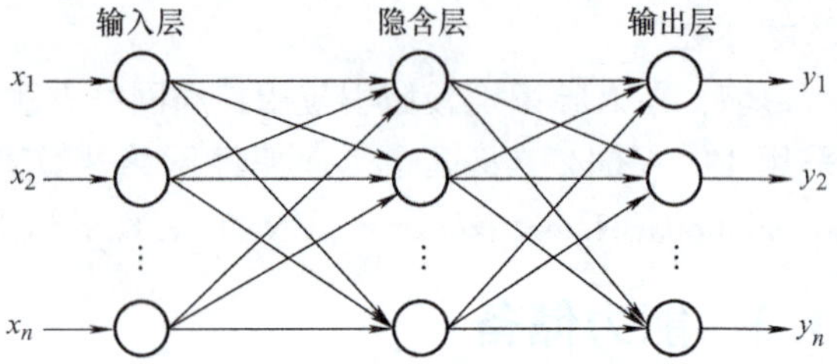

图 3-3　BP 神经网络的构成

BP 神经网络中各层的功能如下：

1）输入层各神经元负责接收来自外界的输入信息，并传递给中间的隐含层各神经元。

2）隐含层是内部信息处理层，负责信息变换，根据信息变化能力的需求，可以设计为单隐含层或者多隐含层结构，最后一个隐含层传递到输出层各神经元的信息，经进一步处理后，完成一次学习的正向传播处理过程。

3）输出层向外界输出信息处理结果。

（2）BP 神经网络的工作原理　BP 神经网络是一种按误差反向传播（简称误差反传）训练的多层前馈网络，其基本思想是利用梯度下降法、梯度搜索技术，使网络的实际输出值和期望输出值的误差均方差为最小。

1）梯度下降法是一个一阶最优化算法，通常也称为最速下降法。要使用梯度下降法找到一个函数的局部极小值，必须向函数上当前点对应梯度（或者是近似梯度）的反方向的规定步长距离点进行迭代搜索。梯度下降法常用于机器学习和人工智能当中，用于递归性地逼近最小偏差模型。

2）均方差是所有数减去其平均值的二次方和，所得结果除以该组数的个数（或个数减 1，即变异数），再把所得值开根号，所得之数就是这组数据的标准差，反映组内个体间的离散程度。

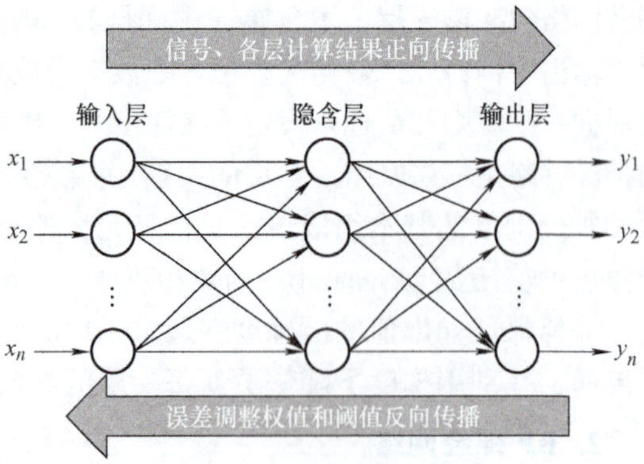

图 3-4　BP 神经网络的工作原理

基本 BP 算法包括信号的正向传播和误差的反向传播两个过程，如图 3-4 所示。

1）正向传播时，输入信号通过隐含层作用于输出节点，经过非线性变换，产生输出信号。若实际输出与期望输出不相符，则转入误差的反向传播过程。

2）误差反传是将输出误差通过隐含层向输入层逐层反传，并将误差分摊给各层所有单元，以从各层获得的误差信号作为调整各单元权值的依据。

通过调整输入节点与隐含层节点的连接强度、隐含层节点与输出节点的连接强度以及阈值，使误差沿梯度方向下降，经过反复学习训练，确定与最小误差相对应的网络参数（权值和阈值），训练即告停止。此时，经过训练的神经网络即能对类似样本的输入信息自行处理，输出误差最小的经过非线性变换的信息。BP 神经网络的工作流程如图 3-5 所示。

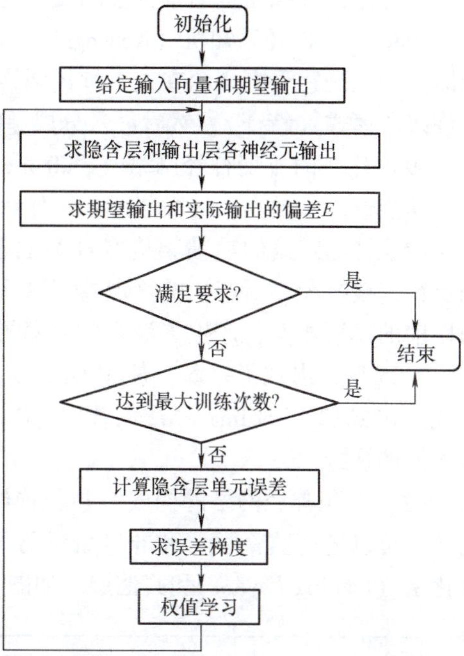

图 3-5　BP 神经网络的工作流程

当实际输出与期望输出不符时，进入误差的反向传播阶段。误差通过输出层，按误差梯度下降的方式修正各层权值，向隐含层、输入层逐层反传。周而复始的信息正向传播和误差反向传播过程，是各层权值不断调整的过程，也是神经网络学习训练的过程，此过程一直进行到网络输出的误差减少到可以接受的程度，或者预先设定的学习次数为止。

（3）BP 神经网络的特点　BP 神经网络无论在网络理论还是在性能方面已比较成熟，其突出优点如下：

1）具有很强的非线性映射能力和柔性的网络结构。

2）网络的中间层数、各层的神经元个数可根据具体情况任意设定，并且随着结构的差异其性能也有所不同。

BP 神经网络也存在以下的不足：

1）学习速度慢，即使是一个简单的问题，一般也需要几百次甚至上千次的学习才能收敛。

2）容易陷入局部极小值。

3）网络层数、神经元个数的选择没有相应的理论指导。

4）网络推广能力有限。

3. 卷积神经网络

卷积神经网络（Convolutional Neural Network，CNN）是一种前馈神经网络，是基于动物视觉感受野设计而成，它的人工神经元可以响应一部分覆盖范围内的周围单元，对于大型图像处理有出色表现。

（1）CNN 的历史　CNN 最早可以追溯到 1968 年，大卫·休伯尔·于贝尔和托斯登·威塞尔发表了《猫和猴的视觉皮层含有对视野的小区域单独反应的神经元》的论文，这篇论文讲述了如果猫和猴的眼睛没有移动，则视觉刺激影响单个神经元的视觉空间区域被称为感受野（Receptive Field）。相邻细胞具有相似和重叠的感受野，感受野大小和位置在皮层之间系统地变化，形成完整的视觉空间图，这个为 CNN 的局部感知奠定了一个基础。

1980 年，神经感知机（Neocognitron）理论的提出，标志着第一个初始的卷积神经网络的诞生，也是感受野概念在人工神经网络领域的首次应用。神经感知机将一个视觉模式分解成许多子模式（特征），然后进入分层递阶式相连的特征平面进行处理。

1988 年，时不变神经网络（Shift-invariant Neural Network）理论的提出，将卷积神经网络的功能进一步提高，使其能够在即使物体有位移或轻微变形的时候，也能完成识别。

卷积神经网络的前馈架构在神经抽象金字塔（Neural Abstraction Pyramid）中，被横向和反馈连接扩展，所产生的复现卷积网络允许灵活地并入情景信息以迭代地解决局部模糊，与以前的模型相反，产生了最高分辨率的图像输出。

2005 年，出现了一篇《使用 GPU 实现 CNN》的论文，标志着一种实现 CNN 更有效的方式。在 2012 年的 ImageNet 大赛中，CNN 因其高精确度脱颖而出，标志着深度学习正式进入人们的视野。

（2）卷积神经网络的构成 卷积神经网络仿造生物的视知觉（Visual Perception）机制构建，可以进行监督学习和非监督学习。卷积神经网络包括卷积层（Convolutional Layer）、池化层（Pooling Layer）和其他层，如图 3-6 所示。

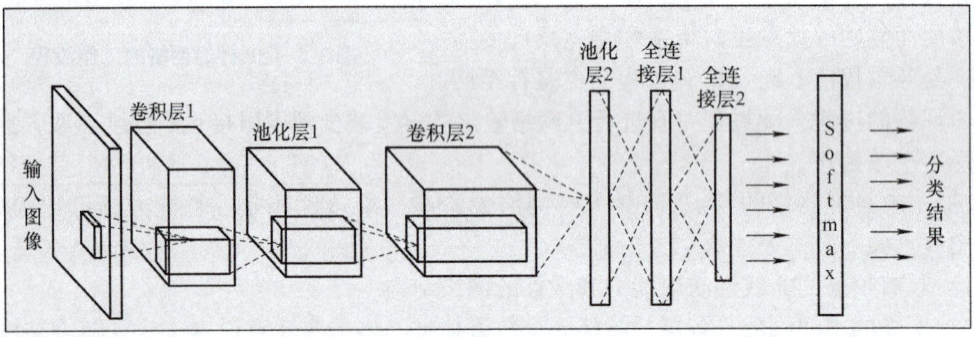

图 3-6 卷积神经网络的构成

（3）各层的功能

1）输入图像：输入图像一般是二维向量，可以有高度，如 RGB 图像。卷积神经网络的输入层可以处理多维数据。与其他神经网络算法类似，由于使用梯度下降进行学习，卷积神经网络的输入特征需要对输入数据进行归一化，如图像的灰度处理。若输入数据为像素，也可将分布于 [0,255] 的原始像素值归一化至 [0,1] 区间。输入特征的标准化有利于提升卷积神经网络的学习效率和表现。

2）卷积层：卷积的含义是在原始的输入层上进行特征的提取，简言之，就是在原始输入上各个小区域进行逐个特征的提取，类似于医学上使用的 CT。卷积层是 CNN 的核心，层的参数由一组可学习的滤波器（Filter）或内核（Kernels）组成，它们具有小的感受野，延伸到输入容积的整个深度。在前馈期间，每个滤波器对输入进行卷积，计算滤波器和输入之间的点积，并产生该滤波器的二维激活图，如图 3-7 所示。

卷积核与扫描的数据窗口做内积的具体计算过程是：$4\times0+0\times0+0\times0+0\times0+0\times1+0\times1+0\times0+0\times1+(-4)\times2=-8$。卷积核会逐行逐列进行扫描，直至整张图像扫描完毕。

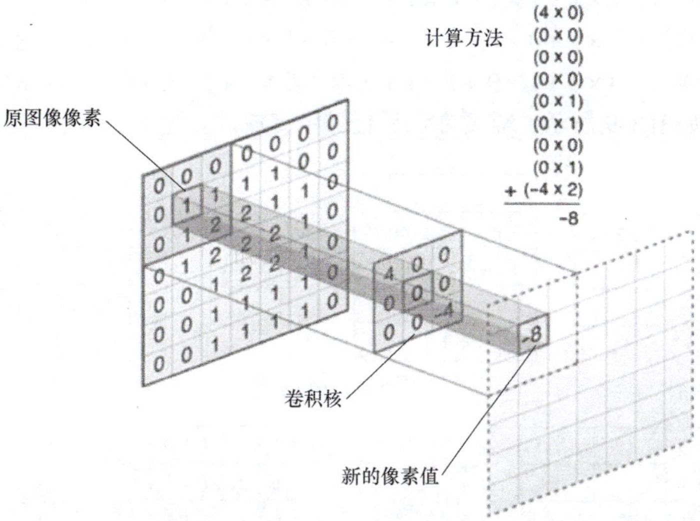

图 3-7　卷积原理

【例 3-1】　依次计算前 4 次的卷积值，使用的图像、卷积核及卷积方式如图 3-8 所示。

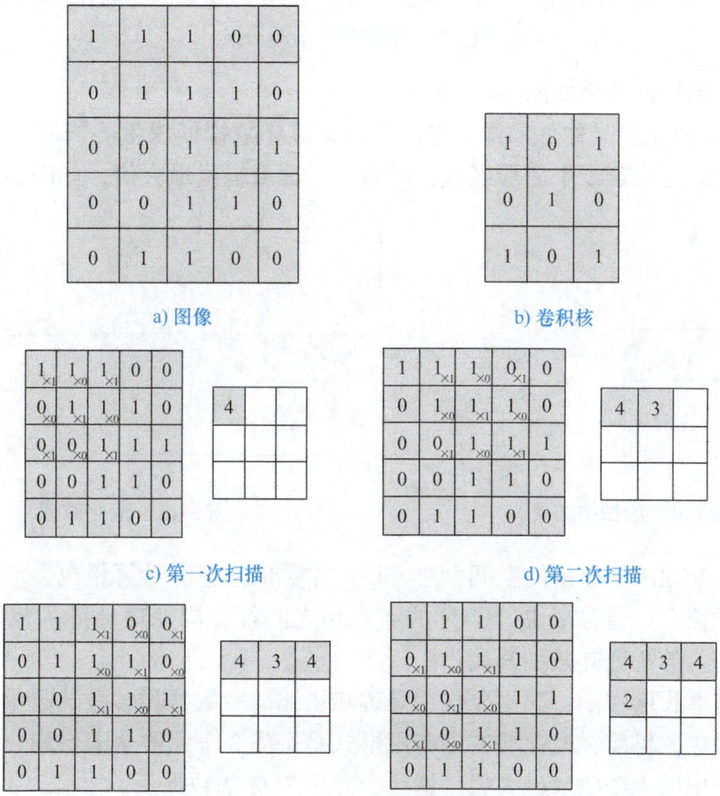

a) 图像　b) 卷积核

c) 第一次扫描　d) 第二次扫描

e) 第三次扫描　f) 第四次扫描

图 3-8　卷积核扫描值的计算

第一次扫描的值：$1\times1+1\times0+1\times1+0\times0+1\times1+1\times0+0\times1+0\times0+1\times1=4$。

第二次扫描的值：$1\times1+1\times0+0\times1+1\times0+1\times1+1\times0+0\times1+1\times0+1\times1=3$。

第三次扫描的值：$1\times1+0\times0+0\times1+1\times0+1\times1+0\times0+1\times1+1\times0+1\times1=4$。

第四次扫描的值：$0\times1+1\times0+1\times1+0\times0+0\times1+1\times0+0\times1+0\times0+1\times1=2$。

余下的扫描如图 3-9 所示，需要在课后任务中完成。

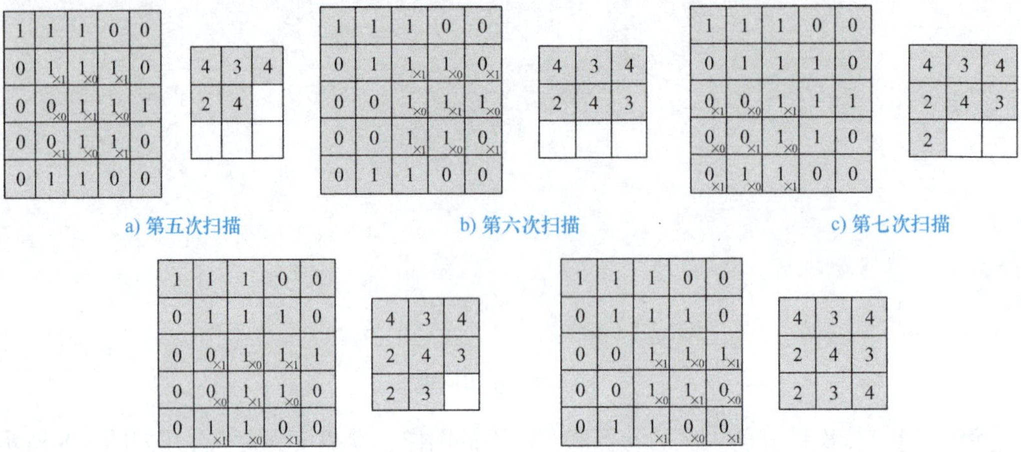

a) 第五次扫描　b) 第六次扫描　c) 第七次扫描

d) 第八次扫描　e) 第九次扫描

图 3-9　卷积核剩余的扫描

卷积核最后的扫描结果如图 3-10 所示。

3）池化层：池化层又称下采样，它的作用是减小数据处理量的同时保留有用信息。它是将输入的图像划分为若干个矩形区域，对每个子区域输出最大值，如图 3-11 所示。

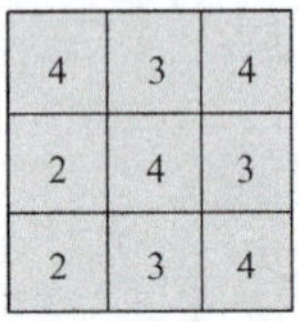

图 3-10　卷积核最后的扫描结果

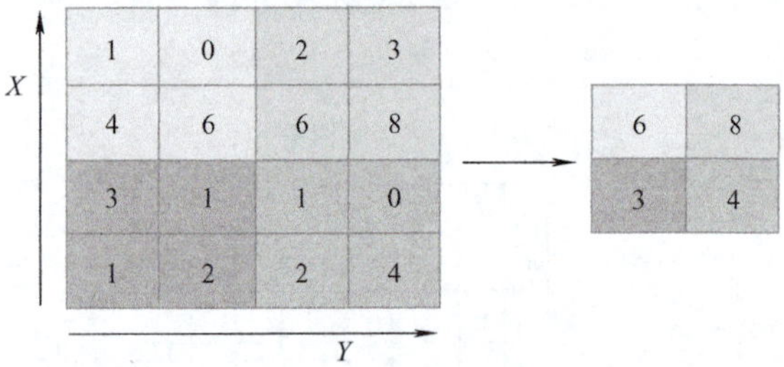

图 3-11　池化原理

池化层会不断地减小数据的空间大小，因此参数的数量和计算量也会下降，这在一定程度上也控制了过拟合。通常来说，CNN 的卷积层之间都会周期性地插入池化层，通常会分别作用于每个输入的特征并减小其大小。

池化层夹在卷积层中间，其主要作用是逐步压缩减少数据和参数的数量，也在一定程度上减少过拟合现象。目前，池化层的最常用形式是每隔 2 个元素从图像划分出 2×2 的区块，然后对每个区块中的 4 个数取最大值，这将会减少 75% 的数据量。

4）全连接层：一个典型的卷积神经网络结构，最后一层实际上是全连接层。卷积网络实质上是在全连接网络的基础上，通过卷积核作为中介，把全连接改为部分连接，然后再利用权值共享的方法大量减少网络需要修改的权值数量（或者说是数量级）。

权值共享是指在同一个卷积层内，所有神经元的权值是相同的，即用同一个卷积核生成卷积层上的所有节点。通过卷积核，从卷积层到池化层是多对一的连接关系。CNN 最大限度地利用了图像的局部信息。

3.1.4　能力拓展

1. BP 网络解析

设 BP 网络有三层，分别是输入层、隐含层和输出层。

BP 神经网络之所以优于其他结构模式，是因为其可以在不知道输入和输出函数的情况下，只需通过对已有的 BP 网络进行大量训练后，就能够计算出输入函数与输出函数的映射关系，同时网络也具有了相应的映射能力。如果没有进行初始化，可能会对以后的训练造成不良的后果。

BP 网络采用 S 型函数来定义任意一个神经元，表达式为 $f(x)=\dfrac{1}{1+\mathrm{e}^{-x}}$，定义网络的输入向量为 N 维向量 $\boldsymbol{X}$，$\boldsymbol{X}=[x_0,x_1,\cdots,x_{N-1}]$，输出向量为 M 维向量 $\boldsymbol{D}$，$\boldsymbol{D}=[d_0,d_1,\cdots,d_{N-1}]$。

（1）BP 神经网络算法　标准的 BP 神经网络算法主要包括由输入到输出的正向传播阶段和由输出到输入的误差反传阶段。

1）正向传播 BP 网络：在进行训练前要对阈值和权值进行初始化。

① 输入层的节点为 (x_1,x_2,x_3)，隐含层的节点为 (h_1,h_2)，输出层的节点为 (d_1,d_2,d_3)。

② 用 V_{ij} 来表示输入节点 i 到隐含层节点 j 的权值，用 ϕ_j 来表示输入层到隐含层单元的阈值，则有

$$h_1=f(x_1V_{11}+x_2V_{12}+x_3V_{13}+\phi_1)\text{，可简写为 } h_1=f(\sum_{i=1}^{3}V_{1i}x_i+\phi_1)$$

③ 用 W_{jk} 来表示隐含层节点 j 到输出层节点 k 的权值，用 θ_k 来表示隐含层和输出层，则有

$$d_1=f(h_1W_{11}+h_2W_{12}+\theta_1)\text{，可简写为 } d_1=f(\sum_{j=1}^{2}W_{1j}h_j+\theta_1)$$

其中，$f(*)$ 为 S 型激励函数，其表达式为 $f(x)=\dfrac{1}{1+\mathrm{e}^{-x}}$。

2）由输出到输入的误差反传：当输出为 M 个单元时，可以算出实际输出参量 y_k 和目标参量 d_k 之间的误差项：$\delta_k=(d_k-y_k)(1-y_k)$。

① 隐含层到输出层调整权值为 $W_{jk}(n+1)=W_{jk}(n)+\Delta W_{jk}(n)$，调整阈值为 $\theta_k(n+1)=\theta_k(n)+\Delta\theta_n(n)$，其中，$\Delta W_{jk}(n)$ 为隐含层到输出层权值的调整量，$\Delta\theta_n(n)$ 为隐含层到输出层阈值的调整量。

② 输入层到隐含层调整权值为 $V_{ij}(n+1)=V_{ij}(n)+\Delta V_{ij}(n)$，调整阈值为 $\phi_j(n+1)=\phi_j(n)+\Delta\phi_j(n)$，其中，$\Delta V_{ij}(n)$ 为输入层到隐含层权值的调整量，$\Delta\phi_j(n)$ 为输入层到隐含层的阈值调整量。

（2）BP 神经网络的工作流程设计　BP 神经网络训练对权重系数的修改应当在对所有训练样本都学习完之后才能确定下来，而不是只凭借单个样本训练就可以确定的。BP 神经网络训练流程如图 3-12 所示。

BP 神经网络的人脸识别工作流程如图 3-13 所示。

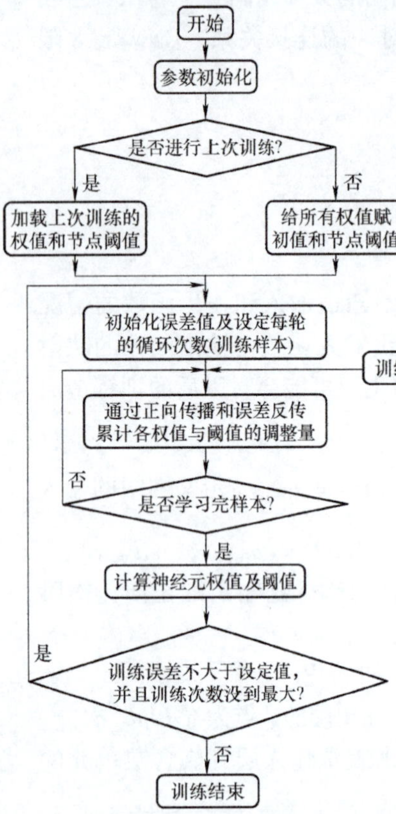

图 3-12 BP 神经网络训练流程

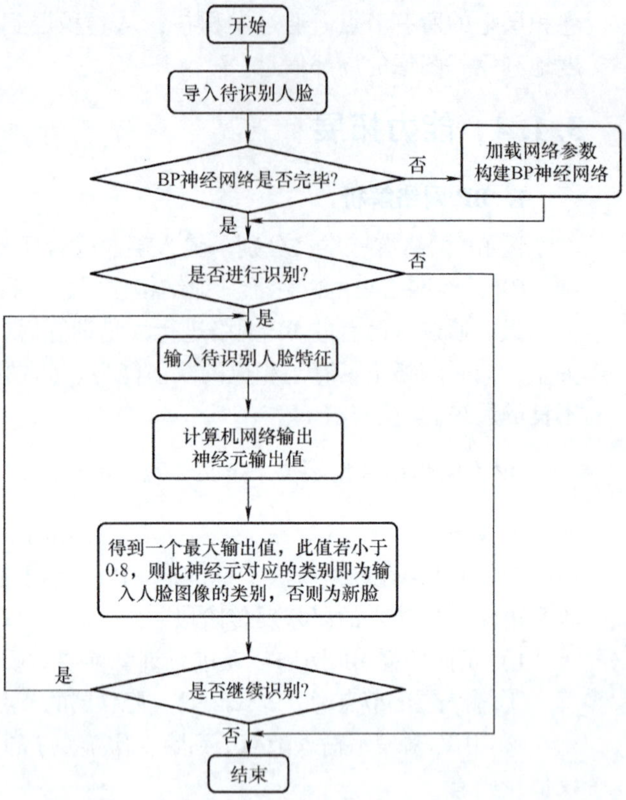

图 3-13 BP 神经网络的人脸识别工作流程

（3）BP 神经网络的输入层解析

1）确定输入层的节点数：这个数值是由特征空间的维数决定的，即数据源的维数。

2）选取适当大小的维数：适当的维数对于网络的收敛和训练时间起到决定性的作用。

当选取的特征样本维数较大时，网络的收敛和训练时间也会随之变长，增加了网络的运算规模和复杂性。因此，在人脸信息特征提取时要十分注意特征值数量的筛选和确定。

（4）BP 神经网络的隐含层解析　设计 BP 神经网络的隐含层是一个比较复杂的问题，因为没有很好的函数来对其表示，对于隐含层的层数和隐含层的节点数都没有明确的设定标准。

当隐含层节点数过少时可能对人脸训练样本的特征无法识别，容错性比较差；而隐含层节点数设定过多又会使训练时间过长。解决这些问题的关键就是要通过大量的实验来进行对比，找出一个最佳隐含层个数和隐含层节点数。只能通过不间断的训练，找到隐含层单元个数与输入/输出单元个数之间必然的联系。

根据经验公式 $n_1=\sqrt{m+n}+a$ 和 $n_1=\log_2 n$（其中，n 代表输入层神经元个数，m 代表输出层神经元个数，a 是 1～10 之间的常数），计算出初始隐含层节点数，按照固定其中一个隐含层的节点数来推算另一个隐含层节点数。一个合理的节点数值要通过大量的实验来进行确定。

（5）BP 神经网络的输出层解析　当采用 BP 神经网络作为分类器时，输出层的节点数是由使用者的需要来确定的。也就是说，如果要对 20 个人的人脸图像进行判断和识别，网络输出层的神经元就是 20 个。

2. CNN 设计解析

假设给定一张图（可能是字母 X 或者字母 O），通过 CNN 即可识别出是 X 还是 O，如图 3-14 所示。

（1）CNN 的图像输入　如果采用经典的神经网络模型，则需要读取整幅图像作为神经网络模型的输入（即全连接的方式）。图像的尺寸越大，其连接的参数将变得越多，从而导致计算量非常大。

人类对外界的认知一般是从局部到全局，即先对局部有感知的认识，再逐步对全体有认知，这是人类的认识模式。图像中的空间联系也是类似的，局部范围内的像素之间的联系较为紧密，而距离较远的像素则相关性较弱。因而，每个神经元其实没有必要对全局图像进行感知，只需要对局部进行感知，然后在更高层将局部的信息综合起来就得到了全局的信息。这种模式就是卷积神经网络中降低参数数目的重要神器——局部感受野，如图 3-15 所示。

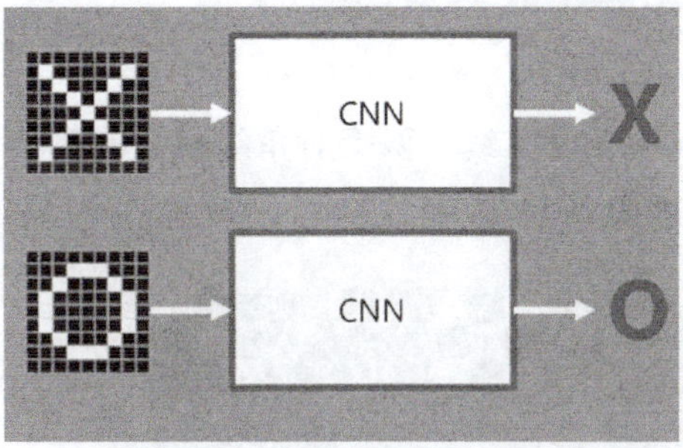

图 3-14　CNN 识别图像

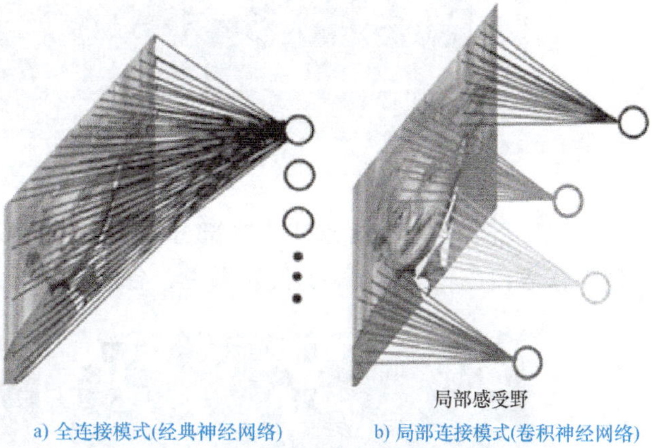

图 3-15　全连接与 CNN

（2）CNN 的提取特征　如果字母 X、字母 O 是固定不变的，那么最简单的方式就是图像之间的像素一一比对。但在现实生活中，字体都有着各个形态上的变化，如平移、缩放、旋转、微变形等，如图 3-16 所示。

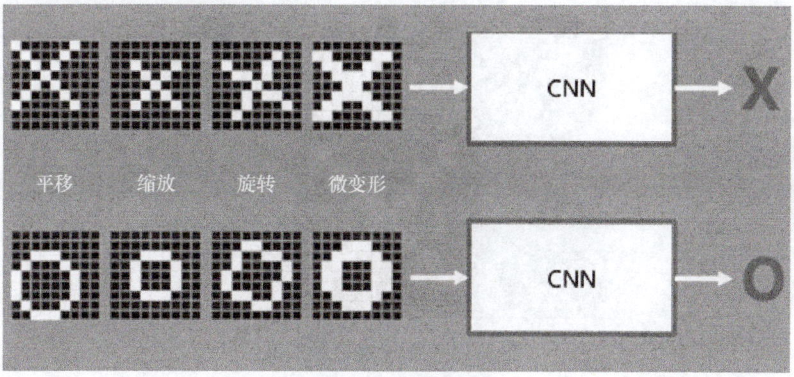

图 3-16　实际图像

我们的目标是对于各种形态变化的 X 和 O，都能通过 CNN 准确地识别出来，这就涉及应该如何有效地提取图像特征作为识别的关键因子。

回想前面讲到的“局部感受野”模式，对于 CNN 来说，它是一小块一小块地来进行比对，在两幅图像中大致相同的位置找到一些粗糙的特征（小块图像）进行匹配，相比起传统的整幅图逐一比对的方式，CNN 的这种小块匹配方式能够更好地比较两幅图像之间的相似性，如图 3-17 所示。

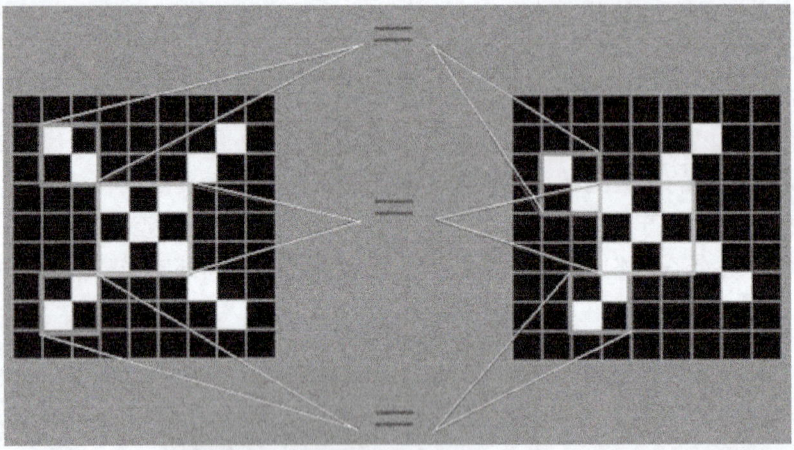

图 3-17　CNN 匹配

以字母 X 为例，提取出上半部分的三个重要特征（一个交叉线、两个对角线）。设像素值 1 代表白色，像素值 -1 代表黑色，各区域的像素值如图 3-18 所示。

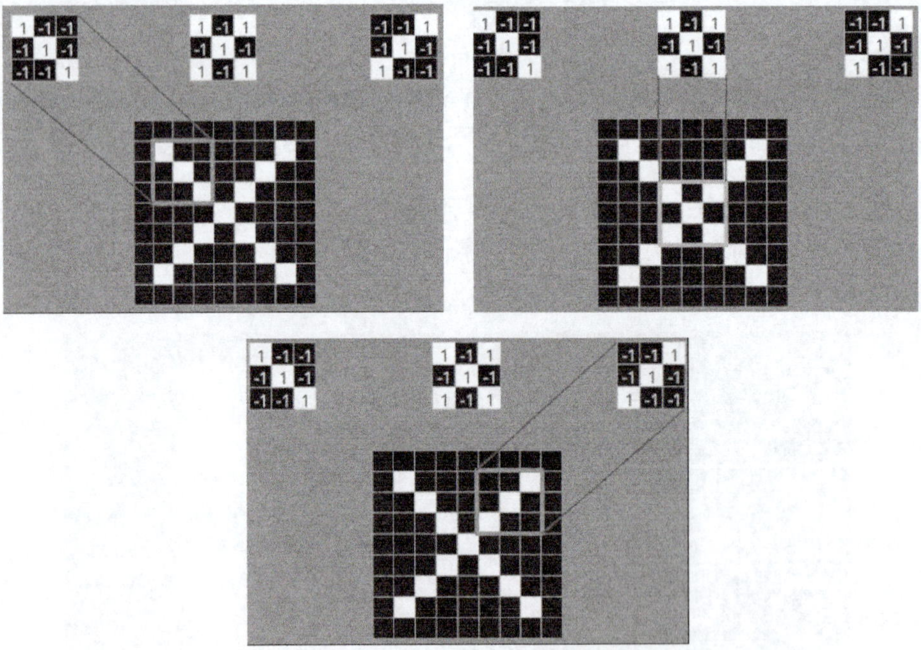

图 3-18　各区域的像素值

字母 X 的三个重要特征如图 3-19 所示。

图 3-19 像素特征值汇总

（3）CNN 的卷积 CNN 并不能准确地知道这些特征到底要匹配原图的哪些部分，所以它会在原图中把每一个可能的位置都进行尝试，相当于把这个特征（Feature）变成了一个过滤器。这个用来匹配的过程就被称为卷积操作，卷积的过程及计算方式见例 3-1。

根据卷积的计算方式，对图 3-19a 进行卷积，形成新的二维矩阵如图 3-20 所示。

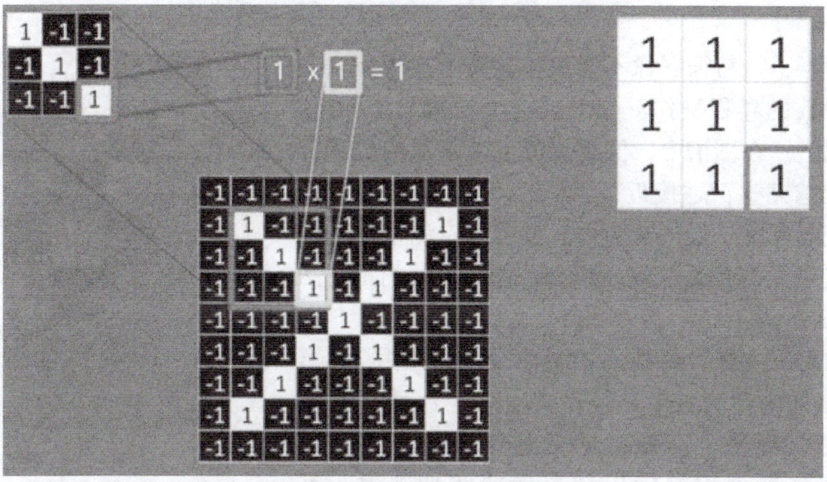

图 3-20 对图 3-19a 进行卷积扫描

根据卷积特征匹配的计算方式，图 3-19a 的特征匹配后的卷积计算如图 3-21 所示。对于其他位置的匹配，如对图 3-19b 的特征匹配如图 3-22 所示。

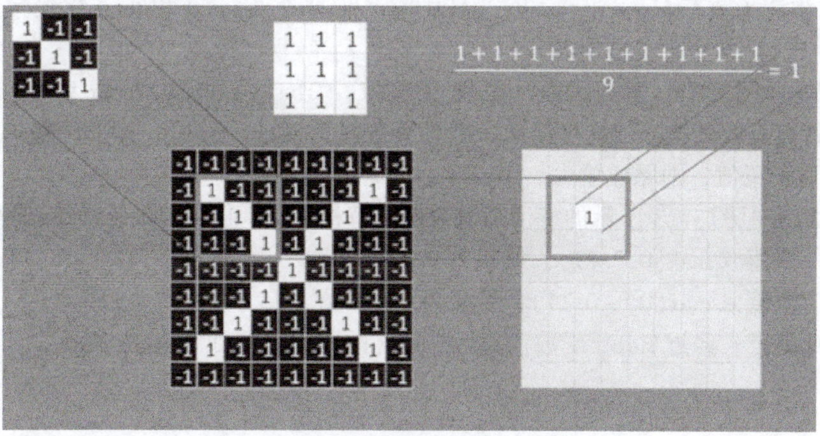

图 3-21 图 3-19a 的卷积特征匹配计算结果

图 3-22　图 3-19b 的卷积特征匹配计算结果

依此类推，该特征图像不断地重复着上述过程，通过每一个特征的卷积操作，会得到一个新的二维数组，称为特征图谱。在图谱中，值越接近 1 表示对应位置和特征的匹配越完整；越接近 -1，表示对应位置和特征的反向匹配越完整；而值接近 0，表示对应位置没有任何匹配或者说没有什么关联。例如，图 3-19a 的特征图谱如图 3-23 所示。

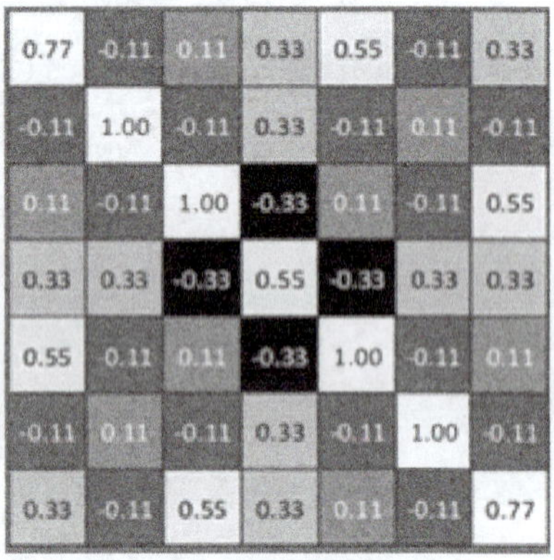

图 3-23　图 3-19a 的特征图谱

（4）CNN 的激活函数　在卷积的过程中，第 N 层神经网络的输出为 $N+1$ 层提供输入，这种输出不一定都是线性函数，而激活函数的作用是用来加入非线性因素，把卷积层输出结果做非线性映射。其原理是：在某区域的特征强度如果没有达到一定的标准（自行定义的）时，则该区域特征强度输出 0，表明这种特征提取方式不能在该块区域提取到特征，或者这块区域的这种特征很弱。

常用的激活函数有 sigmoid、tanh、ReLU 等，前两者 sigmoid 和 tanh 比较常用于全连接层，而后者 ReLU 常用于卷积层。

在卷积神经网络中，激活函数一般使用 ReLU（The Rectified Linear Unit，修正线性单元）。它的特点是收敛快，求梯度简单。其计算公式为 max（0,T），即对于输入的负值，输出全为 0；对于正值，则原样输出。

【例 3-2】 对图 3-23 所示的特征图谱为例，解析 ReLU 激活函数的操作过程。

1）第一个值取 max(0,0.77)，结果为 0.77，如图 3-24 所示。

2）第二个值取 max(0,-0.11)，结果为 0，如图 3-25 所示。

3）依此类推，经过 ReLU 函数计算后，最终的取值结果如图 3-26 所示。

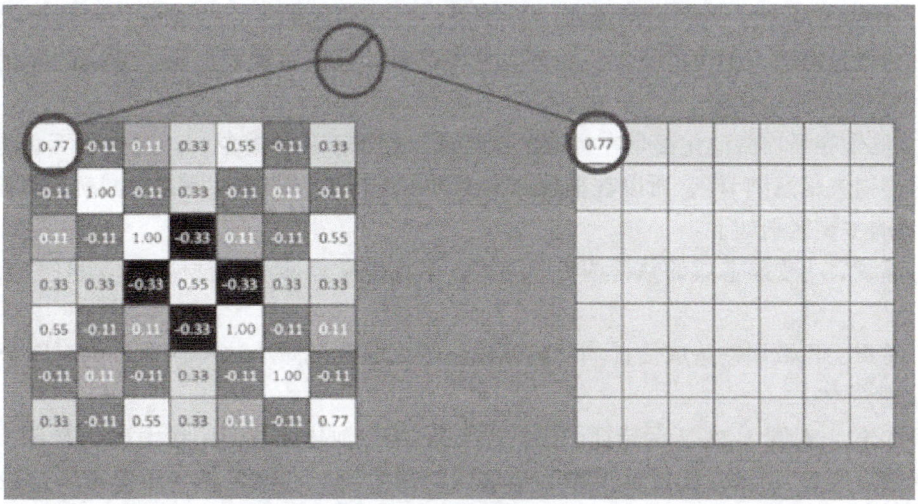

图 3-24　ReLU 函数的第一次取值

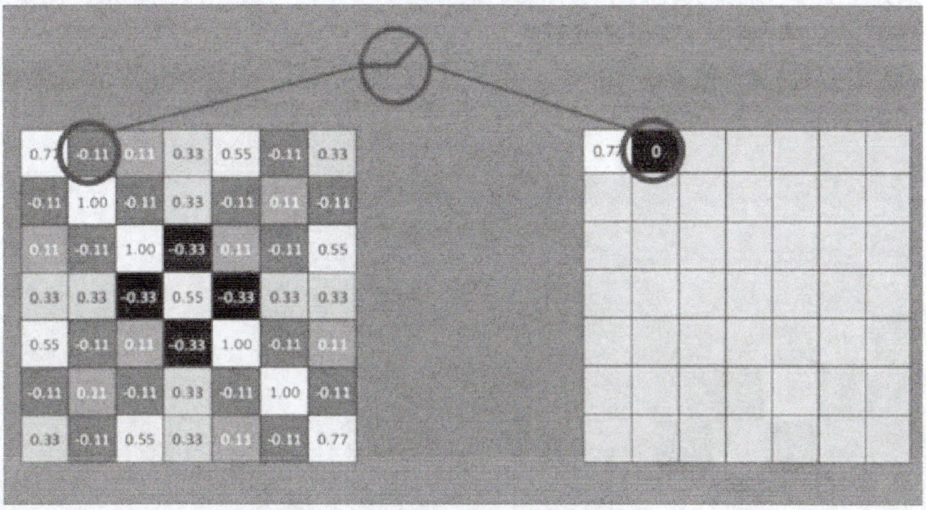

图 3-25　ReLU 函数的第二次取值

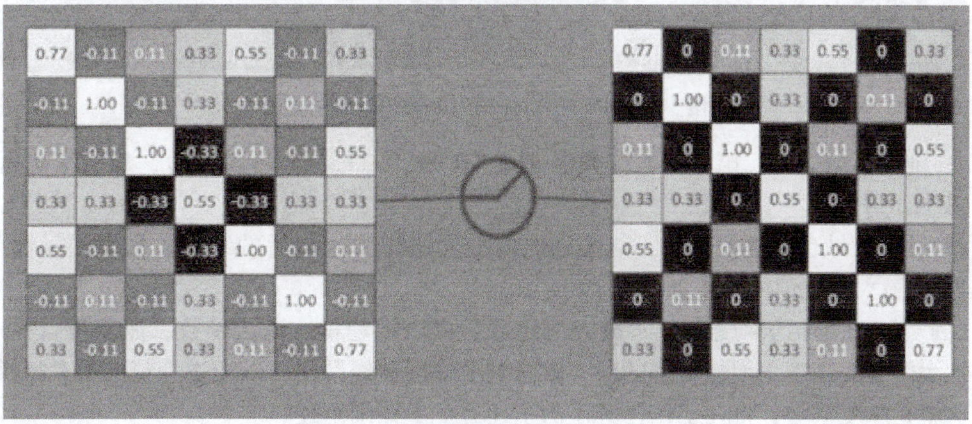

图 3-26　ReLU 函数的最终取值结果

（5）CNN 的池化　为了有效地减少计算量，CNN 使用的另一个有效的工具被称为“池化”。池化就是将输入图像进行缩小，减少像素信息，只保留重要信息。常用的池化方式有最大池化和平均值池化等。

最大池化和平均值池化都是在提取区域特征，相当于一种抽象，过滤掉了不必要的信息（当然也会损失信息细节），所以在抽象层次上可以进行更好的识别图像，减轻计算压力。

两者的主要区别如下：

1）邻域大小受限造成的估计值方差增大，平均池化能减小这种误差，如对图像的背景保留。

2）卷积层参数误差造成估计均值的偏移，最大池化能减小这种误差，如对图像的纹理提取或识别字体。

【例 3-3】　对图 3-23 所示特征图谱的左上角 2×2 池化区域使用最大池化方案（类似于 ReLU 函数算法）。最大池化保留了每一小块内的最大值，也就是相当于保留了这一块最佳的匹配结果（因为值越接近 1，表示匹配越好）。也就是说，它不会具体关注窗口内到底是哪一个地方匹配了，而只关注是不是有某个地方匹配上了。通过加入池化层，图像缩小了，能很大程度上减少计算量，降低机器负载。

1）取该区域的最大值 max（0.77，-0.11，-0.11，1.00），最大池化取值结果如图 3-27 所示。

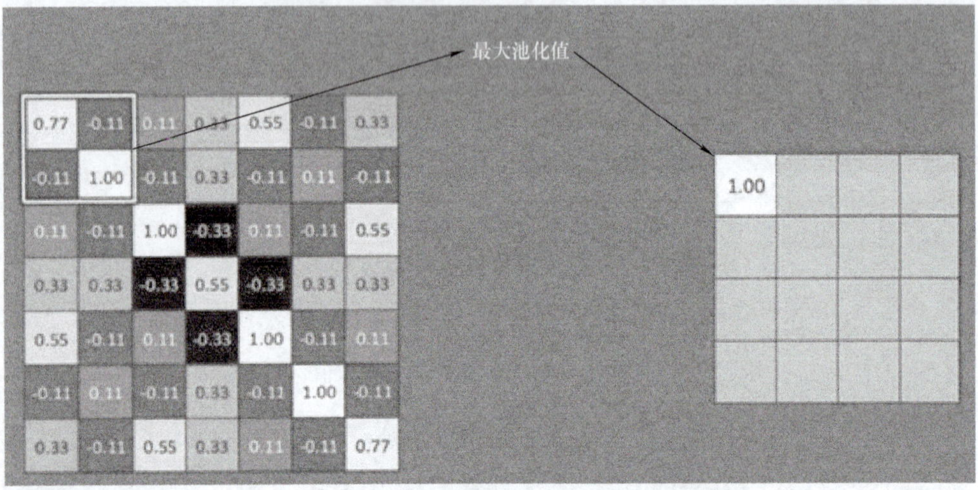

图 3-27　图 3-19a 中第一区域的最大池化值

2）池化区域向右，第二区域取大值 max（0.11，0.33，-0.11，0.33），最大池化后的结果如图 3-28 所示。

3）其他区域也是类似操作，取区域内的最大值作为池化后的结果。最后经过池化后，图 3-23 的最大池化值的结果如图 3-29 所示。

（6）基于 CNN 的深度学习　最大池化后，可以将卷积、激活函数、池化组合在一起，通过加大网络的深度，增加更多的层，就得到了深度神经网络，以便更为精准地进行机器学习，这就是深度学习，将在工作任务 4 的子任务 1 中详细阐述。

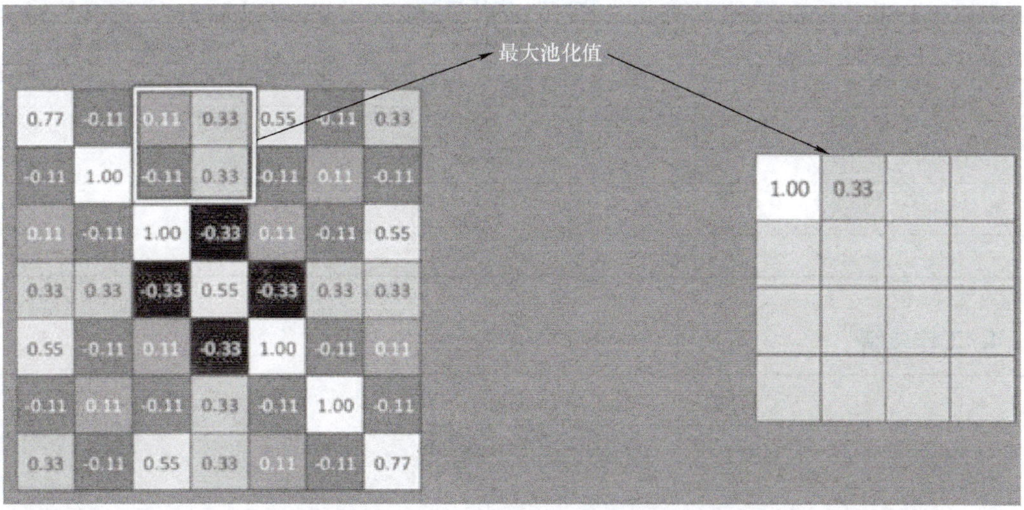

图 3-28　图 3-19a 第二区域的最大池化值

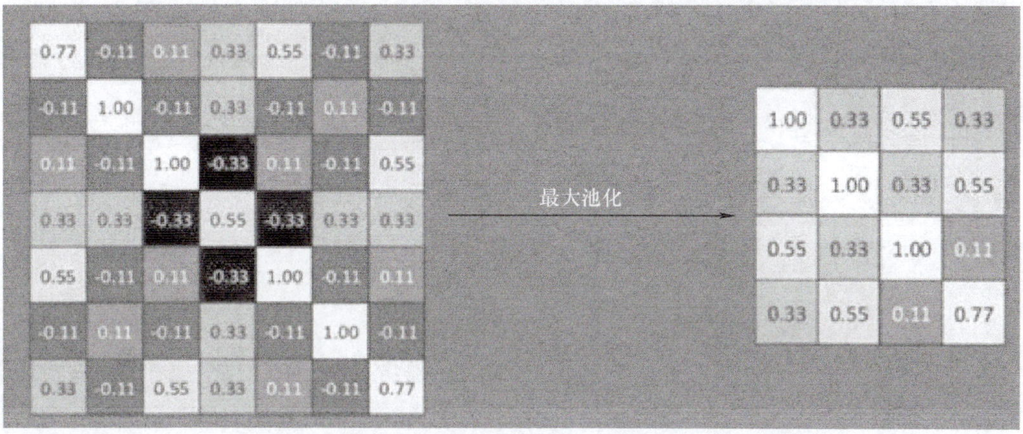

图 3-29　图 3-19a 的最大池化结果

工作任务书 4

1. 任务简介

通过例 3-1 的学习，完成剩余卷积值的计算，要求写出计算过程。

2. 任务目标

1）知识领域：通过学习人工神经网络的基本概念，强化学生对神经网络的基本认知。

2）技能领域：通过练习卷积神经网络分析计算，提高学生对卷积神经网络的认知。

3）素质领域：通过本工作任务的学习，提高学生的逻辑思维能力，提高学生对工作中所需的职业素质的理解能力，提高知识的更新能力。

3. 工作日志

工作日志见表 3-1。

表 3-1 工作日志

日期	工作内容	问题及解决方式

4. 工作总结

工作总结

主题：关于本工单工作完结的报告

签字：____________

日期：20　年　月　日

审核意见：

5. 任务考核

考核评价表见表3-2。

表3-2 考核评价表

工单名称	计算卷积神经网络的值	评价教师	
质量监测点	评价标准	评价结果	改进方案
1. 计算步骤 2. 计算准确性 3. 由于是计算题，为防止抄袭，指导教师可根据情况进行抽查	满分5分 主要考察学生对卷积过程的理解能力，由指导教师酌情处理。无本人姓名的截屏图像，扣2分		
1. 开发文档的完整度 2. 开发文档的真实度	满分5分 1. 缺少工作日志，扣1分 2. 缺少工作总结，扣1分 3. 缺少进度表，扣1分		
		评价时间	年 月 日

6. 成果展示

成果展示见表3-3。

表3-3 成果展示

成果展示			
主 题		日 期	
制作人		成 绩	
提交成果： 年 月 日			

子任务2 开发环境的搭建

3.2.1 任务场景

开发人员使用样本数据，用Anaconda软件管理Python包，结合OpenCV开展图像的特征提取，分析样本数据的内在规律，目的是让机器能够像人一样具有分析和学习的能力，能够准确地分析与识别图像数据，提高系统识别的准确度，使之更趋近于用户需求，更好地实现产品交付。

3.2.2 需求分析

Anaconda 软件是一个方便管理 Python 包和开发环境的软件，用来配置不同的项目环境。它可以创建多个互不干扰的环境，分别运行不同版本的软件包，以达到兼容的目的。Anaconda 通过管理工具包、开发环境、Python 版本，大大简化了工作流程。它不仅可以方便地安装、更新、卸载工具包，而且安装时能自动安装相应的依赖包，同时还能使用不同的虚拟环境隔离不同要求的项目。

3.2.3 能力储备

1. Anaconda 简介

Anaconda 是一个用于科学计算的 Python 发行版，支持 Linux、macOS 和 Windows 操作系统，具有包管理与环境管理的功能，可以很方便地解决多版本 Python 并存、切换以及各种第三方包安装问题。

（1）Anaconda 的用途　Anaconda 是一个包含 180 + 个科学包及其依赖项的发行版本，其包含的科学包有 conda、NumPy、SciPy、IPython、Notebook 等。其中，conda 是包及其依赖项和环境的管理工具。适用语言包括 Python、R、Ruby、Lua、Scala、Java、JavaScript、C/C ++、FORTRAN。适用平台包括 Windows、macOS、Linux 等。Anaconda 的用途如下：

1）快速安装、运行和升级包及其依赖项。

2）在计算机中便捷地创建、保存、加载和切换环境，仅需要几条命令，就可以创建一个完全独立的环境来运行不同的 Python 版本。

3）conda 为 Python 项目而创造，但可适用于多种语言。

4）conda 和环境管理器包含于 Anaconda 的所有版本当中。

（2）Anaconda 的特点

1）开源：目前是免费的，使用者只需在指定的网站，按照本机操作系统的特点自行下载、安装即可。

2）安装过程简单：安装时，均为图形化界面，如果初学者不清楚怎么安装，只需按照提示进行默认安装即可。

3）高性能使用 Python 和 R 语言：Anaconda 软件集成了 Python 和 R 语言开发环境及各种开发所需的库，统一管理，按需运行即可。目前 Anaconda 拥有 conda、环境管理器、1000 + 个开源库。

4）免费的社区支持：如果使用者需要另行定制的库，可免费获得 Anaconda 社区的技术支持。如果日常工作或学习并不必要使用 1000 多个库，那么可以考虑安装 Miniconda。

（3）Anaconda 的使用方式　Anaconda 利用工具/命令 conda 来进行包和环境的管理，并且已经包含了 Python 和相关的配套工具。conda 可以理解为一个工具，也是一个可执行命令，其核心功能是包管理与环境管理。包管理与 pip 的使用类似。环境管理则允许用户方便地安装不同版本的 Python 并可以快速切换。

2. OpenCV 简介

OpenCV 于 1999 年由 Intel 建立，是一个基于 BSD 许可（开源）发行的跨平台计算机视觉库，可以运行在 Linux、Windows 和 macOS 操作系统上。它由一系列 C 函数和少量 C ++ 类构成，同时提供了 Python、Ruby、MATLAB 等语言的接口，实现了图像处理和计算机视觉方面的很多通用算法。

计算机视觉市场巨大而且持续增长，且这方面没有标准 API。OpenCV 提供的视觉处理算法非常丰富，并且它部分以 C 语言编写，加上其开源的特性，处理得当，不需要添加新的外部支持也可以完整地编译链接生成执行程序，所以很多人用它来做算法的移植，OpenCV 的代码经过适当改写可以正常运行在 DSP 系统和 ARM 嵌入式系统中。OpenCV 拥有包括 500 多个 C 函数的跨平台的中、高层 API，它主要依赖于自带的函数库，不依赖于其他的外部库。

3. Anaconda 环境建设

（1）Anaconda 的下载　Anaconda 有两种下载方式：一种可以到 Anaconda 官方网站，按照操作系统类型获取相应的安装包；另一种可以到开源软件镜像站下载，如清华大学开源软件镜像站、阿里开源镜像站、网易开源镜像站等。

（2）Anaconda 的安装　这里以 64 位的 Windows 7 操作系统为例，介绍 Anaconda 的安装及开发环境的建设，版本号为 Anaconda3 – 5. 2. 0 – Windows – x86_64。其他操作系统下 Anaconda 的安装及开发环境的建设，请读者参考其他教程。

Anaconda 的安装步骤如下：

1）双击 Anaconda3 – 5. 2. 0 – Windows – x86_64. exe，进入安装界面，如图 3-30 所示。

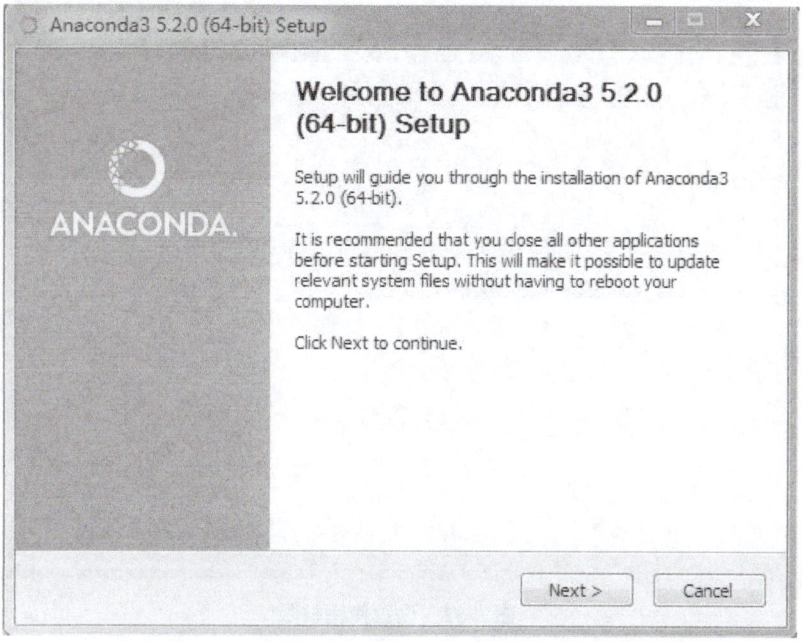

图 3-30　Anaconda 安装界面

2）单击“Next”按钮，进入“License Agreement”（安装协议）界面，单击“I Agree”按钮，如图 3-31 所示。

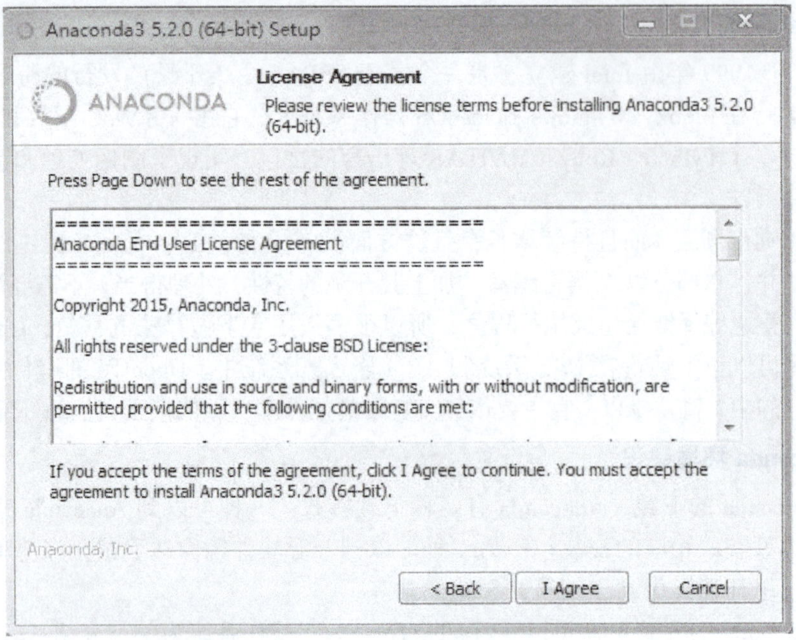

图 3-31 安装协议界面

3）出现使用权限界面，如图 3-32 所示。如果是自己使用，选中“Just Me”单选按钮；如果是允许其他人使用，选中“All Users”单选按钮。然后，单击“Next”按钮。

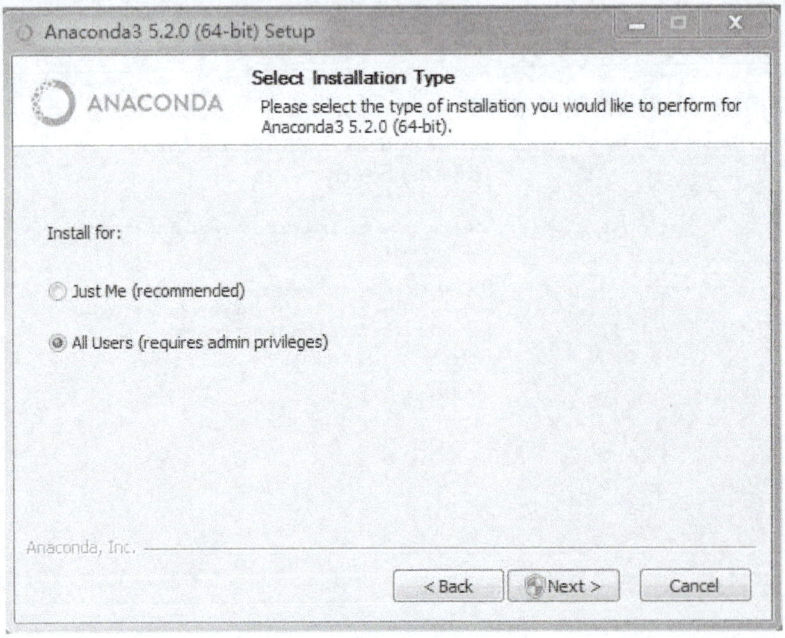

图 3-32 设置使用权限

4）进入图 3-33 所示的界面，在这里选择安装路径。如果是读者自己使用且 C 盘有足够的空间，可以安装在默认路径；如果是使用非本人的计算机，建议尽可能不要安装在 C 盘，因为可能会发生权限问题。然后，单击“Next”按钮。

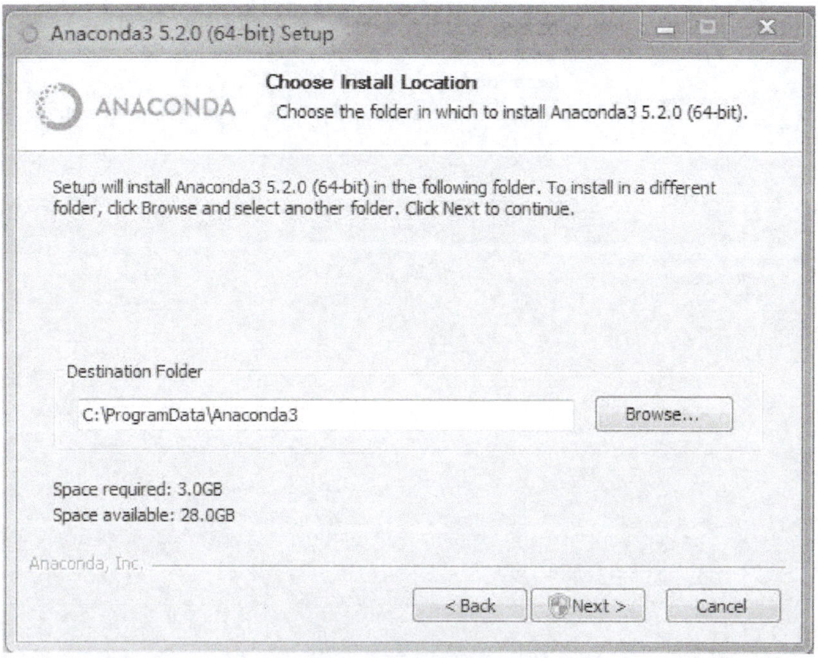

图 3-33 设置安装路径

5）进入图 3-34 所示的界面，这里可以选择自动安装 Python 3. 6，以及是否自动修改环境变量。选择完毕，单击“Install”按钮。

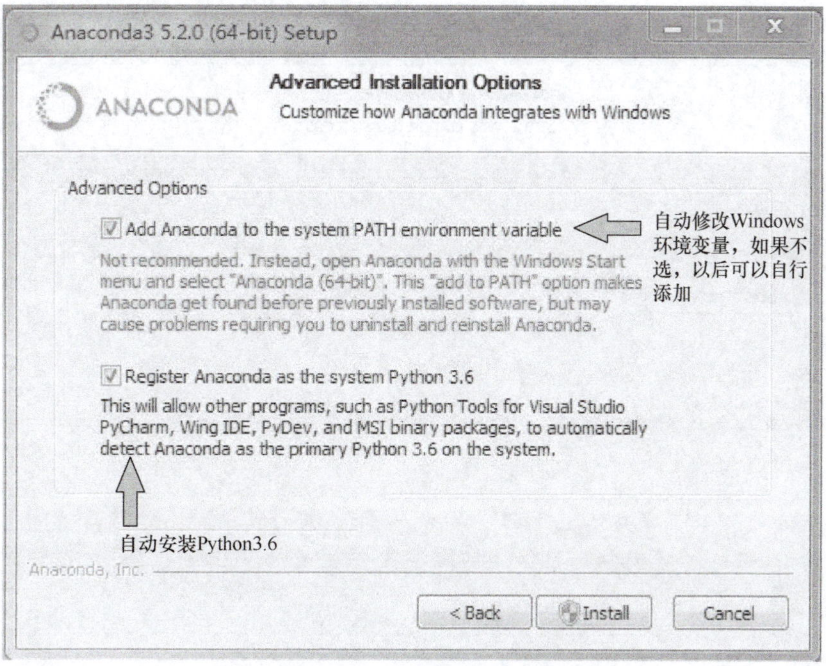

图 3-34 高级设置

6）进入图 3-35 所示的安装界面，Anaconda 开始自动安装。

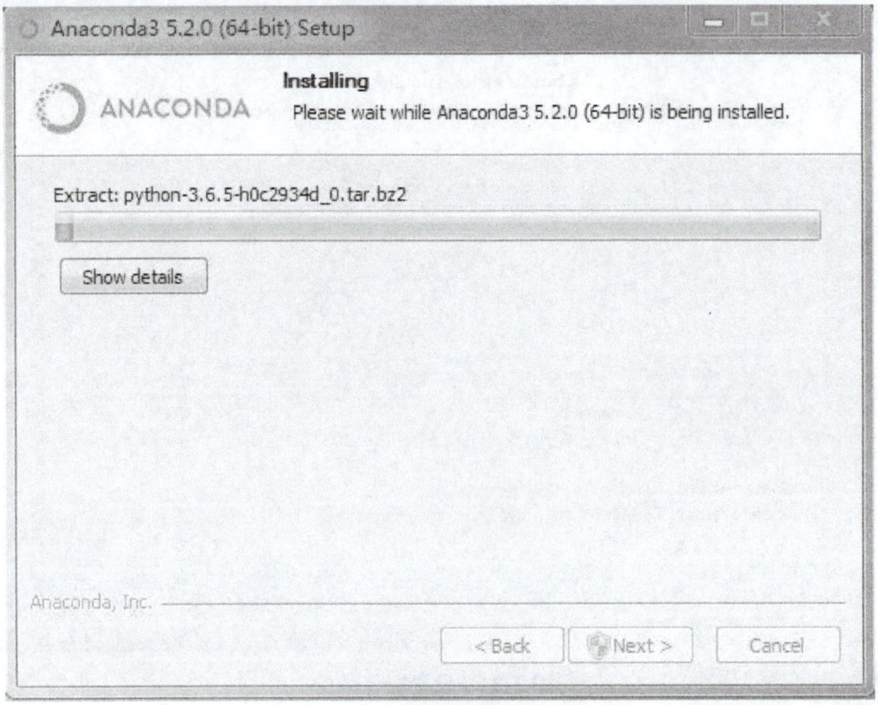

图 3-35 安装界面

7）当进度条进行至 Completed 时，安装完成，如图 3-36 所示，单击“Next”按钮。

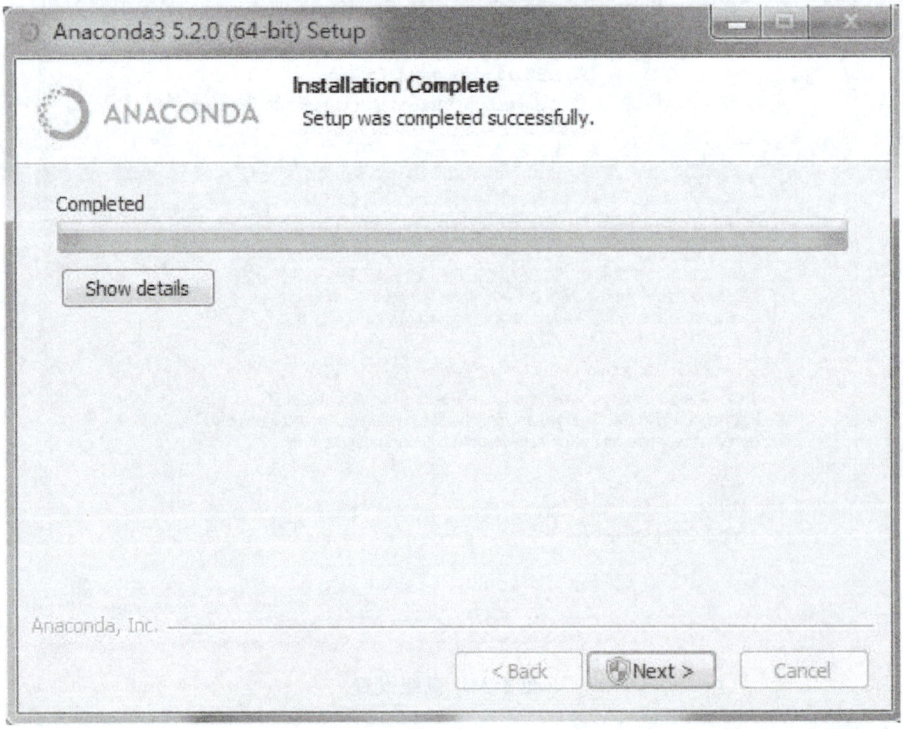

图 3-36 安装完成

8）进入图 3-37 所示的 VSCode 安装界面，显示微软公司的 Visual Studio 相关信息。可以选择不安装，如果后期需要可另行安装。单击“Skip”按钮。

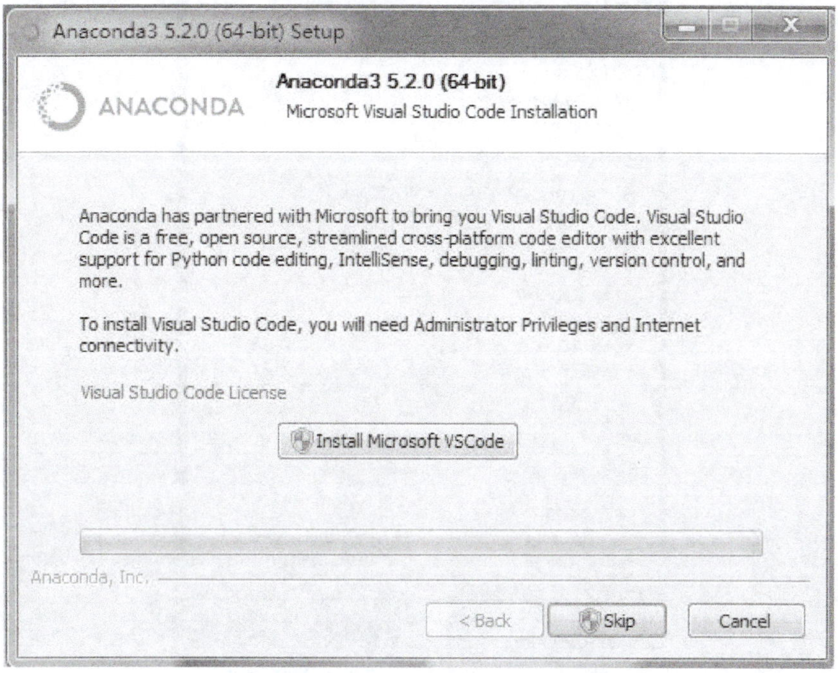

图 3-37　设置是否安装 VSCode

9）进入图 3-38 所示的安装完成界面，单击“Finish”按钮，安装结束。

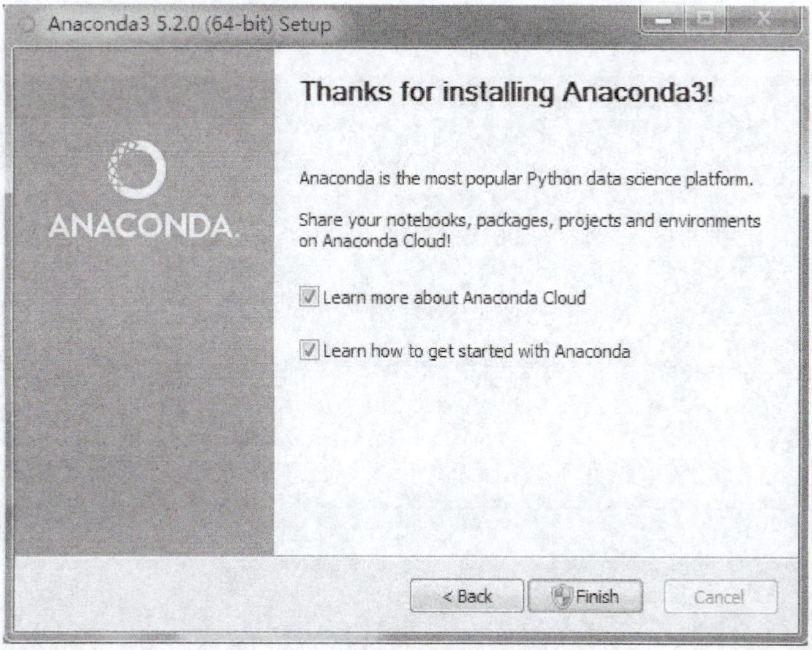

图 3-38　安装结束

10）如图 3-39 所示，输入 cmd 命令，测试 Anaconda 是否安装成功。

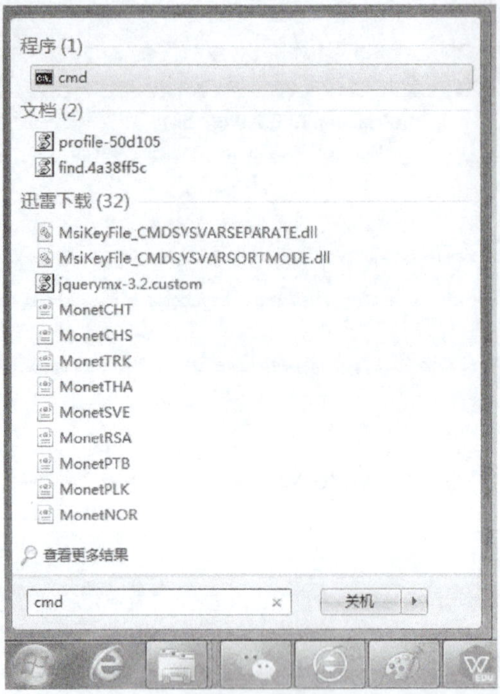

图 3-39　测试 Anaconda 是否安装成功

11）在提示符下，输入"python"命令，如果显示图 3-40 所示的内容，表示 Python 安装成功。

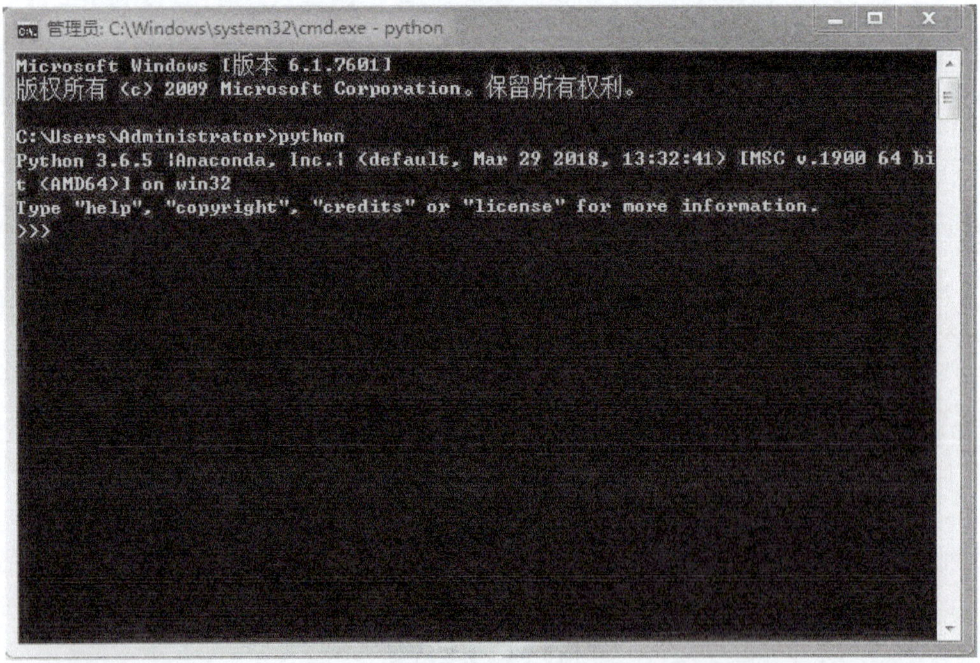

图 3-40　Python 测试

12）在提示符“ >>> ”后按住 <Ctrl + Z> 组合键，即可退出 Python 环境。然后，在提示符下输入“conda--version”命令，查看 conda 的版本，如图 3-41 所示，表示环境变量设置成功了（本案例安装的版本为 conda 4. 5. 4）。

图 3-41 Anaconda 测试

如果没有出现图 3-41 所示的信息，请自行添加环境变量。系统环境变量配置如图 3-42 所示。

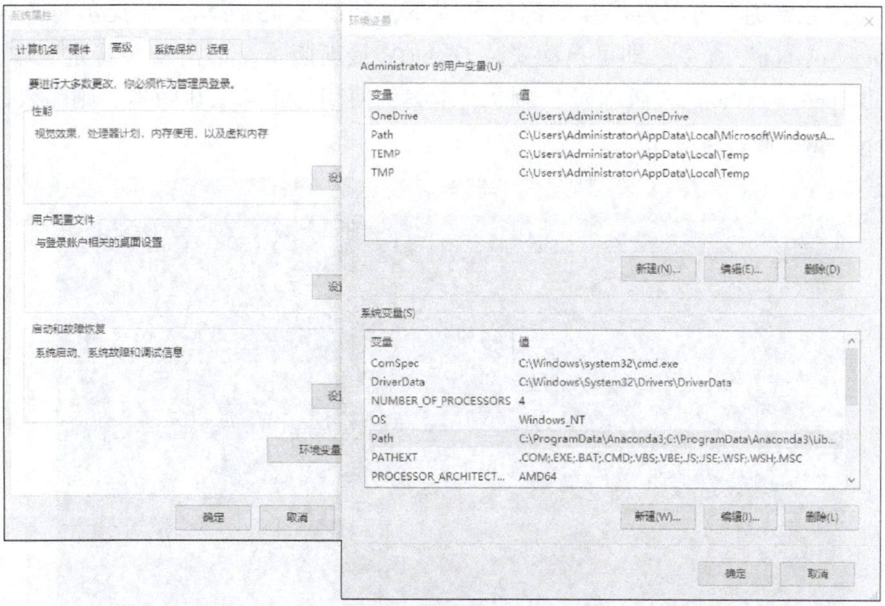

图 3-42 系统环境变量配置

环境变量设置参数如下：C:\ProgramData\Anaconda3;C:\ProgramData\Anaconda3\Lib;C:\ProgramData\Anaconda3\Scripts。其中，C:\ProgramData\Anaconda3 为 Anaconda 软件的安装路径。

4. conda 简介

Anaconda 是一个打包的集合，里面预装好了 conda、某个版本的 Python、众多包、科学计算工具等，所以也称为 Python 的一种发行版。其实还有 Miniconda，顾名思义，它只包含最基本的内容：Python 与 conda，以及相关的必需依赖项。对于存储空间要求严格的用户，Miniconda 是一种选择。

conda 可以理解为一个工具，也是一个可执行命令，其核心功能是包管理与环境管理。包管理与 pip 的使用类似，环境管理则允许用户方便地安装不同版本的 Python 并可以快速切换。

conda 将几乎所有的工具、第三方包都当作包对待，甚至包括 Python 和 conda 自身。因此，conda 打破了包管理与环境管理的约束，能非常方便地安装各种版本 Python、各种包，并能方便地切换。

（1）conda 的环境管理　创建一个名称为 Python34 的虚拟环境并指定 Python 版本为 3. 4（这里 conda 会自动找 3. 4 中最新的版本下载），命令是 “conda create-n Python34 Python = 3. 4” 或者 “conda create-name Python34 Python = 3. 4”。

（2）安装第三方包　输入 “conda install requests” 或者 “pip install requests” 命令安装 requests 包。安装完成之后，输入 “python” 命令进入解释器并输入 “import requests” 命令，用于引用 requests 第三包。

当然，conda 的用法很多，受篇幅限制，这里就不一一介绍了，更多的功能请感兴趣的读者自行学习。

5. OpenCV 环境建设

在确保网络畅通并可以连接互联网的前提下，如图 3-43 所示，在提示符下输入 “pip install opencv-python” 命令，即可自动安装 OpenCV 最新版本。如需安装特定版本，需输入 “pip install opencv-python == 版本号” 命令。本案例使用的是 4. 1. 0 版本，则输入命令 “pip install opencv-python ==4. 1. 0”。

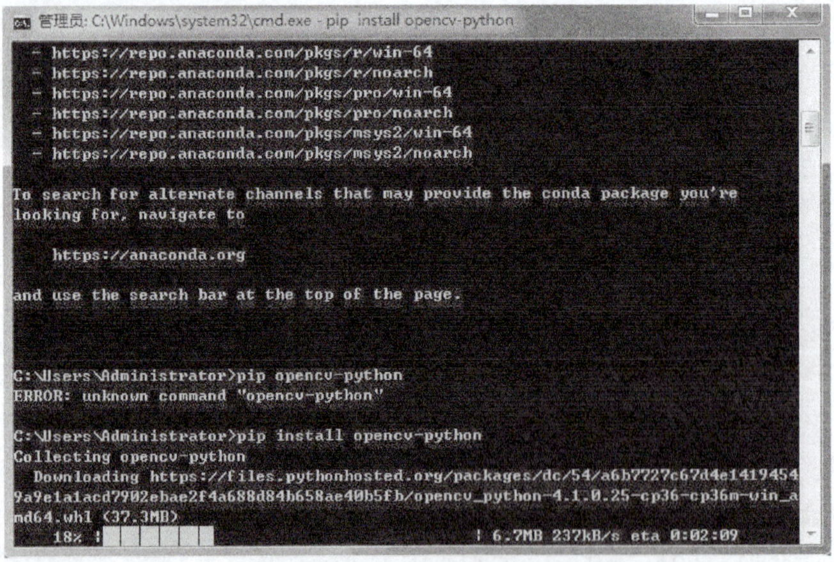

图 3-43　OpenCV-Python 版的安装

在 Python 环境下输入如下命令：

```
>>> import cv2            #调取 OpenCV 的接口版本
>>> cv2.__version__       #验证 OpenCV 的版本
'4.1.0'                   #OpenCV 的版本，正确安装
```

输出结果如图 3-44 所示（本案例所安装 OpenCV 的版本为 4.1.0）。

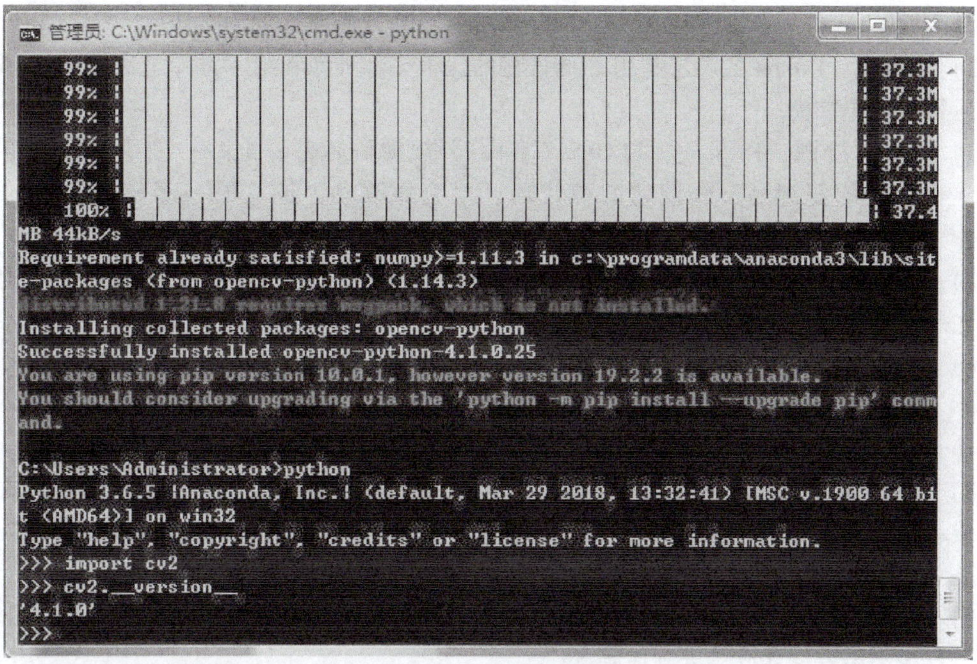

图 3-44　OpenCV 验证

3.2.4　能力拓展

1. Python 的历史

Python 是一种面向对象的、动态类型的计算机程序设计语言，最初被设计用于编写自动化脚本（shell）。随着版本的不断更新和语言新功能的添加，越来越多被用于独立的、大型项目的开发。Python 是一种解释型脚本语言，可以应用于以下领域：Web 和 Internet 开发、科学计算和统计、人工智能、教育、桌面界面开发、软件开发、后端开发等。

1989 年圣诞节期间，在阿姆斯特丹，荷兰人吉多·范罗苏姆为了打发圣诞节的无趣，决心开发一个新的脚本解释程序，作为 ABC 语言的一种继承。就吉多本人看来，ABC 这种语言非常优美和强大，是专门为非专业程序员设计的。但是 ABC 语言并没有成功，究其原因，吉多认为是其非开放造成的。在 Python 开发的过程中，结合了 Unix shell 和 C 的习惯。目前，它多次蝉联编程语言排行榜第一的位置，是人工智能领域最火爆的开发语言。

2. Python 的特点

Python 是完全面向对象的语言，并且完全支持继承、重载、派生、多继承，有益于增强源代码的复用性，支持重载运算符和动态类型。

（1）Python 的优点

1）简单：Python 是一种代表简单主义思想的语言，阅读一个良好的 Python 程序就感觉像是在读英语一样，它使人能够专注于解决问题而不是去搞明白语言本身。

2）易学：Python 极其容易上手，因为 Python 有非常简单的说明文档。

3）速度快：Python 的底层是用 C 语言写的，很多标准库和第三方库也都是用 C 语言写的，运行速度非常快。

4）免费、开源：Python 是 FLOSS（自由/开放源码软件）之一。使用者可以自由地发布这个软件的复制品、阅读它的源代码、对它做改动、把它的一部分用于新的自由软件中。

5）高层语言：用 Python 语言编写程序的时候无须考虑诸如如何管理程序使用的内存一类的底层细节。

6）可移植性：由于它的开源本质，Python 已经被移植在许多平台上，这些平台包括 Linux、Windows、Solaris、Symbian 以及 Google 基于 Linux 开发的 Android 平台。

7）可嵌入性：可以把 Python 嵌入 C/C++程序，从而向程序用户提供脚本功能。

8）丰富的库：Python 标准库很庞大，它可以帮助处理各种工作，包括正则表达式、文档生成、单元测试等；除了标准库以外，还有许多其他高质量的库，如 wxPython、Twisted 和 Python 图像库等。

9）规范的代码：Python 采用强制缩进的方式使得代码具有较好的可读性。用 Python 语言写的程序不需要编译成二进制代码。

（2）Python 的缺点

1）单行语句和命令行输出问题：很多时候不能将程序连写成一行，必须将程序写入一个 . py 文件。

2）独特的语法：Python 用缩进来区分语句关系的方式还是给很多初学者带来了困惑。即便是很有经验的 Python 程序员，也可能陷入陷阱当中。

3）与 C 和 C++相比，Python 运行速度慢。

3. Python 的应用

自从 20 世纪 90 年代初 Python 语言诞生至今，以其“优雅”“明确”“简单”等优势，被广泛应用于系统管理任务的处理和 Web 编程，主要应用领域如下：

1）系统编程：提供 API（Application Programming Interface，应用程序编程接口），能方便进行系统维护和管理，是很多系统管理员理想的编程工具。

2）图形处理：有 PIL、Tkinter 等图形库支持，能方便进行图形处理。

3）数学处理：NumPy 扩展提供了与许多标准数学库的接口。

4）文本处理：Python 提供的 re 模块能支持正则表达式，还提供 SGML、XML 分析模块。许多程序员利用 Python 进行 XML 程序的开发。

5）数据库编程：程序员可通过遵循 Python DB-API（数据库应用程序编程接口）规范

的模块与 Microsoft SQL Server、Oracle、Sybase、DB2、MySQL、SQLite 等数据库通信。Python自带有一个 Gadfly 模块，提供了一个完整的 SQL 环境。

6）网络编程：提供了丰富的模块支持 Sockets 编程，能方便快速地开发分布式应用程序。很多大规模软件开发计划，如 Zope、Mnet 及 BitTorrent、Google 都在广泛地使用它。

7）Web 编程：Python，支持最新的 XML 技术，支持有关 Web 方面的开发。

8）多媒体应用：Python 的 PyOpenGL 模块封装了“OpenGL 应用程序编程接口”，能进行二维和三维图像处理。PyGame 模块可用于编写游戏软件。

9）黑客编程：Python 有一个 Hack 库，内置了用户熟悉的或不熟悉的函数，但是这种行为触犯了相关法律，属于违法甚至犯罪行为。

4. Anaconda 的基本使用

由于篇幅有限，这里仅介绍 Anaconda 的常用功能，其他功能由读者自行学习。

（1）Anaconda Prompt　Anaconda Prompt 集成了最常用的 conda 命令集，用户可以直接使用 conda 命令。用命令“conda list”查看已安装的包，从这些库中可以发现 NumPy、SciPy、Matplotlib 和 Pandas，说明已经安装成功了，如图 3-45 所示。

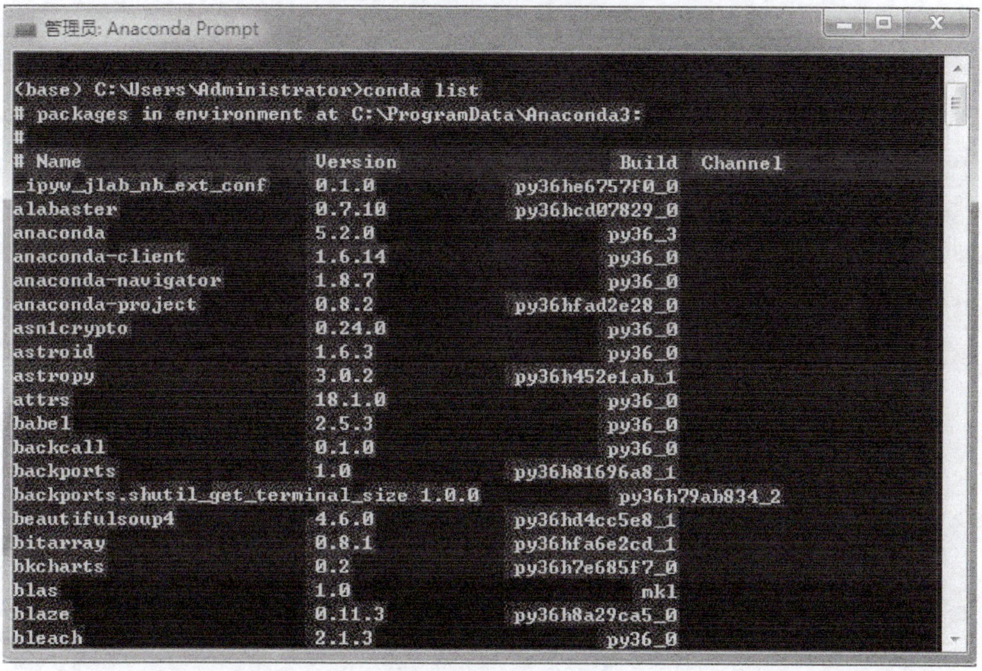

图 3-45　“conda list”命令查看已安装的包

（2）Anaconda Navigtor　运行 Anaconda Navigtor，界面如图 3-46 所示。Anaconda Navigtor 是用于管理工具包和环境的图形用户界面，后续涉及的众多管理命令也可以在 Navigator 中手动实现。

（3）Jupyter Notebook　Jupyter Notebook 是基于 Web 的交互式计算环境，可以编辑易于人们阅读的文档，用于展示数据分析的过程，如图 3-47 所示。

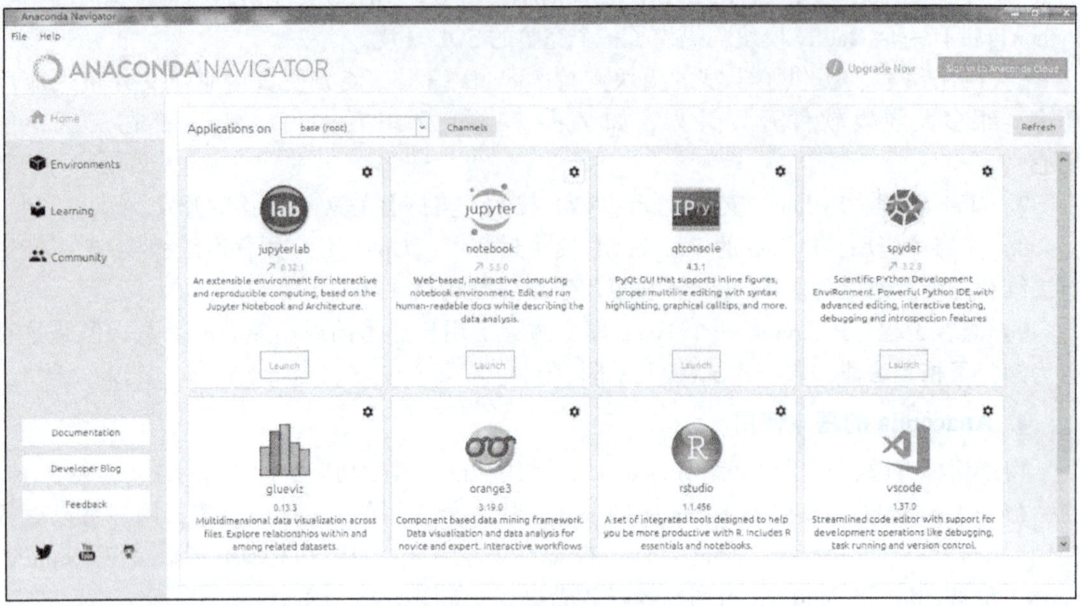

图 3-46 Anaconda Navigtor 的界面

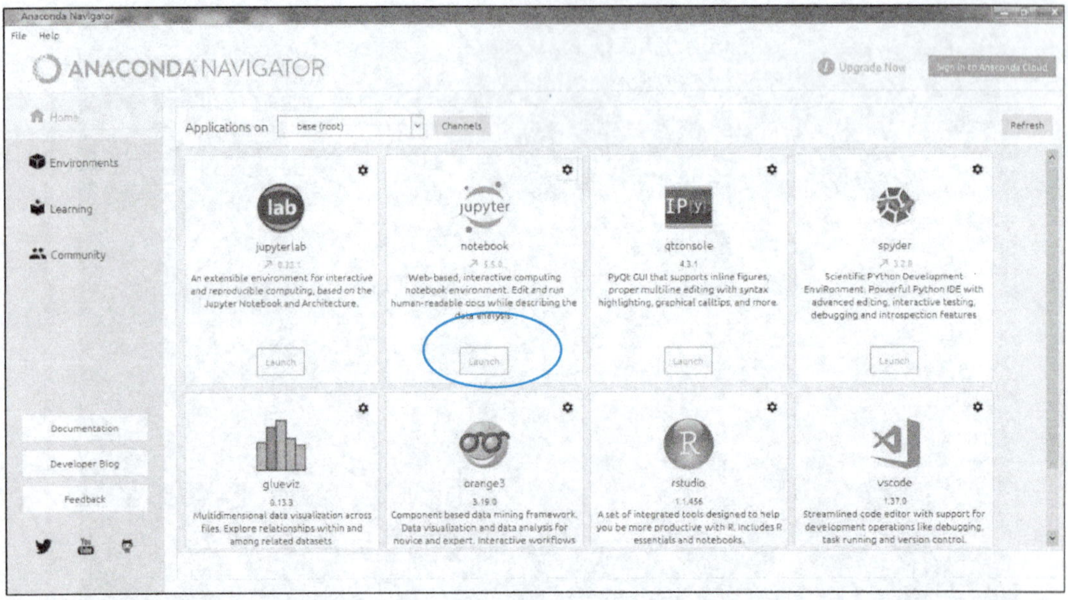

图 3-47 Jupyter Notebook

单击“Launch”按钮会在默认浏览器打开 http：//localhost：8890/lab 这样一个页面，如图 3-48 所示。单击 Notebook 下面的“python3”图标就可以运行 Python，这里输入 'hello world'，然后单击▶按钮，运行结果如图 3-49 所示。

打开 Jupyter Notebook 相关文件，按住 <Shift> 键同时右击，在弹出的快捷菜单中选择“在此处打开命令窗口”命令，如图 3-50 所示。在命令窗口中输入“jupyter notebook”命令，如图 3-51 所示，也可以直接打开 Jupyter。

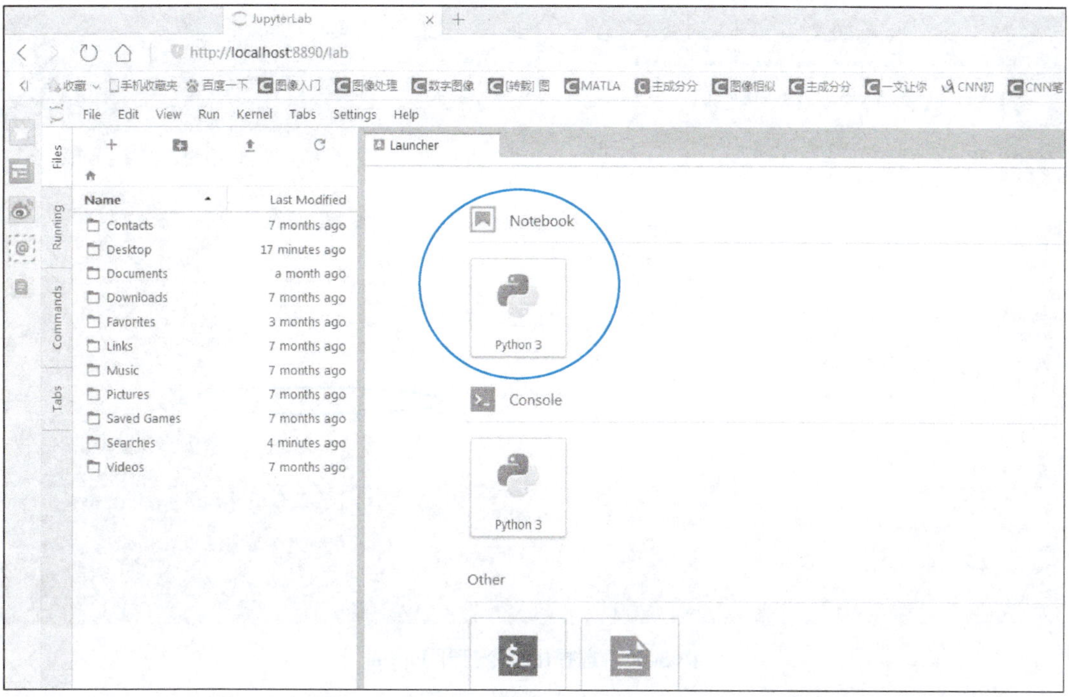

图 3-48　Jupyter Notebook 运行

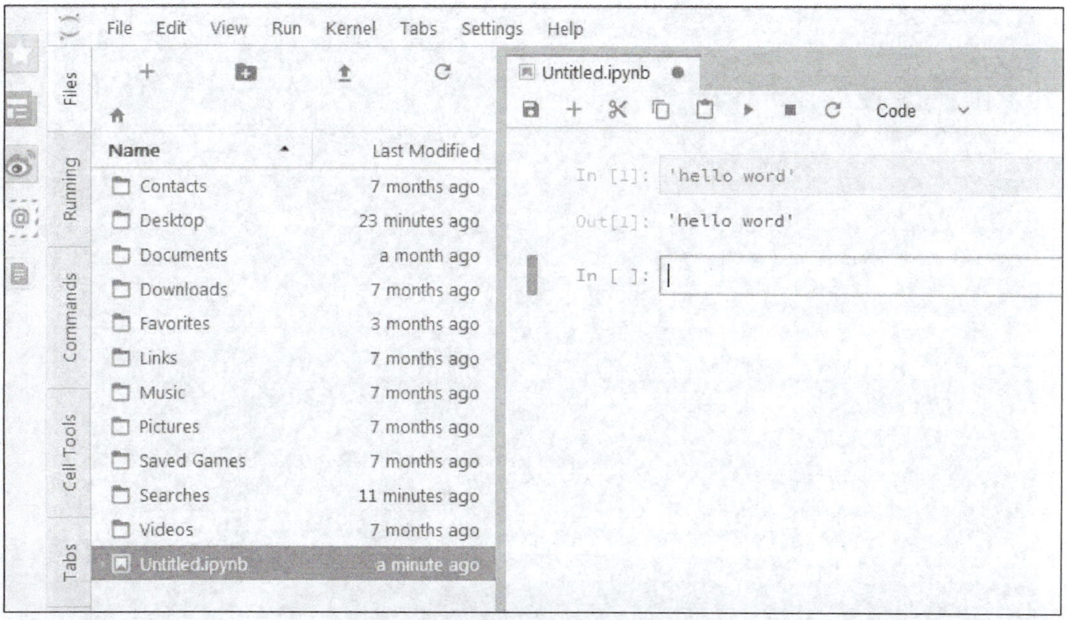

图 3-49　程序运行结果

（4）QtConsole　QtConsole 是一个可执行 IPython 的仿终端图形界面程序，如图 3-52 所示。相比 Python Shell 界面，QtConsole 可以直接显示代码生成的图形，实现多行代码输入执行，而且它还内置了许多有用的功能和函数。其运行界面如图 3-53 所示。

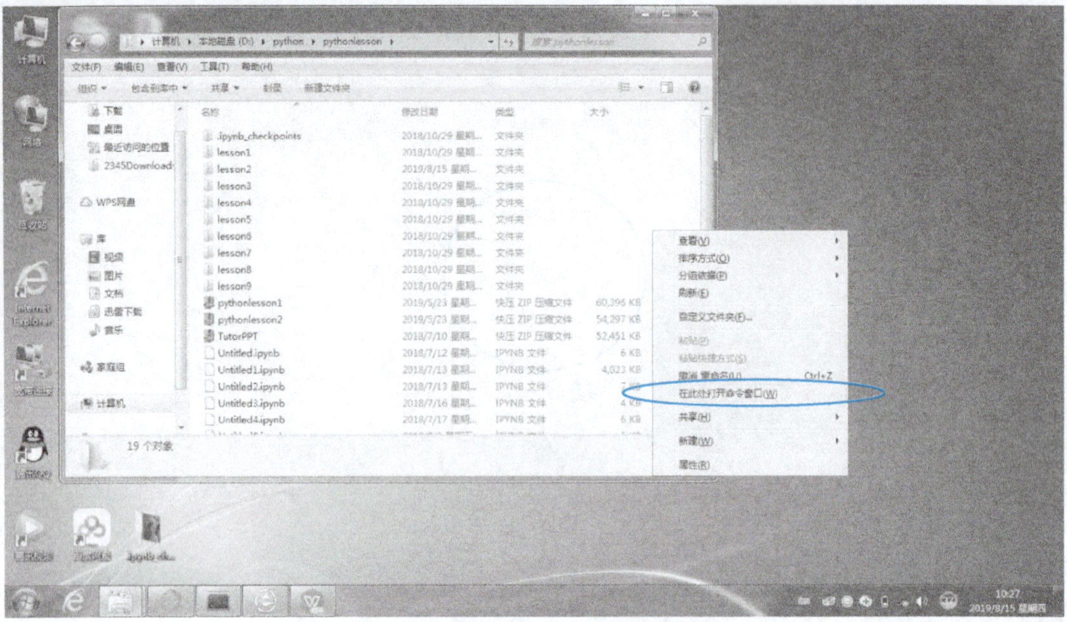

图 3-50　选择用命令打开 Jupyter

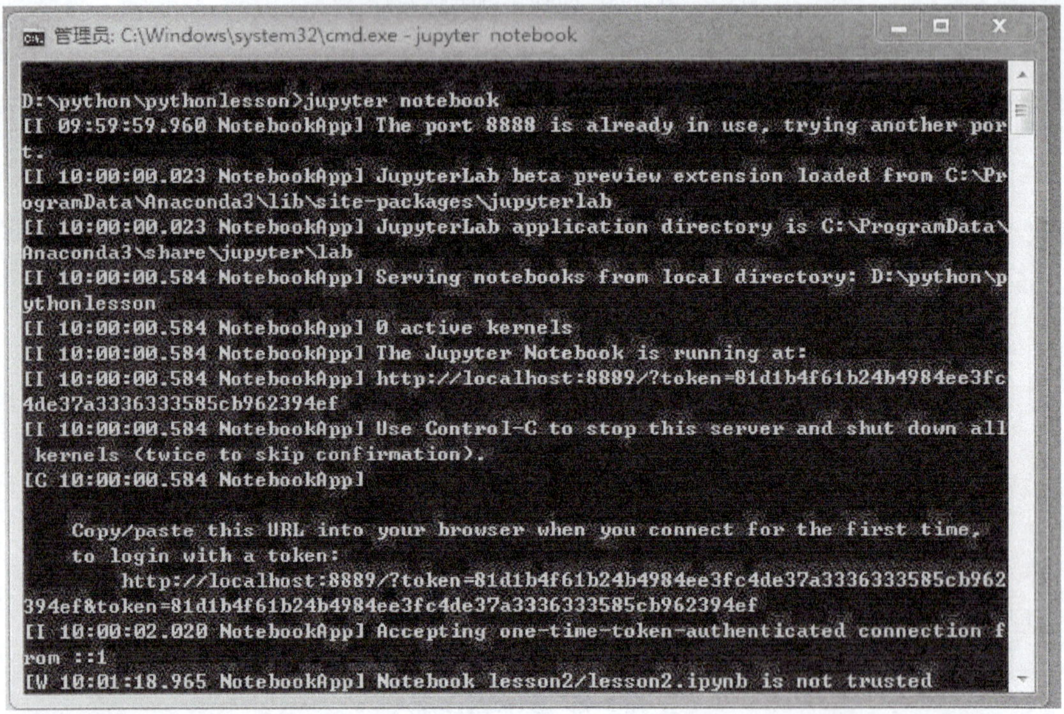

图 3-51　输入命令打开 Jupyter

（5）Spyder　Spyder 是一个使用 Python 语言、跨平台的科学运算集成开发环境，如图 3-54 所示。加载完成，界面如图 3-55 所示。

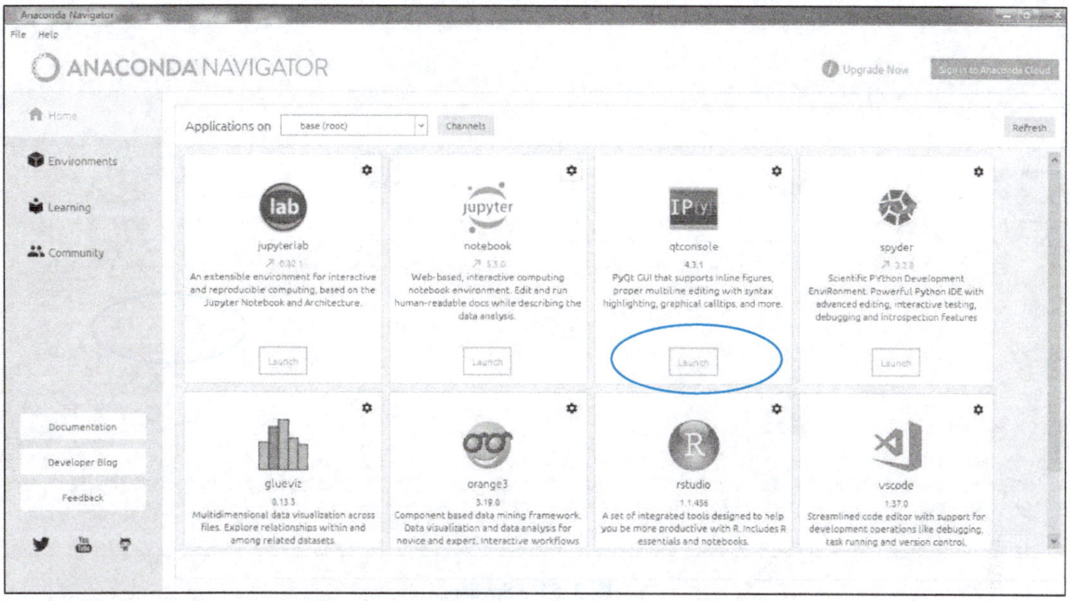

图 3-52　QtConsole

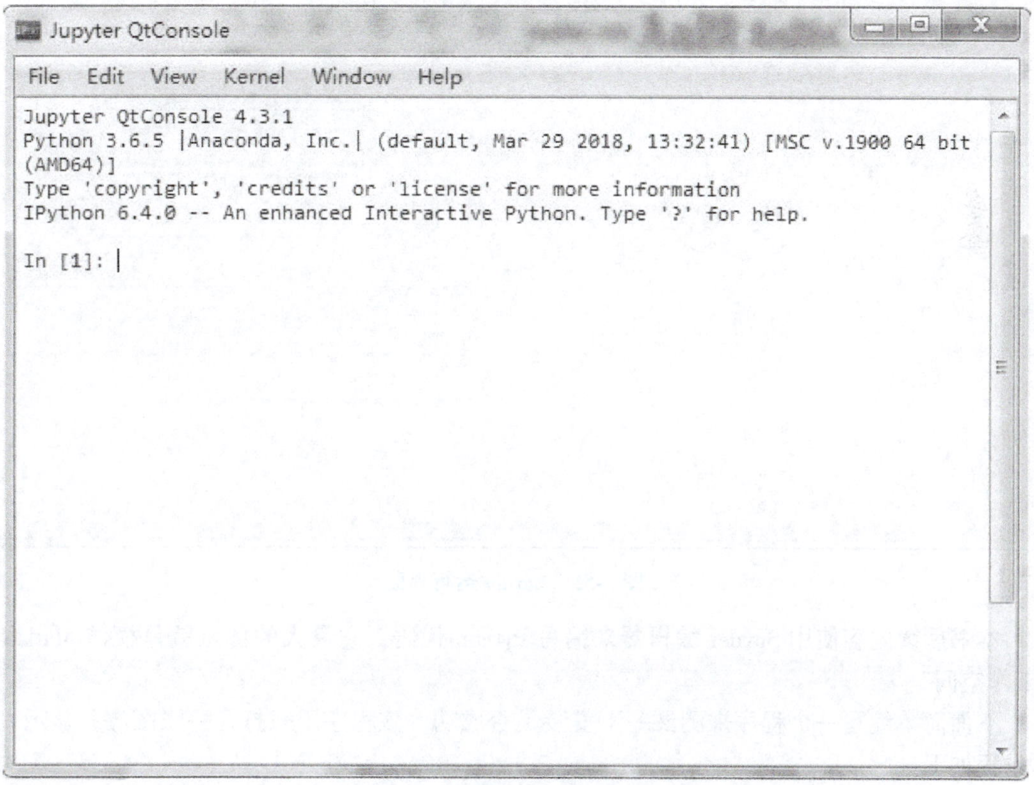

图 3-53　QtConsole 运行界面

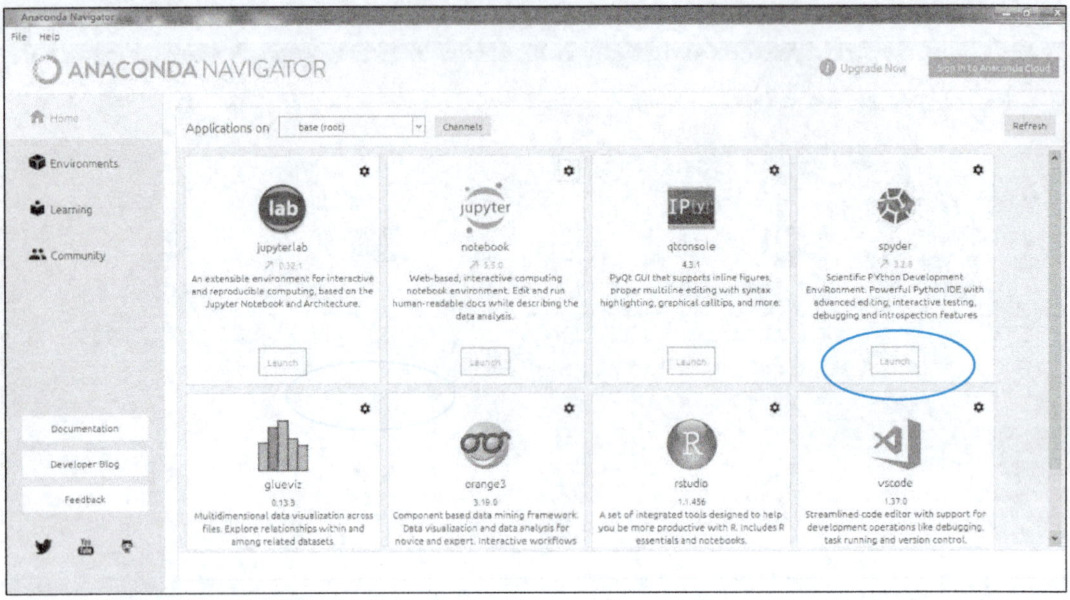

图 3-54 Spyder

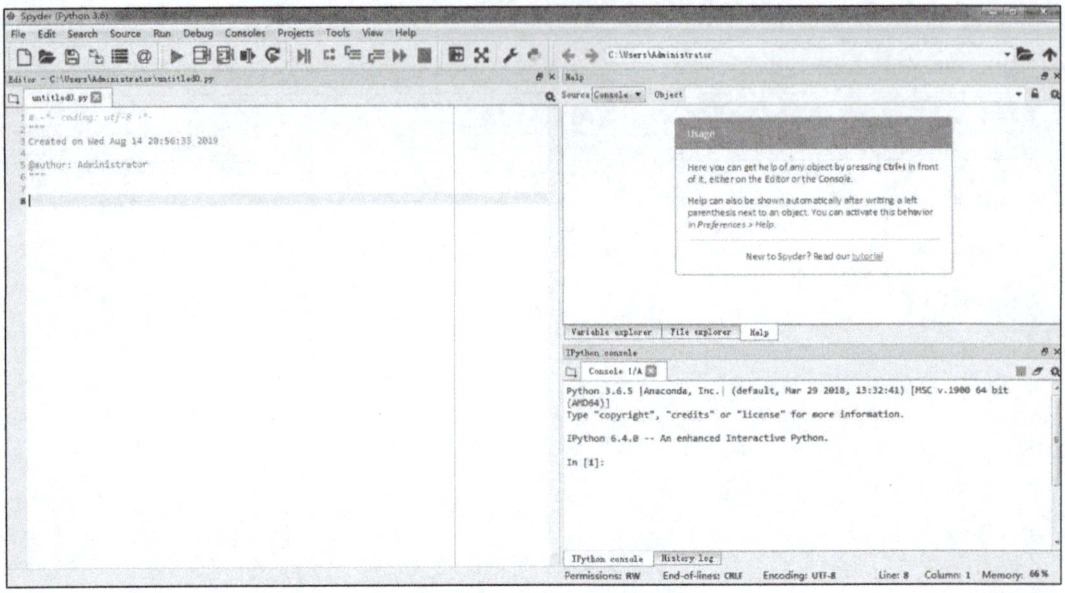

图 3-55 Spyder 运行界面

本书后续内容使用 Spyder 编辑器来编写 Python 代码，它最大的优点就是模仿 Matlab 的“工作空间”。

下面简单编写一个程序来测试一下安装是否成功。该程序用来打开一张图像并显示，操作过程如下：

1）准备一张图像，存放在指定目录，如 C:/Users/Administrator/Desktop/1. jpg。

2）打开 Spyder，编写如下代码：

```
from skimage import io    #这个模块是用来进行图像输入输出操作的
img = io. imread('C:/Users/Administrator/Desktop/1. jpg')
#读取指定位置的图像,C:/Users/Administrator/Desktop/1. jpg 表示文件的路径及文件名
io. imshow(img)   #输出图像
```

运行结果如图 3-56 所示。

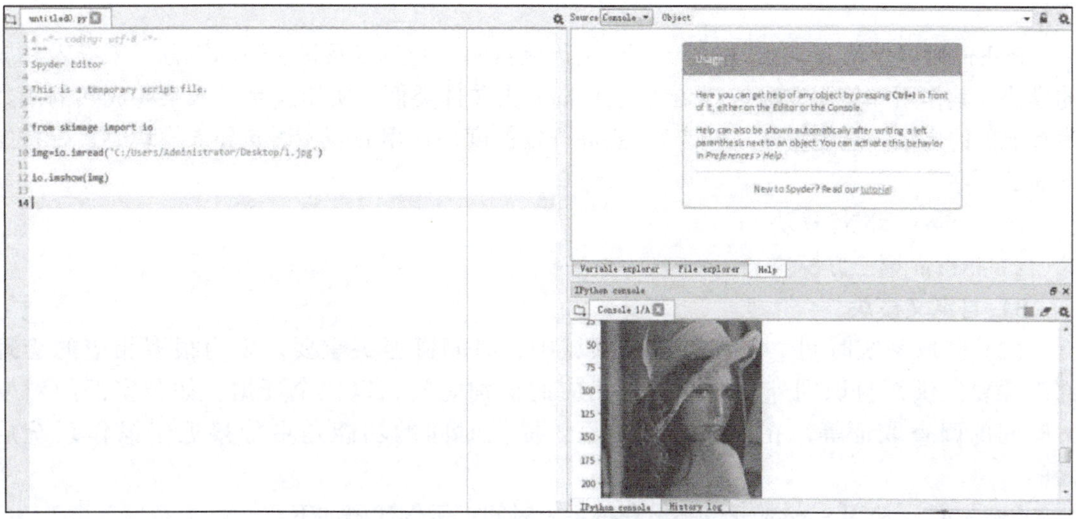

图 3-56　打开指定图像的运行结果

子任务 3　了解模型训练

3.3.1　任务场景

开发人员已经将 Anaconda 安装调试完毕，开始了 Python + OpenCV 的图像深度学习。在开发过程中，利用计算机自带的摄像头，结合样本数据进行开发和模型训练，寻找内在规律，目的是让机器能够准确地分析与识别图像数据，提高系统识别的准确度，以便在后期使用 TensorFlow 进行开发。

3.3.2　需求分析

Python + OpenCV 的图像深度学习过程如下：

1）Python 通过相应的接口调用 OpenCV。

2）OpenCV 通过相应的接口调用计算机自带的摄像头来获取图像。

3）通过 OpenCV 进行图像的标准化处理。

4）使用 OpenCV 中自带的 Haar 人脸特征分类器——haarcascade_frontalface_alt2. xml 进行人脸识别、模型训练。

5）在预设的图像中找到相应的输入图像，实现图像的初级比对，这样就可以为 TensorFlow 的开发打下良好的基础。

3.3.3 能力储备

1. Python 的基本使用

（1）导入模块　在 Python 环境中，Python 的模块可理解为一个文件，其作用是使用Python创建一个脚本文件时，定义某些函数和变量，以便在其他的文件中，调用这些函数和变量。

Python 可以使用 import、from 等语句引用函数库、变量以及科学包的简称，来导入相应的模块，其作用和使用方法与 C 语言的 include 头文件类似，实质就是引入某些成熟的函数库和成熟的方法，避免重复“造车”，提高开发速度。在用 import 语句导入模块时最好按照下面的顺序：

1）Python 标准库模块。

2）Python 第三方模块。

3）自定义模块。

（2）获取系统时间　在人脸识别领域中，时间戳至关重要。因为很多相应的管理部门除要提供人脸识别外，还要提供相应的识别时间，以保全证据，如公安部门对发案时间的调查取证等。在 Python 文档里，提供时间的功能是更加接近于操作系统层面的。

【例 3-4】 使用 Spyder 开发环境获得系统时间，示例代码如下：

```
from datetime import datetime,timedelta #引用系统时间模块
now_time = datetime. now () #与系统时间同步
print (now_time) #输出当前时间
new_time = now_time. strftime ('% Y - % m - % d % H:% M:% S') #时间的输出格式
a = now_time. strftime ('% c')
print (new_time)
print (a)
```

运行结果如图 3-57 所示。

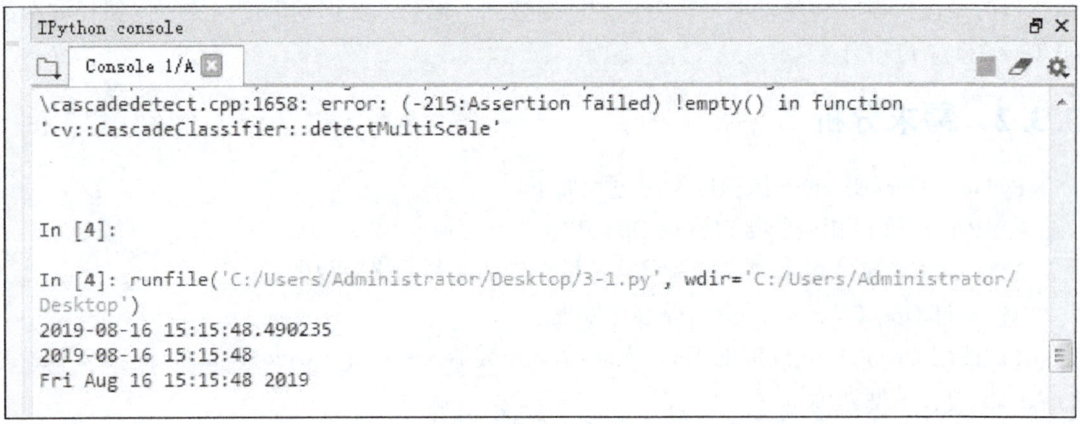

图 3-57　获取系统时间

（3）Numpy　Numpy 是 Python 的一种开源的数值计算扩展工具，这种工具可用来存储和处理大型矩阵；支持大量的维度数组和矩阵运算，如图像；对数组运算提供了大量的数学函数库。

Numpy 比 Python 的列表更具优势，其中一个优势便是速度。在对大型数组执行操作时，Numpy 的速度比 Python 列表的速度快了好几倍，因为 Numpy 数组本身能节省内存，并且 Numpy 在执行算术、统计和线性代数运算时采用了优化算法。

Numpy 的强大功能之一就是具有可以表示向量和矩阵的多维数组数据结构。Numpy 对矩阵运算进行了优化，能够高效地执行线性代数运算，使其非常适合解决机器学习问题，是 MATLAB 的替代方案，现在被视为一种更加完整的编程语言。

Numpy 通常与 SciPy（Scientific Python）和 Matplotlib（绘图库）一起使用。这种组合广泛用于替代 MATLAB，是一个流行的技术计算平台。

Numpy 与 Python 列表相比，具有的另一个强大的功能就是具有大量优化的内置数学函数，这些函数使用户能够非常快速地进行各种复杂的数学计算，并且用到很少代码（无须使用复杂的循环），使程序更容易读懂和理解。

【例 3-5】 使用 Spyder 开发环境顺序输出 0 ~ 9，示例代码如下：

```
import numpy as np #调用 numpy,使用 numpy 模块中的随机函数,简称 np
for i in range(10):
print(i)
```

运行结果如下：

```
0
1
2
3
4
5
6
7
8
9
```

【例 3-6】 使用 Spyder 开发环境，结合 matplotlib.pyplot 函数，绘制 $y=\sin(x)$，以便于周期函数的拟合。

```
import numpy as np                  #调用 numpy 模块中的随机函数,简称 np
import matplotlib.pyplot as plt     #调用 matplotlib.pyplot 函数,简称 plt
x=np.arange(0,3*np.pi,0.1)          #x 取值间隔为 0.1,范围是(0,3π)
y=np.sin(x)                         #调用 np 中的 sin(x)函数
plt.plot(x,y)                       #绘制 y=sin(x)图形
plt.show()                          #输出 y=sin(x)图形
```

运行结果如图 3-58 所示。

2. OpenCV 基础

OpenCV 用 C++ 语言编写，它的主要接口也是 C++ 语言，但是依然保留了大量的 C 语言接口。该库也有大量的 Python、Java 和 MATLAB/OCTAVE（版本 2.5）的接口。这些语言的 API 接口函数可以通过在线文档获得。

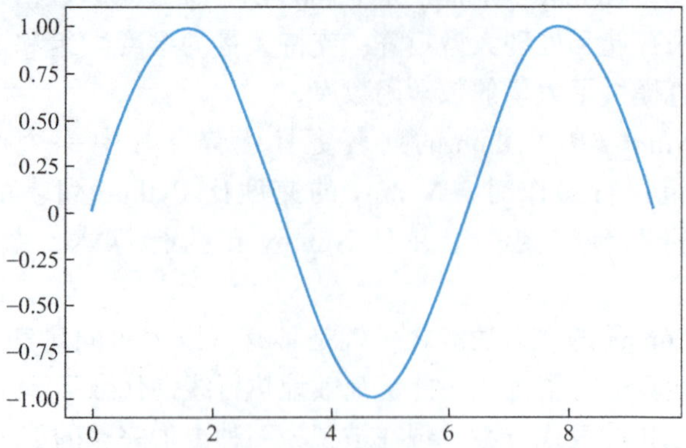

图 3-58 $y=\sin(x)$

（1）OpenCV 的调用 Python 调用 OpenCV 时，使用命令 “import cv2”。

（2）OpenCV 的基本绘图 对于图像，经常会需要将某个局部特征画出来，如物体检测、物体追踪等，可以用 line( ) 画直线、arrowedLine( ) 画带形状直线、rectangle( ) 画矩形、circle( ) 画圆、ellipse( ) 画椭圆、fillConvexPoly( ) 填充多边形、drawContours( ) 画轮廓、putText( ) 显示文字等功能。

【例 3-7】 使用 Spyder 开发环境，绘制一个边为绿色的正方形框，在人脸识别系统中用于选取人脸，示例代码如下：

```
import cv2
import numpy as np
import matplotlib.pyplot as plt
im = np.zeros((512,512,3),np.uint8)#(512,512,3)表示图像为512×512像素、3通道的
cv2.rectangle(im,(10,10),(500,500),(0,200,0),3)
#cv2.rectangle为画矩形函数,(0,200,0)表示RGB的值分别是0、200和0,即绿色
plt.imshow(im)
plt.show()
```

运行结果如图 3-59 所示。

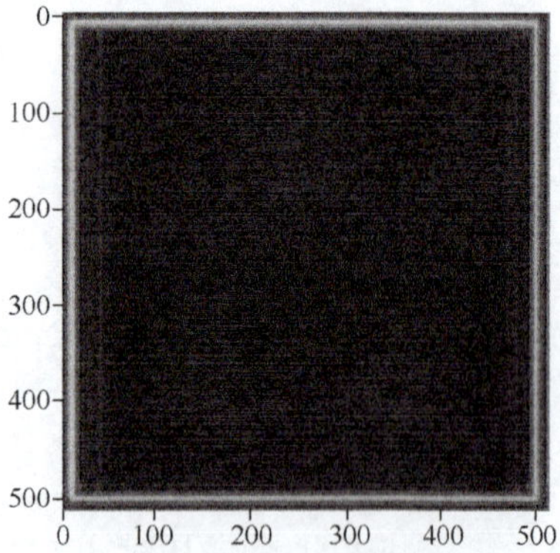

图 3-59 边为绿色的正方形框

【例 3-8】 使用 Spyder 开发环境，绘制一个边为绿色的正方形框，中心有一个蓝色的圆，底部有 “OpenCV Drawing” 标记，以便于人脸特征标注。示例代码如下：

```
import cv2
import numpy as np
import matplotlib.pyplot as plt
im = np.zeros((512,512,3),np.uint8)
#(512,512,3)表示图像为512×512像素、3通道的
cv2.circle(im,(256,256),50,(0,0,255),3)
#cv2.circle为画圆的函数,(256,256)表示圆心的位置,50表示半径为50像素,(0,0,255)
表示R、G、B的值分别是0、0、255,即蓝色
```

```
plt.imshow(im)
plt.show
font=cv2.FONT_HERSHEY_SIMPLEX
cv2.putText(im,'OpenCVDrawing',(10,500),font,2,(255,255,255),10)
#cv2.putText 的功能是显示文字,文字自定义
plt.imshow(im)
plt.show()
```

运行结果如图 3-60 所示。

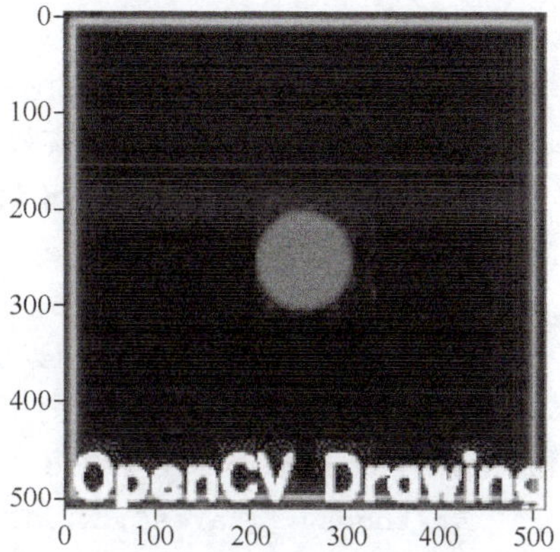

图 3-60 例 3-8 的图像

(3) OpenCV 图像引用 图像引用的命令是 imread，保存图像的命令是 imwrite，输出图像的命令是 imshow。

【例 3-9】 使用 Spyder 开发环境，利用 imread、imwrite、imshow 三个命令对指定图像进行引用。示例代码如下：

```
import os
import cv2
import numpy as np
import matplotlib.pyplot as plt
#C:/Users/Administrator/Desktop/1.jpg 表示文件的路径及文件名
img=cv2.imread('C:/Users/Administrator/Desktop/1.jpg')
cv2.imshow("first-image",img)#输出文件名
cv2.waitKey()
#C:/Users/Administrator/Desktop/kpoints/2-checkpoint.jpg 表示文件存储路径及文
件名
cv2.imwrite('C:/Users/Administrator/Desktop/kpoints/2-checkpoint.jpg',img)
```

(4) OpenCV 调整图像幅面 OpenCV 调整图像幅面就是常说的图像的放大或缩小，通过调整图像等比例地放大或缩小，便于利用成熟的特征库进行模型训练。在 OpenCV 中使用 resize 函数调整图像幅面，使用方法是：

```
cv2.resize(src,dsize[,dst[,fx[,fy[,interpolation]]]])
```

其中，src 表示原图；dsize 表示目标图像大小；dst 表示目标图像；参数 fx 为 x 轴上的比例因子，fy 为 y 轴上的比例因子；interpolation 为插值方法，共有 5 种：

- INTER_NEAREST——最近邻插值法。
- INTER_LINEAR——双线性插值法（默认）。
- INTER_AREA——基于局部像素的重采样，对于图像抽取来说，这可能是一个更好的方法。但如果是放大图像时，它和最近邻法的效果类似。
- INTER_CUBIC——基于 4×4 像素邻域的三次插值法。
- INTER_LANCZOS4——基于 8×8 像素邻域的 Lanczos 插值。

对图像的缩放操作并不能带来更多关于该图像的信息，因此图像的质量将不可避免地受到影响。然而，确实有一些缩放方法能够增加图像的信息，从而使得缩放后的图像质量超过

原图质量。OpenCV 调整图像幅面分为放大和缩小，各自的过程如下：

1）放大图像（也称为上采样或图像插值（Interpolating））的主要目的是放大原图像，从而可以显示在更高分辨率的显示设备上。图像放大几乎都是采用内插值法，即在原有图像像素的基础上在像素点之间采用合适的插值算法插入新的元素。

【例 3-10】 使用 Spyder 开发环境，利用 INTER_NEAREST、INTER_LINEAR、INTER_AREA、INTER_CUBIC、INTER_LANCZOS4 等插值方法，放大指定位置的图像。示例代码如下：

```
import cv2
import matplotlib.pyplot as plt
import itertools#用于高效循环的迭代函数集合
import pandas as pd#用于数据导入及整理的模块,对于数据挖掘前期数据的处理工作
import matplotlib.gridspec as gridspec
import time
ref_images = ['C:/Users/Administrator/Desktop/1.jpg']
images_orig = [cv2.resize(cv2.cvtColor(cv2.imread(im),cv2.COLOR_BGR2RGB),
(400,400)) for im in ref_images]
methods = [("area",cv2.INTER_AREA),#基于局部像素的重采样
           ("nearest",cv2.INTER_NEAREST),#最近邻插值法
           ("linear",cv2.INTER_LINEAR),#双线性插值法
           ("cubic",cv2.INTER_CUBIC),#基于 4 ×4 像素邻域的三次插值法
           ("lanczos4",cv2.INTER_LANCZOS4)]#基于 8 ×8 像素邻域的 Lanczos 插值法
def display(images,titles = ['']):#def 本身是一个函数对象,也可以叫它"方法"。
#属于对象的函数,就是对象的属性。def 定义了一个模块的变量,或者说是类的变量
  if isinstance(images[0],list):
    c = len(images[0])
    r = len(images)
    images = list(itertools.chain(* images))
  else:
    c = len(images)
    r =1
  plt.figure(figsize = (4* c,4* r))
  gs1 =gridspec.GridSpec(r,c,wspace =0,hspace =0)
  #gs1.update(wspace =0.01,hspace =0.01) #set the spacing between axes.
  titles =itertools.cycle(titles)
  for i in range(r* c):
    im = images[i]
    title =next(titles)
    plt.subplot(gs1[i])
    plt.imshow(im,cmap = 'gray',interpolation = 'none')
    plt.axis('off')
    if i <c:
        plt.title(title)
  plt.tight_layout()
```

```
images_small = [cv2.resize(im, (50,50), interpolation = cv2.INTER_AREA) for im in images_orig]
image_set = [[cv2.resize(im, (400,400), interpolation = m[1]) for m in methods] for im in images_small]
image_set = [[ima,] + imb for ima, imb in zip(images_small, image_set)]
names = ["original 50x50",] + [m[0] + "400x400" for m in methods]
display(image_set, names)
```

运行结果如图 3-61 所示。

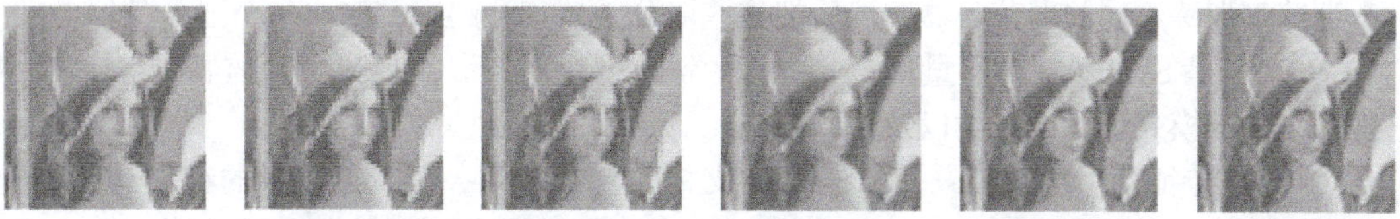

a) 原图 (50×50)　b) AREA (400×400)　c) NEAREST (400×400)　d) LINEAR (400×400)　e) CUBIC (400×400)　f) LANCZOS4 (400×400)

图 3-61　放大图像组

2）缩小图像（或称为下采样、降采样）的主要目的有两个：

- 使得图像符合显示区域的大小。
- 生成对应图像的缩略图。

缩小图像的原理：对于一幅尺寸为 $M \times N$ 的图像，对其进行 s 倍下采样，即得到 $(M/s) \times (N/s)$ 尺寸的图像。当然 s 应该是 M 和 N 的公约数才行，如果考虑的是矩阵形式的图像，就是把原始图像 $s \times s$ 窗口内的图像变成一个像素，这个像素点的值就是窗口内所有像素的均值。

3. 模型训练基础

在做图像检测时，必须要检测物体是否为绝对刚性的物体，也就是检测的目标是一个固定物体，没有变化（如特定公司的商标），这样的物体只要提供一份样本就可以进行训练。但绝大多数情况下想进行训练的目标是非绝对刚性的物体，如对人的检测，包括人脸识别、手势识别等。

不同的人脸，有很多属性和不同的特征。将每个属性做成一个属性分类器，每个特征也要做成特征分类器。如果一个模型符合了定义人脸的所有属性，则认为这个模型就是一个人脸。那么这些属性是指什么呢？例如，人脸需要有两条眉毛、两只眼睛、一个鼻子、一张嘴、一个大概 U 形状的下巴等。同理，如果输入人脸各部位的特征符合特征库中定义的某个人脸的所有特征，那么就认为这就是某人。

OpenCV 目标检测模块 opencv_objdetect 中的 CascadeClassifier 类是级联分类器，该类中封装的目标检测机制，简而言之，就是滑动窗口机制 + 级联分类器的方式。OpenCV 目前仅支持三种特征的训练检测，即 Haar、LBP 和 HOG，它们的特点如下：

1）Haar：因为从 OpenCV 1.0 版本以来，一直都是只有用 Haar 特征的级联分类器训练和检测（当时的检测函数称为 cvHaarDetectObjects，训练得到的人脸特征和代码放在一起，形成一个 . xml 文件），所以在之后当 CascadeClassifier 出现并统一到同一种机制和数据结构下时，没有放弃原来用 C 语言编写的 Haar 检测，仍保留了原来的检测部分，使得判别最简洁，但耗时也是最长的。

2）LBP：LBP 在 OpenCV 2.2 版本中作为人脸检测的一种方法和 Haar 并列出现。LBP 的单点检测方法是三者中较为复杂的一个，所以当检测的点数相同时，如果不考虑特征计算时间，仅计算判断环节，它的耗时是最长的。

3）HOG：在 OpenCV 2.4.0 版本中开始出现在该类中的 HOG 检测，其实并不是 OpenCV 的新生力量，因为在较早的版本中 HOG 特征已经开始作为单独的行人检测模块出现。比较起来，虽然 HOG 在行人检测和例 3-12 的检测中同样是滑动窗机制，但也存在较大区别。HOG 与 CascadeClassifier 的区别如下：

① CascadeClassifier 是级联分类器，使用的是 Adaboost 迭代算法，其核心思想是针对同一个训练集训练不同的弱分类器，然后把这些弱分类器集合起来，构成一个强分类器。

② HOG 是 SVM（支持向量机），是一种常见的判别方法，是一个有监督的学习模型，通常用来进行模式识别、分类以及回归分析。

③ HOG 特征为了加入 CascadeClassifier 支持的特征行列，改变了自身的特征计算方式，不再有相邻神经元之间的影响，并且采用在 Haar 和 LBP 上都可行的积分图计算，放弃了原有的 HOG 缓存的方式。虽然缓存方式的加速性能远高于积分图计算，且简单的 HOG 特征也使得其分类效果有所下降，但其判断环节和 Haar 一样的简洁。

对于人脸识别，OpenCV 中自带了 Haar 人脸特征分类器。以 Haar 特征分类器为基础的对象检测技术是一种非常有效的对象检测技术，它是基于机器学习的，是使用大量的正负样本训练得到的分类器，其中：

1）正样本：就是只包含检测目标的图像。要求如下：

- 要求尺寸必须相同，如 50 像素 ×50 像素。
- 进行灰度处理。

2）负样本：不包含检测目标的任何图像（背景图像）。要求如下：

- 不要求样本尺寸，但要大于等于正样本的大小，且负样本不能重复，要增大负样本的差异性。
- 负样本灰度化，同正样本操作相同。

【例 3-11】 调用计算机自带的摄像头，示例代码如下：

```
import cv2
cap = cv2.VideoCapture(0)                       #调取摄像头,0 通道表示本机的
while cap.isOpened():                           #摄像头运行参数获取
ret,frame = cap.read()                          #将影像分解成帧
cv2.imshow('frame',frame)                       #图像按帧显示
if cv2.waitKey(1) & 0xFF = =ord('q'):           #按 <Q> 键退出摄像头
    break
cap.release()
cv2.destroyAllWindows()
```

【例 3-12】 使用 OpenCV，结合 Haar、LBP 特征分类器，实现图像上的人脸检测。示例代码如下：

```
import cv2#引用 OpenCV
import matplotlib.pyplot as plt#引用 matplotlib
```

```
#使用 CascadeClassifier 引用 Haar 分类器,Haar 尽可能不使用中文路径,和运行文件放在同一个文件夹下
haar_cascade = cv2.CascadeClassifier('haarcascade_frontalface_alt2.xml')
#使用 CascadeClassifier 引用 LBP 分类器,LBP 尽可能不使用中文路径,和运行文件放在同一个文件夹下
lbp_cascade = cv2.CascadeClassifier('lbpcascade_frontalface_improved.xml')
img_test = cv2.imread('2.jpg') #读取示例图像
def detect_faces(f_cascade,colored_img,scaleFactor = 1.1):#定义人脸检测函数
    img_copy = colored_img.copy()
    gray = cv2.cvtColor(img_copy,cv2.COLOR_BGR2GRAY)
    #必须间隔一行
     faces = f_cascade.detectMultiScale (gray, scaleFactor = scaleFactor, min-
     Neighbors = 3)
    #必须间隔一行
    for (x,y,w,h) in faces:
        cv2.rectangle (img_copy, (x,y),
                      (x + w,y + h), (0,255,0),2)
    return img_copy
faces_detected_img = detect_faces(haar_cascade,img_test)#示例图像人脸检测
    plt.imshow(cv2.cvtColor(faces_detected_img,cv2.COLOR_BGR2RGB))#输出结果
```

程序运行结果如图 3-62 所示。

图 3-62　图像上的人脸检测

3.3.4　能力拓展

1. CascadeClassifier 级联分类器

分类器是判别某个事物是否属于某种分类的器件，判定结果有是（True）和否（False）两种结果。级联分类器可以理解为将 N 个单类的分类器串联起来。如果一个事物能属于这一系列串联起来的所有分类器，则最终结果判定为“是”；若有一项不符，则判定为“否”。

例如，CascadeClassifier 的 Haar-like 矩形特征是用于物体检测的数字图像特征，这类矩形特征模板由两个或多个全等的黑白矩形相邻组合而成，而矩形特征值是白色矩形的灰度值之和减去黑色矩形的灰度值之和。矩形特征对一些简单的图形结构（如线段）边缘比较敏感。如果把这样的矩形放在一个非人脸区域，那么计算出的特征值应该和人脸特征值不一样。所以，这些矩形就是为了把人脸特征量化，以区分人脸和非人脸。

2. CascadeClassifier 检测的基本原理

CascadeClassifier 检测的基本原理如下：

1）.xml 文件中存放的是训练后的特征池，特征大小（size）根据训练时的参数而定，

检测的时候可以简单地理解为就是将每个固定 size 特征（检测窗口）与输入图像的同样大小区域比较，如果匹配，那么就记录这个矩形区域的位置，然后滑动窗口，检测图像的另一个区域，重复操作。

2）由于输入的图像中特征大小不定，例如，在输入图像中眼睛是 50×50 像素的区域，而训练时的是 25 像素×25 像素，那么只有当输入图像缩小到一半的时候，才能匹配上，所以这里还有一个逐步缩小图像，也就是制作图像金字塔的流程。

3）由于人脸可能出现在图像的任意位置，在检测时用固定大小的窗口对图像从上到下、从左到右扫描，判断窗口里的子图像是否为人脸，这称为滑动窗口技术（Sliding Window）。

4）为了检测不同大小的人脸，还需要对图像进行放大或者缩小构造图像金字塔，对每张缩放后的图像都用上面的方法进行扫描。

5）由于采用了滑动窗口扫描技术，并且要对图像进行反复缩放然后扫描，因此整个检测过程会非常耗时。

综上所述，分类器的样本训练按照以下方式进行：

1）样本的创建（正样本和负样本）。

2）训练分类器（生成 .xml）。

3）利用训练好的分类器进行目标检测。

3. Dlib 简介

在使用 OpenCV 进行人脸识别的时候，有部分的人脸无法识别出来，而且识别侧脸时识别精度较低。而 Dlib 相对 OpenCV 的精度有所提高。

Dlib 是一个现代的 C++工具包，包含了用 C++创建复杂软件来解决实际问题的机器学习算法和工具。由于 Dlib 是开源的，它被广泛应用于工业界和学术界，包括机器人、嵌入式设备、手机以及大型高性能计算环境。安装时，使用“pip install dlib = = 19.6.1”，命令进行安装即可，19.6.1 表示指定的 Dlib 的版本。

Dlib 的主要特点如下：

1）文档齐全：Dlib 为每一个类和函数既提供了完整的文档说明，还提供了 Debug 模式。当用户打开 Debug 模式后，可以调试代码，查看变量和对象的值，快速定位错误点。另外，Dlib 还提供了大量的实例。

2）高质量的可移植代码：Dlib 不依赖第三方库，可用在 Windows、macOS、Linux 操作系统上。在使用库之前，不需要进行安装或配置，所有操作系统特定的代码都被隔离在尽可能小的操作系统抽象层中，库的其余部分要么在操作系统抽象层之上分层，要么是纯 ISO 标准 C++。

3）提供大量的机器学习/图像处理算法：深度学习、基于 SVM 的分类和递归算法、针对大规模分类和递归的降维方法、相关向量机、聚类、多层感知机等。

【例 3-13】 调用计算机自带的摄像头，使用 Spyder、CascadeClassifier、Haar 分类器和 LBP 分类器，进行人脸检测。示例代码如下：

```
import sys#sys 模块包含了与 Python 解释器和它的环境有关的函数
sys.version #查看版本信息
import os#os 模块在运维工作中是很常用的一个模块,通过 os 模块调用系统命令 os 模块可以跨平台使用
import cv2#引用 OpenCV
cap = cv2.VideoCapture(0)#调取摄像头,0 通道表示本机的
```

```
#使用 CascadeClassifier 引用 Haar 分类器,Haar 尽可能不使用中文路径,和运行文件放在同一个文件夹下
haar_cascade = cv2.CascadeClassifier('haarcascade_frontalface_alt2.xml')
#使用 Cascade Classifier 引用 LBP 分类器,LBP 尽可能不使用中文路径,和运行文件放在同一个文件夹下
lbp_cascade = cv2.CascadeClassifier('lbpca scade_frontalface_improved.xml')
  def detect_faces(colored_img,scaleFactor = 1.1):  #定义人脸检测函数
    img_copy = colored_img.copy()
    gray = cv2.cvtColor(img_copy,cv2.COLOR_BGR2GRAY)
    #空一行
   faces = haar_cascade.detectMultiScale(gray,scaleFactor = scaleFactor,minNeighbors = 3)
    #空一行
    for (x,y,w,h) in faces:
        cv2.rectangle(img_copy,(x,y),
                (x + w,y + h),(0,255,0),2)
            return img_copy
while cap.isOpened():        #摄像头运行参数获取
    ret,frame = cap.read()
    frame = detect_faces(frame) #将影像分解成帧
    cv2.imshow('frame',frame) #图像按帧显示
    if cv2.waitKey(1) & 0xFF = = ord('q'):   #按“Q”键退出摄像头
        break
cap.release()
cv2.destroyAllWindows()
```

工作任务书 5

1. 任务简介

利用自己的大头贴，实现放大指定位置的图像。

2. 任务目标

通过本工作任务的学习，实现以下目标：

1）知识领域：了解开发环境、熟悉基本绘图及图像处理的基础知识，掌握开发流程。

2）技能领域：会使用常用函数库（科学包），基本会使用 Python，会调用常用的函数库等，提高编写代码的能力。

3）素质领域：通过本工作任务的学习，提高学生的逻辑思维能力，提高学生对工作中所需的职业素质的理解能力，提高知识的更新能力。

3. 任务实施

1）搭建开发环境。

2）使用开发环境进行基础开发。

3）结合例 3-7，利用自己的大头贴，实现放大指定位置的图像。

4. 工作日志

工作日志见表3-4。

表 3-4 工作日志

日期	工作内容	问题及解决方式

5. 工作总结

<table>
<tr><td>
工作总结

主题：关于本工单工作完结的报告

签字：＿＿＿＿＿＿

日期：20 年 月 日

审核意见：
</td></tr>
</table>

6. 任务考核

考核评价表见表3-5。

表 3-5 考核评价表

工单名称	图形图像特征处理	评价教师	
质量监测点	评价标准	评价结果	改进方案
1. 实现指定位置的图像的放大与缩小 2. 图像处理的准确性	满分5分 主要考察学生对相关软件的使用能力，由指导教师酌情处理。使用相同图像的视为雷同，扣5分		
1. 开发文档的完整度 2. 开发文档的真实度	满分5分 1. 缺少工作日志，扣1分 2. 缺少工作总结，扣1分 3. 缺少进度表，扣1分		
		评价时间	年 月 日

7. 成果展示

成果展示见表3-6。

表3-6 成果展示

成果展示			
主　题		日　期	
制作人		成　绩	
提交成果： 年　　月　　日			

工作任务书6

1. 任务简介

利用计算机自带的摄像头，结合OpenCV及其他科学包，学会使用摄像头和实现图像上的人脸检测。

2. 任务目标

1）知识领域：了解开发环境、熟悉特征汇聚、特征库的基础知识，掌握开发流程。

2）技能领域：会使用常用函数库（科学包），基本会使用特征汇聚库，会使用OpenCV技巧等，提高读写代码的能力。

3）素质领域：通过本工作任务的学习，提高学生的逻辑思维能力，提高学生对工作中所需的职业素质的理解能力，提高知识的更新能力。

3. 任务实施

1）搭建开发环境。

2）下载人脸特征库：在网上自行下载人脸特征库haarcascade_frontalface_alt2. xml和lbpcascade_frontalface_improved. xml。

3）自行设定人脸特征库的文件夹，以备使用。

4）学会开发环境的基本使用及基础开发。

5）结合例3-9和例3-10，利用计算机自带的摄像头和带人脸的图像（可在网上自行下载），实现人脸检测。

6）使用计算机自带的摄像头进行人脸检测时，程序运行后，使用手机对着计算机屏幕进行录像，录像时长约10s，将录像文件打包，以附件形式上传至指定位置。

4. 工作日志

工作日志见表 3-7。

表 3-7 工作日志

日期	工作内容	问题及解决方式

5. 工作总结

工作总结

主题：关于本工单工作完结的报告

签字：____________

日期：20 年 月 日

审核意见：

6. 任务考核

考核评价表见表3-8。

表3-8　考核评价表

工单名称	人脸检测	评价教师	
质量监测点	评价标准	评价结果	改进方案
1. 实现人脸检测 2. 图像处理的准确性	满分5分 主要考察学生对相关软件的使用能力，由指导教师酌情处理。使用相同图像的视为雷同，扣5分		
1. 开发文档的完整度 2. 开发文档的真实度	满分5分 1. 缺少工作日志，扣1分 2. 缺少工作总结，扣1分 3. 缺少进度表，扣1分		
		评价时间	年　月　日

7. 成果展示

成果展示见表3-9。

表3-9　成果展示

成果展示			
主　题		日　期	
制作人		成　绩	
提交成果： 年　月　日			

工作任务4 了解深度学习

1. 任务简介

研发人员按照前期的神经网络规划，采用 TensorFlow 进行深度学习。研发人员需要按照子任务的要求，完成相应的工作。

2. 任务目的

通过本工作任务的学习，重点掌握以下几方面的内容：

1）通过学习深度学习的基础知识，强化学生对深度学习的基本认知。

2）通过学习 TensorFlow 的基础知识，提高学生对深度学习技术的认知。

3）通过学习 TensorFlow 的基础开发，提高学生编写代码的能力。

3. 素质目标

通过本工作任务的学习，提高学生的逻辑思维能力，提高学生对工作中所需的职业素质的理解能力，提高知识的更新能力。

4. 任务成果

按照子任务要求，需要学生参照“工作任务书”的格式，自行制作并提交工作任务书。

5. 实施方案

通过高铁场站智能大脑建设的“任务场景”，使学生能够了解机器视觉的应用场景。“需求分析”部分引出深度学习的基本知识点；通过“能力储备”掌握深度学习原理、TensorFlow 等基本知识；“能力拓展”是针对部分能力较强的学生而设立的知识点，由授课教师自行安排。

6. 所需学时

建议 16 学时，由授课教师按照教学进度自行安排。

子任务1 深度学习基础

4.1.1 任务场景

开发人员利用样本数据，结合多层神经网络，进行深度学习，分析样本数据的内在规律，让机器能够像人一样具有分析与学习的能力，能够准确地分析与识别图像数据，提高系统识别的准确度，以便后期 TensorFlow 的开发。

4.1.2 需求分析

深度学习（Deep Learning）是机器学习（Machine Learning）领域中一个新的研究方向，它被引入机器学习，使机器学习更接近于人工智能。深度学习是学习样本数据的内在规律和表示层次，这些在学习过程中获得的信息对诸如文字、图像和声音等数据的解释有很大的帮助，最终目标是让机器能够像人一样具有分析与学习的能力，能够识别文字、图像和声音等数据。

深度学习是一个复杂的机器学习算法，在语音和图像识别方面取得的成果远远超过以前相关技术。深度学习在搜索技术、数据挖掘、自然语言处理、多媒体学习以及其他相关领域都取得了很多成果。深度学习使机器实现模仿视听和思考等人类的活动，解决了很多复杂的模式识别难题，使得人工智能相关技术取得了很大进步。

4.1.3 能力储备

深度学习是机器学习领域中一个新的研究方向，为了更好地了解深度学习，先了解下机器学习。

1. 机器学习

（1）机器学习的定义　机器学习是人工智能的核心，是一门多学科交叉专业，涵盖概率论、统计学、近似理论和复杂算法等知识，主要目的是能够让计算机作为工具，并致力于真实地、实时地模拟人类学习方式，并将现有内容进行知识结构划分来有效提高学习效率。机器学习按照不同领域有下面几种定义：

1）机器学习是一门人工智能的科学，该领域的主要研究对象是人工智能，特别是如何在经验学习中改善具体算法的性能。

2）机器学习是对能通过经验自动改进的计算机算法的研究。

3）机器学习是用数据或以往的经验，以此优化计算机程序的性能标准。

以往在机器学习用于现实任务时，描述样本的特征通常需由人类专家来设计，这称为“特征工程”（Feature Engineering）。特征描述的质量直接对泛化性能有至关重要的影响，人类专家设计出好特征也并非易事。特征学习（表征学习）则通过机器学习技术自身来产生好特征，这使机器学习向“全自动数据分析”又前进了一步。

（2）机器学习的发展史　从 20 世纪 50 年代，科学家艾伦·图灵提议建立一个学习机器至今，机器学习有了很大的进展，大致可以划分为以下四个阶段：

1）第一阶段：20 世纪 50 年代中叶到 20 世纪 60 年代中叶，这个时期主要研究“有无知识的学习”。这类方法主要是研究系统的执行能力，主要通过对机器的环境及其相应性能参数的改变来检测系统所反馈的数据。这个时期最具有代表性的研究就是下棋程序。但这种机器学习的方法还远远不能满足人类的需要。

2）第二阶段：从 20 世纪 60 年代中叶到 20 世纪 70 年代中叶，这个时期主要研究将各个领域的知识植入系统里。本阶段的目的是通过机器模拟人类学习的过程，同时还采用了图的结构及其逻辑结构方面的知识进行系统描述，主要是用各种符号来表示机器语言。研究人员在进行实验时意识到学习是一个长期的过程，从这种系统环境中无法学到更加深入的知识，因此研究人员将各专家学者的知识加入系统里，经过实践证明这种方法取得了一定的成效。

3）第三阶段：从20世纪70年代中叶到20世纪80年代中叶，称为复兴时期。在此期间，从学习单个概念扩展到学习多个概念，探索不同的学习策略和学习方法。在本阶段，已开始把学习系统与各种应用结合起来，并取得很大成功，极大地刺激了机器学习的研究和发展。在出现第一个专家学习系统之后，示例归纳学习系统成为研究的主流，自动知识获取成为机器学习应用的研究目标。1980年，在美国的卡内基梅隆大学（CMU）召开了第一届机器学习国际研讨会，标志着机器学习研究已在全世界兴起。此后，机器学习开始得到了大量的应用。1984年，Simon等20多位人工智能专家共同撰写的*Machine Learning*文集第2卷出版，国际性杂志*Machine Learning*创刊，更加显示出机器学习突飞猛进的发展趋势。这一阶段代表性的工作有Mostow的指导式学习、Lenat的数学概念发现程序、Langley的BACON程序及其改进程序。

4）第四阶段：从20世纪80年代中叶至今是机器学习的最新阶段。这个时期的机器学习具有如下特点：

- 机器学习已成为新的学科，它综合应用了心理学、生物学、神经生理学、数学、自动化和计算机科学等形成了机器学习理论基础。
- 融合了各种学习方法，且形式多样的集成学习系统研究正在兴起。
- 机器学习与人工智能各种基础问题的统一性观点正在形成。
- 各种学习方法的应用范围不断扩大，部分研究成果已转化为产品。

（3）机器学习的分类　机器学习的方法有很多，根据不同的领域，大致分为以下几类：

第一类——基于学习策略的分类。按照学习策略还可以细分为以下几种：

1）模拟人脑的机器学习：主要是模拟人脑学习的方式。还可以细分为以下几种：

① 符号学习：模拟人脑的宏观心理级学习过程，以认知心理学原理为基础，以符号数据为输入，以符号运算为方法，用推理过程在图或状态空间中搜索，学习的目标为概念或规则等。符号学习的典型方法有记忆学习、示例学习、演绎学习、类比学习和解释学习等。

② 神经网络学习（或连接学习）：模拟人脑的微观生理级学习过程，以脑和神经科学原理为基础，以人工神经网络为函数结构模型，以数值数据为输入，以数值运算为方法，用迭代过程在系数向量空间中搜索，学习的目标为函数。典型的连接学习有权值修正学习和拓扑结构学习等。

2）直接采用数学方法的机器学习：主要是统计机器学习，基于对数据的初步认识以及任务目的的分析，选择合适的数学模型，拟定参数，并输入样本数据，依据一定的策略，运用合适的学习算法对模型进行训练，最后运用训练好的模型对数据进行分析预测。

第二类——基于学习方法的分类。基于学习方法可以细分为以下几种：

1）归纳学习：按照归纳学习的过程，还可以细分为以下几种：

① 符号归纳学习：典型的符号归纳学习有示例学习、决策树学习等。

② 函数归纳学习（发现学习）：典型的函数归纳学习有神经网络学习、示例学习、发现学习和统计学习等。

2）演绎学习：是从公理出发，经逻辑变换，推导出结论，从已有知识库基础上进行。

3）类比学习：典型的类比学习有案例（范例）学习等。

4）分析学习：典型的分析学习有解释学习和宏操作学习等。

第三类——基于学习方式的分类。按照人对机器的指导程度可细分为以下几种：

1）监督学习（有导师学习）：输入数据中有导师信号，以概率函数、代数函数或人工神经网络为基函数模型，采用迭代计算方法，学习结果为函数。

2）无监督学习（无导师学习）：输入数据中无导师信号，采用聚类方法，学习结果为类别。典型的无导师学习有发现学习、聚类和竞争学习等。

3）强化学习（增强学习）：以环境反馈（奖/惩信号）作为输入，以统计和动态规划技术为指导的一种学习方法。

第四类——基于数据形式的分类。按照机器学习中所需的数据形式可细分为以下几种：

1）结构化学习：以结构化数据为输入，以数值计算或符号推演为方法。典型的结构化学习有神经网络学习、统计学习、决策树学习和规则学习等。

2）非结构化学习：以非结构化数据为输入。典型的非结构化学习有类比学习、案例学习、解释学习、文本挖掘、图像挖掘和 Web 挖掘等。

第五类——基于学习目标的分类。按照机器学习目标的形式可细分为以下几种：

1）概念学习：学习的目标和结果为概念，或者说是为了获得概念的学习。典型的概念学习主要有示例学习。

2）规则学习：学习的目标和结果为规则，或者说是为了获得规则的学习。典型的规则学习主要有决策树学习。

3）函数学习：学习的目标和结果为函数，或者说是为了获得函数的学习。典型的函数学习主要有神经网络学习。

4）类别学习：学习的目标和结果为对象类，或者说是为了获得类别的学习。典型的类别学习主要有聚类分析。

5）贝叶斯网络学习：学习的目标和结果是贝叶斯网络，或者说是为了获得贝叶斯网络的一种学习，其又可分为结构学习和多数学习。

（4）机器学习的现状　机器学习是研究怎样使用计算机模拟或实现人类学习活动的科学，是人工智能中最具智能特征、最前沿的研究领域之一。机器学习不仅在基于知识的系统中得到应用，而且在自然语言理解、非单调推理、机器视觉、模式识别等许多领域也得到了广泛应用。一个系统是否具有学习能力已成为是否具有“智能”的一个标志。

随着大数据时代的到来，各行业对数据分析的需求持续增加，如何通过机器学习高效地获取知识，已逐渐成为当今机器学习技术发展的主要推动力。大数据的价值体现主要集中在数据的转向以及数据的信息处理能力，它为人工智能提供了海量数据的学习基础，更强调“学习本身是手段”，让机器学习成为一种支持和服务技术。

如何基于机器学习对复杂多样的数据进行深层次的分析，更高效地利用信息，成为当前大数据环境下机器学习研究的主要方向。目前，以深度学习为代表，借鉴人脑的多分层结构、神经元的连接、交互信息的逐层分析处理等机制，具有自适应、自学习的强大并行信息处理能力，在很多方面收获了突破性进展，其中最有代表性的是图像识别领域。

随着深度学习参与度越来越高，人工智能又被赋予了新的发展方向，正如李开复博士所说的“未来的人工智能是大数据与深度学习相结合”。

2. 深度学习

近年来，研究人员也逐渐将上述的机器学习几类方法结合起来，如对原本是以有监督学习为基础的卷积神经网络，结合自编码神经网络进行无监督的预训练，进而利用鉴别信息、微调网络参数，形成卷积深度置信网络，还可以让那些拥有多个处理层的计算模型学习具有多层次抽象数据的表示。这些方法在许多方面都带来了显著的改善，包括最先进的语音识别、视觉对象识别、对象检测和许多其他领域。

（1）深度学习的定义　深度学习是机器学习的一种，而机器学习是实现人工智能的必经路径。深度学习的概念源于人工神经网络的研究，含多个隐含层的多层感知器就是一种深度学习结构。深度学习通过组合低层特征，形成更加抽象的高层，以表示属性类别或特征，用以发现数据的分布式特征表示。研究深度学习的动机在于建立模拟人脑进行分析学习的神经网络，它模仿人脑的机制来解释数据，如图像、声音和文本等。

与传统的学习方法相比，深度学习方法预设了更多的模型参数，能够将输入的原始数据提炼出具有代表性的数据，用于模型检测与分类，它具有多层表征的学习算法。这些表征是通过若干的非线性模块，由底层特征逐层提炼到高层特征的过程中得到的，如图 4-1 所示。

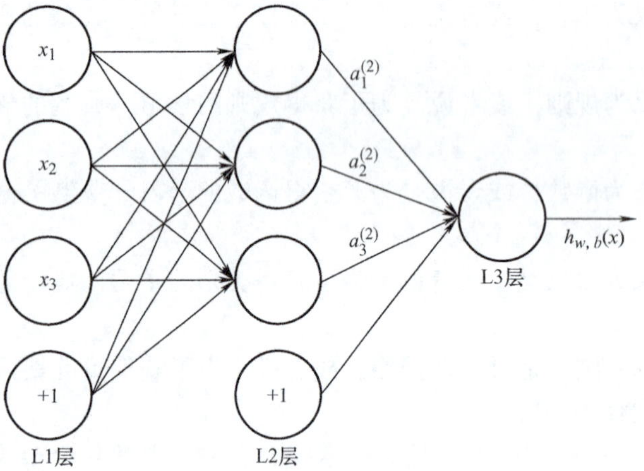

a) 标准的神经网络模型

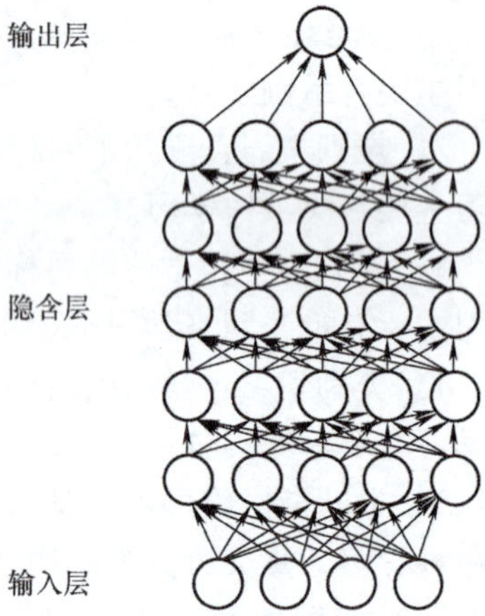

b) 含多个隐含层的深度学习模型

图 4-1　深度学习的模型

图 4-1 中每一个节点表示一个基本的计算以及一个计算的值，计算结果的输出作为下一级节点的输入，从一个输入到一个输出的最长路径的长度就是深度（Depth）。

通过这种多种类、多层次的表征提取，深度学习算法可以适应复杂的识别需求，建立复杂的特征表述模型，模型参数越多，需要参与训练的数据量也越大。

深度学习是使用深度学习算法来发现大数据中的复杂结构，目前已有多种深度学习算法，如深度神经网络（DNN）、卷积神经网络（CNN）、深度置信网络（DBN）和递归神经网络（RNN）等算法。上述算法都是从含多隐含层的神经网络模型衍生而来，如今已被应用于机器视觉、语音识别、自然语言处理、音频识别与生物信息学等领域。

（2）深度学习的特点　通过设计建立适量的神经元计算节点和多层运算层次结构，选择合适的输入层和输出层，通过网络的学习和调优，建立起从输入到输出的函数关系，虽然不能 100% 找到输入与输出的函数关系，但是可以尽可能地逼近现实的关联关系。使用训练成功的网络模型，就可以实现对复杂事务处理的自动化要求。深度学习的特点在于：

1）强调了模型结构的深度，通常有5层、6层，甚至10多层的隐含层节点。

2）明确了特征学习的重要性，通过逐层特征变换，将样本在原空间的特征表示变换到一个新特征空间，从而使分类或预测更容易。与人工规则构造特征的方法相比，利用大数据来学习特征，更能够刻画数据丰富的内在信息。

（3）深度学习的训练过程　至今，典型的深度学习模型系统之一是基于卷积神经网络的模式识别系统，它在手写体字符识别任务上表现出非凡的性能。

在无监督预训练出现之前，训练深度神经网络通常非常困难，而其中一个特例是卷积神经网络。卷积神经网络受视觉系统的结构启发而产生，第一个卷积神经网络计算模型是基于神经元之间的局部连接和分层组织图像转换，将有相同参数的神经元应用于前一层神经网络的不同位置，得到一种平移不变神经网络结构形式，其工作特点在3.1.3节中已经阐述，可以理解为，卷积神经网络产生了深度学习。

2006年，神经网络之父杰弗里·辛顿提出了在非监督数据上建立多层神经网络的一个有效方法，具体分为两步：

1）逐层构建单层神经元，这样每次都是训练一个单层网络，将除顶层外的其他层间的权重变为双向的，这样顶层仍然是一个单层神经网络，而其他层则变成了由点和线组成的、用以描述系统的图模型，如图4-2所示。

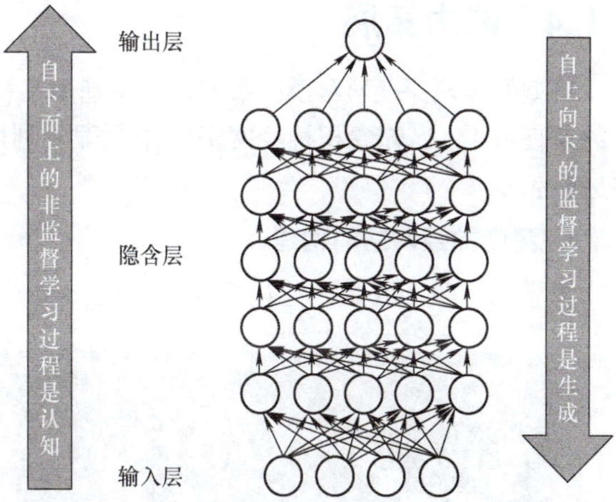

图4-2　深度学习神经网络

向上的权重用于“认知”，向下的权重用于“生成”，然后使用Wake-Sleep算法调整所有的权重，让认知和生成达成一致，也就是使得顶层的输出能够尽可能正确地复原底层的节点。例如，顶层的一个节点表示人脸，那么所有人脸的图像应该激活这个节点，并且这个结果向下生成的图像应该能够表现为一个大概的人脸图像。

2）当所有层训练完后，使用Wake-Sleep算法进行调优。Wake-Sleep算法分为醒（Wake）和睡（Sleep）两个部分。

① Wake阶段：由输入到输出的认知过程，通过外界的特征和向上的权重产生每一层的抽象表示，并且使用梯度下降法来修改层间的下行权重。

② Sleep阶段：反向纠错的生成过程，通过顶层表示和向下权重，生成底层的状态，同时修改层间向上的权重。

深度学习的训练过程按如下步骤进行：

1）自下而上的非监督学习，就是从底层开始，一层一层地往顶层训练。采用无标定数据（有标定数据也可以）分层训练各层参数，这一步可以看作是一个无监督训练过程，这也是和传统神经网络区别最大的部分，可以看作是特征学习过程。具体过程如下：

① 先用无标定数据训练第一层，训练时先学习第一层的参数，这层可以看作是得到了一个隐含层，构成输出和输入差别最小的三层神经网络。由于模型容量的限制以及稀疏性约

束，使得得到的模型能够学习到数据本身的结构，从而得到比输入更具有表示能力的特征。

② 依此类推，在学习得到 $N-1$ 层后，将 $N-1$ 层的输出作为第 N 层的输入，训练第 N 层，由此分别得到各层的参数。

综上所述，自下而上的非监督学习可理解为，第 N 层使用 $N-1$ 层提供的输出作为输入，为 $N+1$ 层提供输出作为 $N+1$ 层的输入。

2）自顶向下的监督学习，就是通过带标签的数据去训练，误差自顶向下传输，对网络进行微调。基于第一步得到的各层参数进一步优调整个模型的参数，这一步是一个有监督训练过程。

由上可知，深度学习训练的第一步类似 BP 神经网络的随机初始化过程，由于深度学习训练的第一步不是随机初始化，而是通过学习输入数据的结构得到的，因而这个初值更接近全局最优，从而能够取得更好的效果。所以，深度学习的良好效果在很大程度上归功于第一步的特征学习过程。

4.1.4 能力拓展

典型的实现深度学习模型系统之一是基于卷积神经网络的模式识别系统，通过工作任务 3 中的子任务 1，已知卷积神经网络工作原理。利用卷积神经网络开展深度学习，按照以下步骤进行：

1. 深度神经网络的构建

将卷积、激活函数、池化组合在一起，如图 4-3 所示。

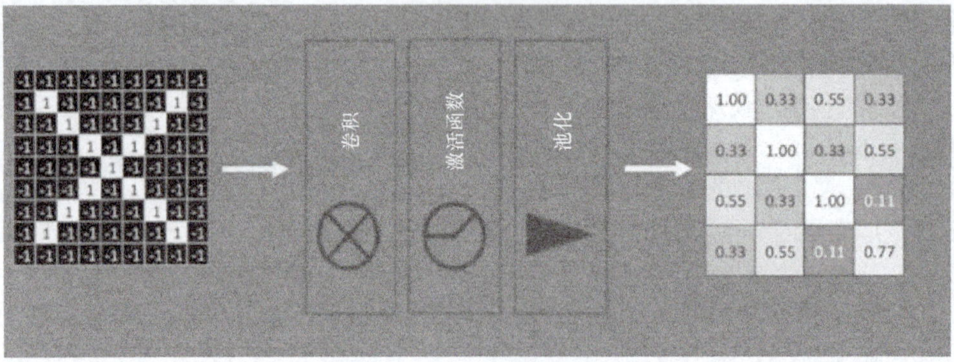

图 4-3 卷积神经网络模型

通过加大网络的深度，增加更多的层，就得到了深度神经网络，如图 4-4 所示。

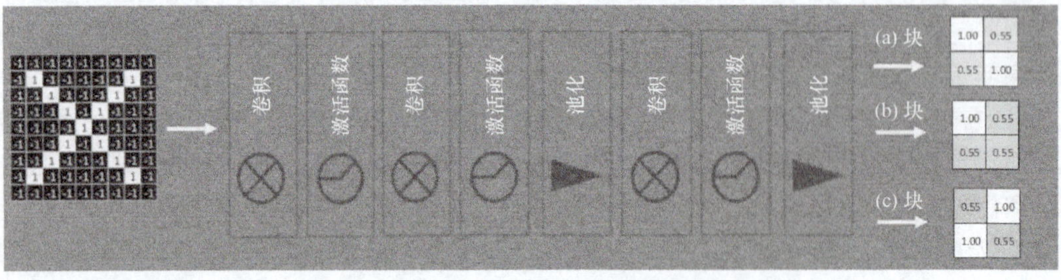

图 4-4 深度神经网络

2. 全连接层的训练

全连接层在整个卷积神经网络中起到“分类器”的作用，即通过卷积、激活函数、池化等深度网络后，再经过全连接层对结果进行识别分类。具体步骤如下：

1）将经过卷积、激活函数、池化的深度网络后的结果串起来，如图 4-5 所示。

2）由于神经网络是属于监督学习，在模型训练时，根据训练样本对模型进行训练，从而得到全连接层的权重（如预测字母 X 的所有连接的权重），如图 4-6 所示。

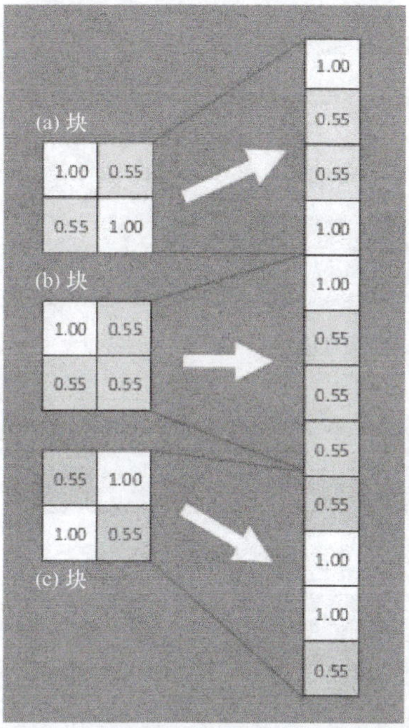

图 4-5　全连接

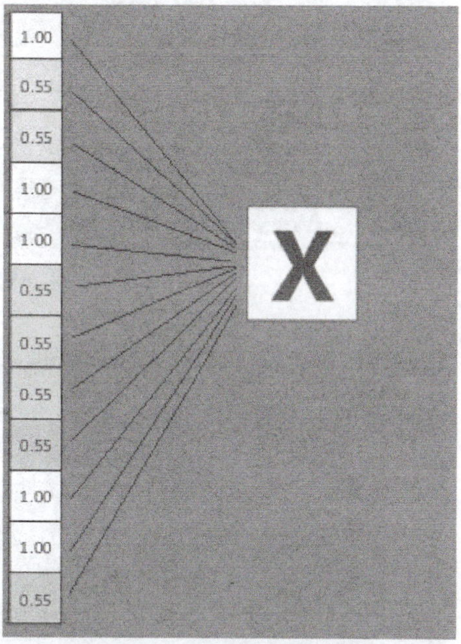

图 4-6　字母 X 的权重训练

3）在利用该模型进行结果识别时，根据上述的模型训练得出来的权重，结合卷积、激活函数、池化等深度网络计算出来的结果，进行加权求和，得到各个结果的预测值，然后取值最大的作为识别的结果，最后计算出来字母 X 的识别值为 0.92；同理，字母 O 的识别值为 0.51，则结果判定为 X，如图 4-7 所示。

上述这个过程定义的操作为“全连接层”（Fully Connected Layers）。全连接层也可以有多个，如图 4-8 所示。

3. 卷积神经网络与深度学习

将以上所有结果串起来后，就形成了一个“卷积神经网络”（CNN）结构，通过多层卷积神经网络进行图像精准识别、训练的过程，就可以认定为深度学习的过程，如图 4-9 所示。

卷积神经网络主要由两部分组成：一部分是特征提取（卷积、激活函数、池化），另一部分是分类识别（全连接层）。例如，手写文字识别卷积神经网络的结构如图 4-10 所示。

卷积神经网络（以下简称 CNN）是深度学习算法应用最成功的领域之一。在本质上，

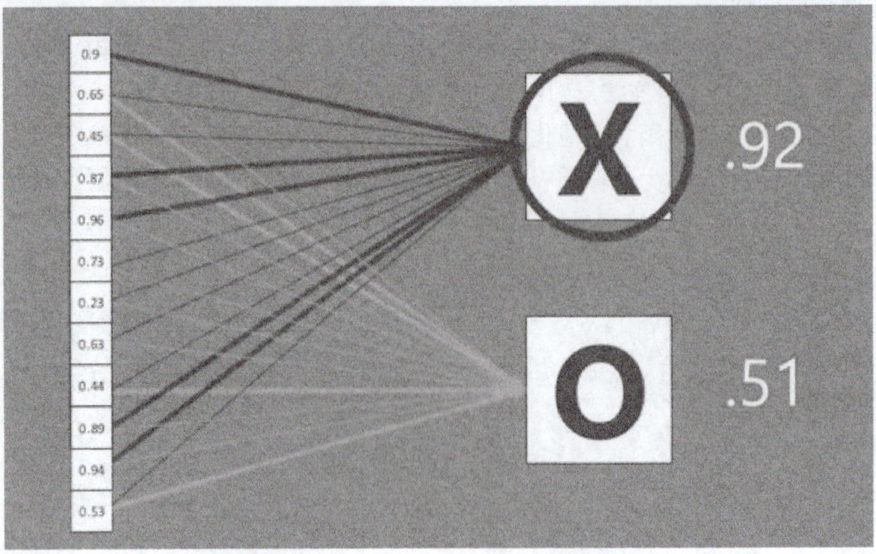

图 4-7 字母“X”和“O”的权重值

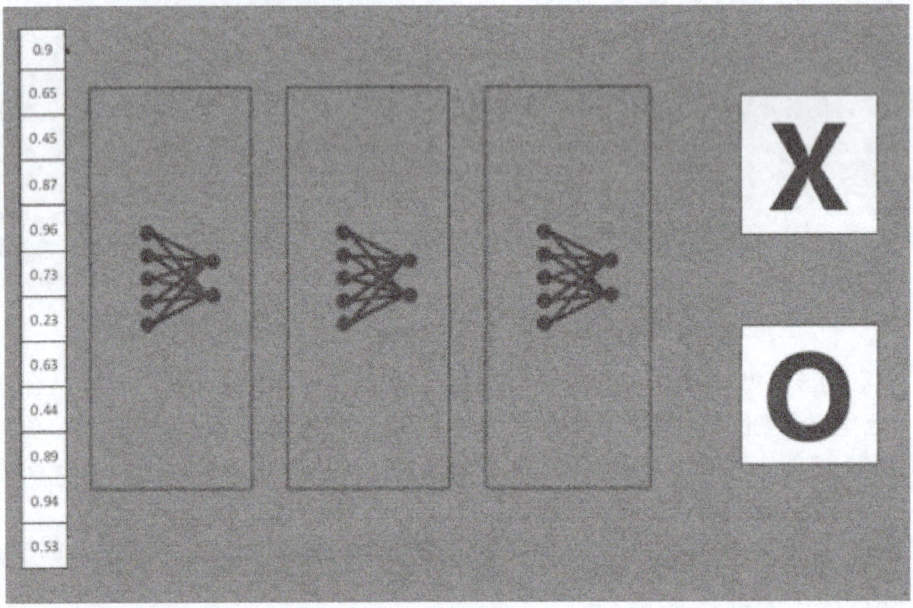

图 4-8 多个全连接层

它是一种输入到输出的映射，它能够学习大量的输入与输出之间的映射关系，而不需要任何输入和输出之间的精确的数学表达式，只要用已知的模式对卷积网络加以训练，网络就具有输入与输出对之间的映射能力，这就很好地避免了 BP 神经网络中误差反传时梯度损失得太快的问题。

由于 CNN 的特征检测层通过训练数据进行学习，避免了显式的特征抽取，而隐式地从训练数据中进行学习；再者，由于同一特征映射面上的神经元权值相同，所以 CNN 可以并行学习，这也是 CNN 相对于神经元彼此相连网络的一大优势。

图 4-9　深度学习过程

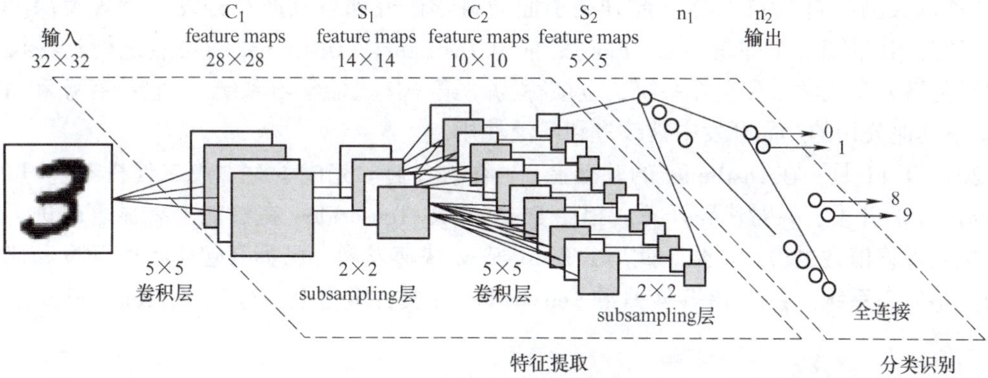

图 4-10　手写文字识别卷积神经网络的结构

CNN 以其局部权值共享的特殊结构在语音识别和图像处理方面有着独特的优越性，其布局更接近实际的生物神经网络，权值共享降低了网络的复杂性，特别是多维输入向量的图像可以直接输入网络这一特点避免了特征提取和分类过程中数据重建的复杂度。

子任务 2　TensorFlow 基础

4.2.1　任务场景

开发人员利用 Python + OpenCV 进行了图像深度学习，让机器能够准确地分析与识别图像数据，提高了系统识别的准确度。在测试的过程中，如果逐一检测，图像检测与学习的精确度高，但较多人同时进行人脸识别，人脸识别的效率不高，影响检测效率。为了提高检测效率和部署速度，同时实现多人的人脸识别，开发人员利用深度学习主流技术之一的 TensorFlow 进行下一阶段的开发，直至软件封装。至此，基于人脸识别的高铁场站管理系统开发完毕，可以进行产品交付。

4.2.2 需求分析

TensorFlow 是目前深度学习最流行的技术之一，由谷歌在深刻总结了其前身 DistBelief 的经验教训上形成的。它不仅便携、高效、可扩展，还能在不同计算机上运行，小到智能手机，大到计算机集群都能应用。TensorFlow 拥有强大的社区、企业支持，因此它广泛用于从个人到企业、从初创公司到大公司等不同群体。

TensorFlow 是由“谷歌大脑”团队为深度神经网络（DNN）开发的功能强大的开源软件库，于 2015 年 11 月首次发布。它是一款轻量级的软件，可以立刻生成训练模型，也能依据原有的模型通过相应的 TensorFlow API 接口，将深度神经网络的计算部署到任意数量的 CPU 或 GPU 的服务器、PC 或移动设备上，重构新模型。

4.2.3 能力储备

“谷歌大脑”自 2011 年成立起开展了面向科学研究和谷歌产品开发的大规模深度学习应用研究，其早期工作即是 TensorFlow 的前身 DistBelief。DistBelief 的功能是构建各尺度下的神经网络分布式学习和交互系统，也被称为“第一代机器学习系统”。它在谷歌和 Alphabet 旗下其他公司的产品开发中被改进和广泛使用。

2015 年 11 月，在 DistBelief 的基础上，“谷歌大脑”完成了对“第二代机器学习系统”TensorFlow 的开发，并对代码开源。相比 DistBelief，TensorFlow 在性能上有显著改进，构架灵活性和可移植性也得到增强。此后，TensorFlow 快速发展，已拥有包含各类开发和研究项目的完整生态系统。在 2018 年 4 月的 TensorFlow 开发者峰会中，有 21 个 TensorFlow 有关主题得到展示。

1. TensorFlow 的特点

“TensorFlow”这个名字是由“Tensor”+“Flow”组合而成的：“Tensor”是张量，是可用来表示一些矢量、标量和其他张量之间的线性关系的多线性函数，可以被简单理解为多维数组或是矩阵；“Flow”是流量，直接表达了张量之间通过数据流进行传值或程序之间通过接口实现相互转化的过程。换句话说，“Tensor”表明了数据的结构，“Flow”体现了计算模型和计算过程。TensorFlow 为一种机器学习库，是目前深度学习最流行的库之一。其优势如下：

1）可自行设计神经网络结构。

2）不需要通过误差反传求解梯度，TensorFlow 支持自动求导。

3）通过 C++ 编写核心代码，简化了线上部署的复杂度。

4）TensorFlow 中内置 TF. Learn 和 TF. Slim 等组件，并兼容 Sciket-learn Estimator（如 Evaluate、Grid、Search、Cross、Validation）。

5）数据流图支持自由的算法表达，可实现深度学习以外的机器学习算法。

6）可写内层循环代码控制计算图分支的计算，可将相关的分支转化为子图并执行迭代计算。

7）可进行并行设计，充分利用硬件资源。

8）具有灵活的移植性，编译速度较快。

9）在数据并行模式上：TensorFlow 主要面向内存足以装载模型参数的环境，从而实现计算效率的最大化。

10）支持卷积神经网络、循环神经网络（Recurent Neural Network，RNN），支持深度强化学习及计算密集的科学计算（偏微分方程求解）。

TensorFlow 是一个基于数据流编程（Dataflow Programming）的符号数学系统，被广泛应用于各类机器学习算法的编程实现，拥有多层级结构，可部署于各类服务器、PC 终端和网页，并支持 GPU 和 TPU 高性能数值计算，被广泛应用于谷歌内部的产品开发和各领域的科学研究。

2. TensorFlow 的安装

TensorFlow 提供 Python 语言下的四个不同版本：CPU 版本（TensorFlow）、包含 GPU 加速的版本（TensorFlow-gpu），以及它们的每日编译版本（tf-nightly、tf-nightly-gpu）。TensorFlow 的 Python 版本支持 Ubuntu 16.04、Windows 7、macOS 10.12.6 Sierra、Raspbian 9.0 及对应的更高版本，其中 macOS 版不包含 GPU 加速。安装 Python 版 TensorFlow 可以使用模块管理工具 pip/pip3 或 Anaconda，并在终端直接运行。

本书在操作系统为 64 位的 Windows 7 环境下，使用 Anaconda 安装、部署 TensorFlow，其版本为 1.5 的 CPU 版。关于其他版本的安装与部署请参考其他相关资料。

cmd 模式下的安装过程如下：

1）使用“pip install tensorflow = =1.05”命令进行安装，其含义为安装版本为 1.5 CPU 版的 TensorFlow；如果使用“pip install tensorflow”命令，则安装最新版本的 TensorFlow；而使用“pip install tensorflow-gpu”命令则是安装 Tensorflow 最新的 GPU 版本，安装 TensorFlow GPU 版的前提是安装英伟达显卡（1060 版以上的），并且已经安装 CUDA、cuDNN 等相应的最新版本软件环境。

2）TensorFlow 开始自行安装，通常有白色的进度条进行提示，其过程如图 4-11 所示。

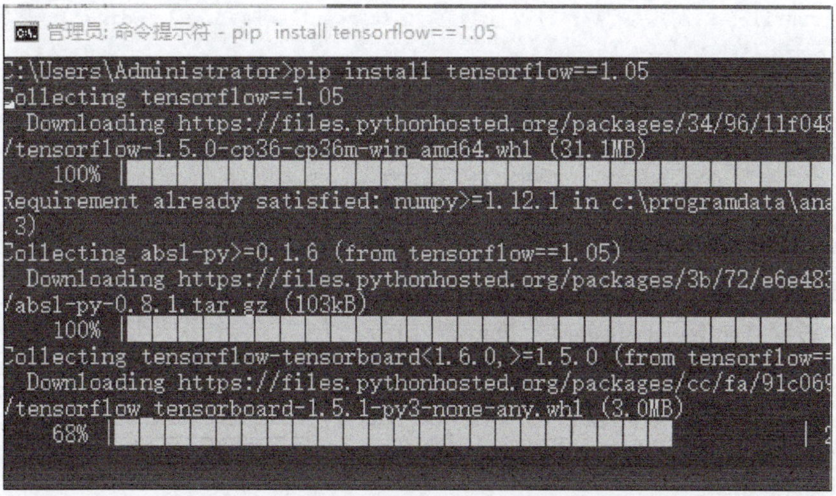

图 4-11　TensorFlow 的安装

3）在安装过程中，一定要确保网络环境畅通。如果出现红色的提示，可能表示网络环境延时较大或断网。

4）安装结束后，在 Python 环境下，进行测试。测试结果如图 4-12 所示。

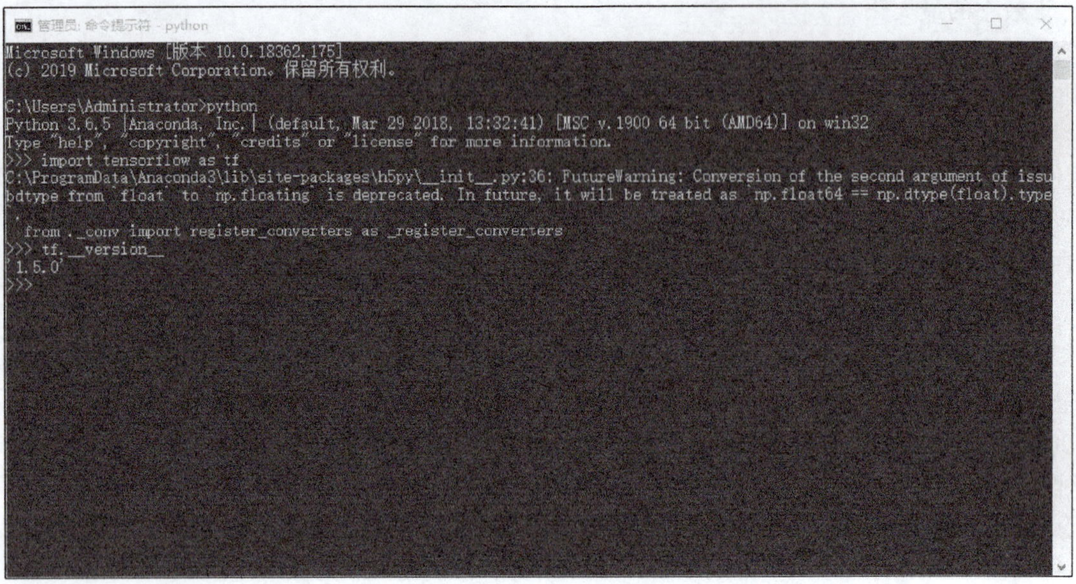

图 4-12 TensorFlow 安装成功

【例 4-1】 测试 TensorFlow，示例代码如下：

```
import TensorFlow as tf
message = tf.constant('Welcome to the exciting world of Deep Neural Networks!')
with tf.Session() as sess:
    print(sess.run(message).decode())
```

运行结果如图 4-13 所示。

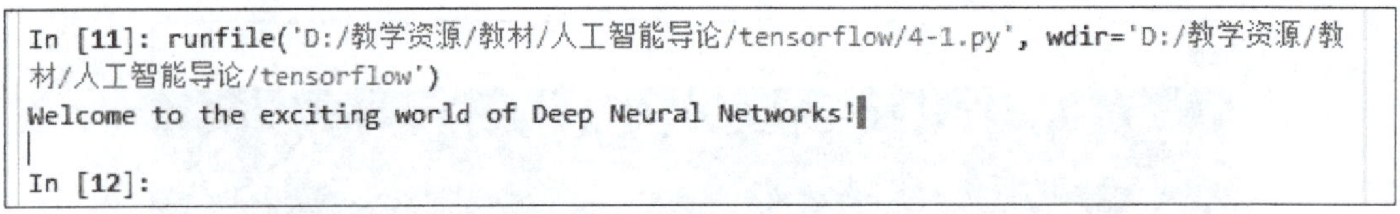

图 4-13 测试 TensorFlow

3. TensorFlow 的核心组件

分布式 TensorFlow 的核心组件（Core Runtime）包括分发中心（Distributed Master）、执行器（Dataflow Executor/Worker Service）、内核应用（Kernel Implementations）和最底端的设备层（Device Layer）、网络层（Networking Layer），如图 4-14 所示。

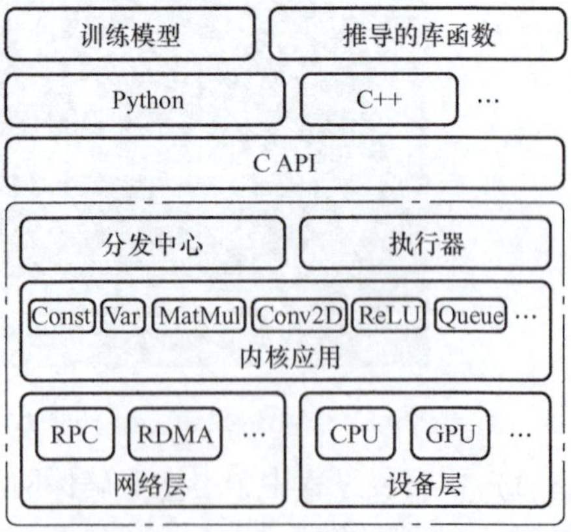

图 4-14 TensorFlow 的核心组件

各部分的功能如下：

1）分发中心：从输入的数据流图中截取子图（Subgraph），将其划分为操作片段并启动执行器。分发中心处理数据流图时会进行预设定的操作优化，包括公共子表达式消去（Common Subexpression Elimination)、常量折叠(Constant Folding)等。

2)执行器:负责图操作(Graph Operation),在进程和设备中运行、收发其他执行器的结果。分布式 TensorFlow 拥有参数器(Parameter Server),以汇总和更新其他执行器返回的模型参数。当执行器在调度本地设备时,会选择进行并行计算和 GPU 加速。

3)内核应用:负责单一的图操作,包括数学计算、数组操作(Array Manipulation)、控制流(Control Flow)和状态管理操作(State Management Operation)。内核应用使用 Eigen 执行张量的并行计算,使用 cuDNN 库等执行 GPU 加速,使用 gemmlowp 执行低数值精度计算。此外,用户可以在内核应用中注册额外的内核(Fused Kernel)以提升基础操作,如提升激励函数和其梯度计算的运行效率。

单进程版本的 TensorFlow 没有分发中心和执行器,而是使用特殊的会话应用(Session Implementation)联系本地设备。

TensorFlow 的 C API 是核心组件和用户代码的分界,其他组件均通过 C API 与核心组件进行交互。

4. TensorFlow 常用的 Python 包

TensorFlow 中一些常用的 Python 包如下:

1)Numpy:是用 Python 进行科学计算的基础包。它支持 n 维数组和矩阵的计算,还拥有大量的高级数学函数,是 TensorFlow 所需的必要软件包。因此,使用命令"pip install tensorflow"时,如果尚未安装 Numpy,它将被自动安装。

2)Matplolib:是 Python 2D 绘图库。使用它可以只用几行代码创建各类图,包括直方图、条形图、错误图、散点图和功率谱等。可以使用"pip install matplolib"命令进行安装。

3)OS:包括在基本的 Python 安装中。它提供了一种使用操作系统相关功能(如读取、写入及更改文件和目录)的简便方式。

4)Pandas:提供了各种数据结构和数据分析工具。使用 Pandas 时,可以在内存数据结构和不同格式之间读取和写入数据,可以读取 .csv 和文本文件。

5)Keras:也是神经网络的高级 API,它使用 TensorFlow 作为其后端,可以运行在 Theano 和 CNTK 之上。可以使用"pip install keras"命令进行安装。

5. 低阶 API

(1)张量(tf. Tensor) 张量是 TensorFlow 的核心数据单位,在本质上是一个任意维的数组,可用的张量类型包括常数、变量、张量占位符和稀疏张量。

【例 4-2】 定义张量,示例代码如下:

```
import numpy as np
import TensorFlow as tf
#tf.constant 函数定义常数
tf.constant([0,1,2],dtype=tf.float32)
#tf.placeholder 函数定义张量占位符,dtype 为数据类型
tf.placeholder(shape=(None,2),dtype=tf.float32)
#tf.Variable 函数定义变量
tf.Variable(np.random.rand(1,3),name='random_var',dtype=tf.float32)
#tf.SparseTensor 函数定义稀疏张量
```

```
tf.SparseTensor(indices=[[0,0],[1,2]],values=[1,2],dense_shape=[3,4])
#tf.sparse_placeholder 函数定义稀疏矩阵占位符
tf.sparse_placeholder(dtype=tf.float32)
```

张量的秩是它的维数，而它的形状是一个整数元组，指定了数组中每个维度的长度，张量按 Numpy 数组的方式进行切片和重构。

【例 4-3】 按 Numpy 数组的方式，将张量进行切片和重构，示例代码如下：

```
import numpy as np
import TensorFlow as tf
#定义二阶常数张量
a=tf.constant([[0,1,2,3],[4,5,6,7]],dtype=tf.float32)
a_rank=tf.rank(a)#获取张量的秩
a_shape=tf.shape(a)#获取张量的形状
b=tf.reshape(a,[4,2])#对张量进行重构
#运行会话以显示结果
with tf.Session() as sess:
    print('constant tensor:{}'.format(sess.run(a)))
    print('the rank of tensor:{}'.format(sess.run(a_rank)))
    print('the shape of tensor:{}'.format(sess.run(a_shape)))
    print('reshaped tensor:{}'.format(sess.run(b)))
    #对张量进行切片
    print("tensor's first column:{}".format(sess.run(a[:,0])))
```

运行结果如图 4-15 所示。

```
constant tensor: [[0. 1. 2. 3.]
 [4. 5. 6. 7.]]
the rank of tensor: 2
the shape of tensor: [2 4]
reshaped tensor: [[0. 1.]
 [2. 3.]
 [4. 5.]
 [6. 7.]]
tensor's first column: [0. 4.]
```

图 4-15 张量重构

张量有 23 种数据类型，包括 4 类浮点实数、2 类浮点复数、13 类整数、1 个逻辑、1 个字符串和 2 个特殊类型，各数据类型之间可以互相转换。TensorFlow 中的张量是数据流图中的单位，可以不具有值，但在图构建完毕后可以获取其中任意张量的值，该过程被称为“评估”。TensorFlow 无法直接评估在函数内部或控制流结构内部定义的张量，如果张量取决于队列中的值，那么只有在某个项加入队列后才能评估。

（2）数据流图 TensorFlow 采用数据流图的方式构建，描写驱动计算的内部循环。TensorFlow 使用数据流图将计算表示为独立的指令之间的依赖关系，这可以生成低级别的编程模型。在该模型中，首先定义数据流图；然后创建 TensorFlow 会话，以便在一组本地和远程设备上运行图的各个部分。

数据流图用“节点”（Nodes）和“线”（Edges）的有向图来描述数学计算，如图 4-16 所示。

1）“节点”一般用来表示施加的数学操作，但也可以表示数据输入（Feed In）的起点/输出（Push Out）的终点，或者是读取/写入持久变量（Persistent Variable）的终点。这些节点内部、节点之间构成的多维数据数组，统称为“张量”（Tensor）。

2）“线”表示“节点”之间的输入/输出关系，表示数据从一个节点到另一个节点传值的关系。

TensorFlow 在数据流编程下运行，使用数据流图表示计算指令间的依赖关系，随后依据图创建会话并运行图的各个部分。数据流图包含了图结构与图集合两类相关信息，其中：

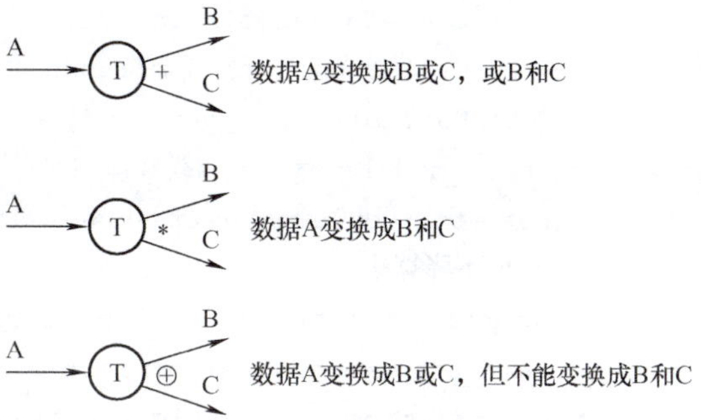

图 4-16　数据流图

1）图结构包含图的节点和边缘（张量）对象，表示各个操作组合在一起的方式，但不规定它们的使用方式，类似于汇编代码。

2）图集合是数据流图中存储元数据集合的通用机制，即对象列表与键（tf. GraphKeys）的关联。例如，当用户创建变量时，系统将其加入变量集合，并在后续操作中使用变量集合作为默认参数。

构建数据流图时将节点和边缘对象加入图中不会触发计算，图构建完成后将计算部分分流给会话实现计算，其中：

1）会话拥有物理资源，通常在 Python 的 with 代码块中使用，在离开该代码块后释放资源。

2）在不使用 with 代码块的情况下创建会话，如“with tf. Session（）as sess”，应在完成会话时明确调用 tf. Session. close 结束进程。

3）调用 Session. run 创建的中间张量会在调用结束时或结束之前释放。tf. Session. run 是运行节点对象和评估张量的主要方式，需要指定并提供数据字典，用户也可以指定其他选项以监督会话的运行。

【例 4-4】　使用低阶 API 以批量梯度下降的线性回归为例，展示数据流图的构建和会话的运行。示列代码如下：

```
#导入模块
import numpy as np
import matplotlib.pyplot as plt
import TensorFlow as tf
#准备学习数据
train_X=np.random.normal(1,5,200)#输入特征
train_Y=0.5* train_X+2+np.random.normal(0,1,200)#学习目标
L=len(train_X)#样本量
#定义学习参数
epoch=200#纪元数(使用所有学习数据一次为1纪元)
learn_rate=0.005#学习速度
#定义数据流图
temp_graph=tf.Graph()#用于 tensorflow 计算和表示用的数据流图
with temp_graph.as_default():
  X=tf.placeholder(tf.float32)#定义张量占位符
```

```
    Y = tf.placeholder(tf.float32)
    k = tf.Variable(np.random.randn(), dtype = tf.float32)
    b = tf.Variable(0, dtype = tf.float32) #定义变量
    linear_model = k* X + b#线性模型
    cost = tf.reduce_mean(tf.square(linear_model-Y)) #代价函数
     #梯度下降算法
    optimizer = tf.train.GradientDescentOptimizer(learning_rate = learn_rate)
    train_step = optimizer.minimize(cost) #最小化代价函数
    init = tf.global_variables_initializer() #使用变量全局初始化选项
train_curve = [] #定义列表存储学习曲线
with tf.Session(graph = temp_graph) as sess:
    sess.run(init) #变量初始化
    for i in range(epoch):
    #运行"最小化代价函数"
        sess.run(train_step, feed_dict = {X:train_X, Y:train_Y})
        #代价函数
        temp_cost = sess.run(cost, feed_dict = {X:train_X, Y:train_Y})
        train_curve.append(temp_cost) #学习曲线
    kt_k = sess.run(k); kt_b = sess.run(b) #运行"模型参数"
    #运行"模型"得到学习结果
    Y_pred = sess.run(linear_model, feed_dict = {X:train_X})
#绘制学习结果
ax1 = plt.subplot(1,2,1); ax1.set_title('Linear model fit');
ax1.plot(train_X, train_Y, 'b.'); ax1.plot(train_X, Y_pred, 'r-')
ax2 = plt.subplot(1,2,2); ax2.set_title('Training curve');
ax2.plot(train_curve, 'r--')
```

运行结果如图 4-17 所示。

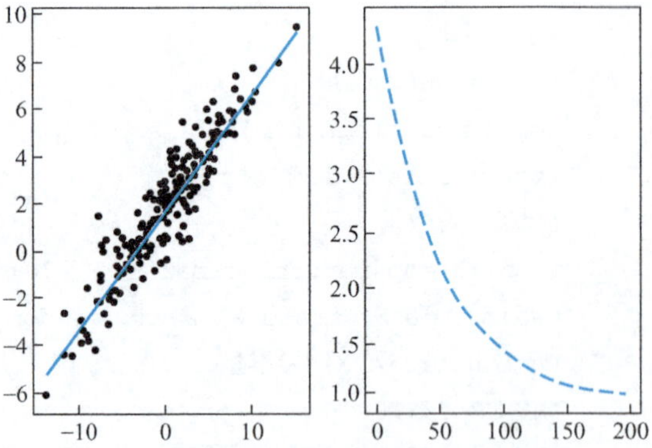

a) 线性模型匹配　　b) 训练曲线

图 4-17　数据流图的构建和会话的运行

6. 高阶 API

TensorFlow 的高阶 API 包括以下几种：

1）Estimators：是 TensorFlow 自带的高阶神经网络 API，封装了神经网络的训练、评估、预测、导出等操作。其特点是具有完整的可移植性，即同一个模型可以在各类终端、服务中运行并使用 GPU 或 TPU 加速而无须重新编码。Estimators 模型提供分布式训练循环，包括构建图、初始化变量、加载数据、处理异常、创建质量监测点（Checkpoint）并从故障中恢复、保存 TensorBoard（TensorFlow 提供的一组可视化工具，可以帮助开发者理解、调试和优化 TensorFlow 程序）的摘要等。

2）Keras：是一个支持 TensorFlow、Thenao 和 Microsoft-CNTK 的第三方高阶神经网络 API。Keras 以 TensorFlow 的 Python API 为基础提供了神经网络，尤其是深度网络的构筑模块，并将神经网络开发、训练、测试的各项操作进行封装以提升可扩展性和简化使用难度。在 TensorFlow 下可以直接导出 Keras 模块使用。

3）Eager Execution：是基于 TensorFlow Python API 的命令式编程环境，帮助用户跳过数据流编程的图操作，直接获取结果，便于 TensorFlow 的入门学习和模型调试，在机器学习应用中可以用于快速迭代小模型和小型数据集。

4）Data：是 TensorFlow 中进行数据管理的高阶 API。在图像处理问题中，tf. data 可以对输入图像进行组合或叠加随机扰动，增大神经网络的训练收益；在文字处理问题中，tf. data 负责字符的提取和嵌入（Embedding），后者将文字转化为高维向量，是进行机器学习的重要步骤。

7. 加速器

TensorFlow 的加速器分为以下几种：

1）CPU 和 GPU 设备：TensorFlow 支持 CPU 和 GPU 的运行。在程序中设备使用字符串进行表示，如 CPU 表示为"/cpu:0"；第一个 GPU 表示为"/device:GPU:0"，第二个 GPU 表示为"/device:GPU:1"，依此类推。如果 TensorFlow 指令中兼有 CPU 和 GPU 实现，当该指令分配到设备时，GPU 设备有优先权。

2）TPU 设备：张量处理器（Tensor Processing Unit，TPU）是谷歌为 TensorFlow 定制的专用芯片。TPU 部署于谷歌的云计算平台，并作为机器学习产品开放研究和商业使用。

3）设备管理（tf. device）：TensorFlow 使用 tf. device 对设备进行管理。

4.2.4　能力拓展

1. TensorFlow 学习库的优势

自从 1962 年，科学家鲁姆哈特提出感知机（Perceptron）以来，深度学习（以下简称 DNN）的概念就已经出现了，在 1986 年发现了梯度下降算法后，DNN 的概念就变得可行了。根据辛顿等人的定义，DNN 是由多个处理层（隐藏层）组成的计算模型，层数的增加会导致学习时间的增加。由于数据量庞大，学习时间进一步增加，直到 2010 年以后，DNN 才成为全世界 AI 爱好者和工程师的最爱，主要原因在于现代计算能力的可用性，如 GPU 和 TensorFlow 等工具，可以通过几行代码轻松访问 GPU 并构建复杂的神经网络。

TensorFlow 使得实现复杂的 DNN 结构成为可能，而不需要深入复杂的数学细节，大数据集的可用性为 DNN 提供了必要的数据来源。TensorFlow 成为最受欢迎的深度学习库，原因如下：

1）TensorFlow 是一个强大的库，用于执行大规模的数值计算，如矩阵乘法或自动微分，这两个计算是实现和训练 DNN 所必需的。

2）TensorFlow 在后端使用 C/C++，这使得计算速度更快。

3）TensorFlow 有一个高级机器学习 API（tf. contrib. learn），可以更容易地配置、训练和评估大量的机器学习模型。

4）开发者可以在 TensorFlow 上使用高级深度学习库 Keras。Keras 非常便于用户使用，并且可以轻松快速地进行原型设计，它支持各种 DNN，如 RNN、CNN，甚至是两者的组合。

2. 深度学习网络的组成

任何深度学习网络都由四个重要部分组成：数据集、定义模型（网络结构）、训练/学习模型和预测/评估模型。

（1）数据集 DNN 依赖于大量的数据，可以收集或生成数据，也可以使用可用的标准数据集。TensorFlow 支持三种主要的读取数据的方法，可以在不同的数据集中使用。

常用的训练建立模型的一些数据集介绍如下：

1）MNIST：这是最大的手写数字（0～9）数据库，它由 60000 个示例的训练集和 10000 个示例的测试集组成。这个数据集已经包含在 TensorFlow. examples. tutorials. mnist 的 TensorFlow 库中。

2）CIFAR10：这个数据集包含了 10 个类别的 60000 幅 32×32 的彩色图像，每个类别有 6000 幅图像，其中，训练集包含 50000 幅图像，测试数据集包含 10000 幅图像。该数据集的 10 个类别分别是飞机、汽车、鸟、猫、鹿、狗、青蛙、马、船和卡车。该数据集由多伦多大学计算机科学系维护。

3）WORDNET：这是一个英文词汇数据库，它包含名词、动词、副词和形容词等，被归为一组认知同义词（Synset），即代表相同概念的词语，如 shut 和 close、car 和 automobile 被分组为无序集。它共包含 155287 个单词、117659 个同义词、206941 个单词对。该数据集由普林斯顿大学维护。

4）ImageNET：这是一个根据 WORDNET 层次组织的图像数据集（目前只有名词），每个有意义的概念（Synset）由多个单词或单词短语来描述，每个子空间平均由 1000 幅图像表示，目前共有 21841 个同义词、14197122 幅图像。自 2010 年以来，每年举办一次 ImageNet 大规模视觉识别挑战赛（ILSVRC），将图像分类到 1000 个对象类别中，这项大赛由美国普林斯顿大学、斯坦福大学、A9 和谷歌赞助。

5）YouTube-8M：这是一个由数百万 YouTube 视频组成的大型标签视频数据集。它有大约 700 万个 YouTube 视频网址，分为 4716 个小类、24 个大类。它还提供预处理支持和框架功能。该数据集由 Google Research 维护。

一般来说，数据被分为三部分：训练数据、验证数据和测试数据。在 TensorFlow 中可以通过三种方式读取数据：

1）通过 feed_dict 传递数据：运行每个步骤时都会使用 run() 或 eval() 函数调用中的 feed_dict 参数来提供数据。

2）从文件中读取数据：当数据集非常大时，使用此方法可以确保不是所有数据都立即占用内存。

3）使用预加载的数据：此方法在数据集较小时可以使用，数据集可以在内存中完全加载。因此，可以将数据存储在常量或变量中。在使用变量时，需要将可训练标志设置为 False，以便训练时数据不会改变。

（2）定义模型 建立描述网络结构的计算图，它涉及指定信息从一组神经元到另一组神经元的超参数、变量和占位符序列以及损失/错误函数。

（3）训练/学习模型 DNN 中的学习通常基于梯度下降算法，其目的是要找到训练变量（权重/偏置），将损失/错误函数最小化，这是通过初始化变量并使用 run() 函数来实现的。

（4）预测/评估模型 一旦网络被训练，即可通过 predict() 函数使用验证数据和测试数据来评估网络。这可以评价模型是否适合相应的数据集，可以避免过拟合或欠拟合的问题。一旦模型取得让人满意的精度，就可以部署在生产环境中了。

3. 人脸识别实现

TensorFlow 是一个非常强大的用来做大规模数值计算的库。其所擅长的任务之一就是实现以及训练深度神经网络。下面来构建一个 Python + OpenCV + TensorFlow + CNN 的系统，实现人脸识别，具体步骤如下：

（1）使用 Python + OpenCV 获取人脸数据　实现步骤如下：

1）使用 OpenCV 打开摄像头，获取人脸图像。

2）对图像做一些预处理，如处理成 64 ×64 大小的图像。

3）获取期间，做一些明暗处理，以增加图像的噪声干扰，使得训练出来的模型具备一定的泛化能力。

4）获取若干张照片，数量由读者自行设置。

【例 4-5】 使用 Python + OpenCV 获取人脸数据，示例代码如下：

```
import os
import random
import numpy as np
import cv2
#空一行
def relight(imgsrc,alpha=1,bias=0):#定义人脸识别的光线亮度函数。def 本身是一个函数对象,也可以叫它"方法"。属于对象的函数,就是对象的属性。def 定义了一个模块的变量,或者说是类的变量
    '''relight'''
    imgsrc=imgsrc.astype(float)
    imgsrc=imgsrc* alpha+bias
    imgsrc[imgsrc<0]=0
    imgsrc[imgsrc>255]=255
    imgsrc=imgsrc.astype(np.uint8)
    return imgsrc
IMGSIZE=128
def createdir(* args):
'''create dir'''
for item in args:
    if not os.path.exists(item):
        os.makedirs(item)
IMGSIZE=64
def getpaddingSize(shape):
    '''get size to make image to be a square rect'''
    h,w=shape
    longest=max(h,w)
    result=(np.array([longest]* 4,int)-np.array([h,h,w,w],int))//2
    return result.tolist()
```

```
#空一行
def dealwithimage(img,h=64,w=64):
    '''dealwithimage'''
    img=cv2.imread(imgpath)
    top,bottom,left,right=getpaddingSize(img.shape[0:2])
    img=cv2.copyMakeBorder(img,top,bottom,left,right,cv2.BORDER_CONSTANT,
value=[0,0,0])
    img=cv2.resize(img,(h,w))
    return img
#空一行
def relight(imgsrc,alpha=1,bias=0):
    '''relight'''
    imgsrc=imgsrc.astype(float)
    imgsrc=imgsrc* alpha+bias
    imgsrc[imgsrc<0]=0
    imgsrc[imgsrc>255]=255
    imgsrc=imgsrc.astype(np.uint8)
    return imgsrc
#空一行
def getfacefromcamera(outdir):
  createdir(outdir)
  camera=cv2.VideoCapture(0)
  haar=cv2.CascadeClassifier('C:/ProgramData/Anaconda3/Lib/site-packa-
ges/cv2/data/haarcascade_frontalface_default.xml')
  n=1
  while 1:
   if(n<=5):
      print('It's processing %s image.' % n)#读帧
      success,img=camera.read()
#空一行
      gray_img=cv2.cvtColor(img,cv2.COLOR_BGR2GRAY)
      faces=haar.detectMultiScale(gray_img,1.3,5)
      for f_x,f_y,f_w,f_h in faces:
          face=img[f_y:f_y+f_h,f_x:f_x+f_w]
          face=cv2.resize(face,(IMGSIZE,IMGSIZE))
#空一行
          face=relight(face,random.uniform(0.5,1.5),random.randint(-50,50))
          cv2.imwrite(os.path.join(outdir,str(n)+'.jpg'),face)
          cv2.putText (img,'haha',(f_x,f_y-20),cv2.FONT_HERSHEY_SIMPLEX,
                      1,255,2)#显示名字
          img=cv2.rectangle(img,(f_x,f_y),(f_x+f_w,f_y+f_h),(255,0,0),2)
          n+=1
      cv2.imshow('img',img)
```

```
            key = cv2.waitKey(30)&0xff
            if key = = 27:
                break
        else:
                break
    camera.release()
    cv2.destroyAllWindows()
#空一行
if __name__ = = '__main__':
    name = input('please input yourename:')
    getfacefromcamera(os.path.join('D:/temp/face',name))
```

（2）使用 Python + TensorFlow 搭建 CNN 网络　对于初学者来说，使用 Python + TensorFlow 搭建卷积神经网络（CNN），对开发者的能力、开发环境的硬件要求都比较高，属于非常专业的开发。因此，本例对这些内容仅做简单介绍，如有感兴趣的读者，请参考有关书籍。

【例 4-6】 使用 Python + TensorFlow 创建 CNN 网络。CNN 网络部分示例代码如下：

```
def cnnLayer(classnum):#定义 CNN 网络函数
    '''create cnn layer'''
    #第一层
    W1 = weightVariable([3,3,3,32]) #卷积核大小为(3,3),输入通道为(3),输出通道为(32)
    b1 = biasVariable([32])
    conv1 = tf.nn.relu(conv2d(x_data,W1) + b1)
    pool1 = maxPool(conv1)
    #减少过拟合,随机让某些权重不更新
    drop1 = dropout(pool1,keep_prob_5)#32 ×32 ×32 个输入 channel 被 filter 内积掉了
    #第二层
    W2 = weightVariable([3,3,32,64])
    b2 = biasVariable([64])
    conv2 = tf.nn.relu(conv2d(drop1,W2) + b2)
    pool2 = maxPool(conv2)
    drop2 = dropout(pool2,keep_prob_5) #64 ×16 ×16
    #第三层
    W3 = weightVariable([3,3,64,64])
    b3 = biasVariable([64])
    conv3 = tf.nn.relu(conv2d(drop2,W3) + b3)
    pool3 = maxPool(conv3)
    drop3 = dropout(pool3,keep_prob_5)#64 ×8 ×8
    #全连接层
    Wf = weightVariable([8* 16* 32,512])
    bf = biasVariable([512])
    drop3_flat = tf.reshape(drop3,[ -1,8 ×16 ×32])
    dense = tf.nn.relu(tf.matmul(drop3_flat,Wf) + bf)
```

```
dropf = dropout(dense,keep_prob_75)
#输出层
Wout = weightVariable([512,classnum])
bout = weightVariable([classnum])
#out = tf.matmul(dropf,Wout) + bout
out = tf.add(tf.matmul(dropf,Wout),bout)
return out
```

使用tf创建3层CNN，3×3的filter卷积核，输入图像为RGB彩色图像，图像识别的扫描识别过程如下：

1）第一层的3个channel，图像宽高为64，输出为32个filter，maxpooling是缩放一倍。

2）第二层的输入为32个channel，宽高是32，输出为64个filter，maxpooling是缩放一倍。

3）第三层的输入为64个channel，宽高是16，输出为64个filter，maxpooling是缩放一倍。

4）最后输入的图像是8×8×64，卷积层和全连接层都设置了dropout参数。

5）将输入的8×8×64的多维度进行flatten，映射到512个数据上，然后进行softmax，输出到onehot类别上，类别的输入根据采集人员的个数来确定。

（3）识别人脸分类　识别人脸分类的训练过程如下：

1）将人脸从子目录内读出来，根据不同的人名，分配不同的特征提取值。

2）按照遍历的顺序分配序号，然后进行训练。

3）训练完成之后，按照不同人的图像相似度设置不同的触发值，然后将触发值关联该人相关的图像、姓名等信息。

4）为了保证识别的准确性，可进行多次训练，触发值只保留最新的信息，以相似度最大的触发值作为结束训练的依据。

（4）识别图像　人脸图像识别过程如下：

1）从训练的结果中恢复训练识别的参数，然后用于新的识别判断。

2）打开摄像头，采集到图像之后，进行人脸检测，检测出来之后，进行人脸识别，根据结果对应到人员名字，显示在图像中人脸的上面。

工作任务书7

1. 任务简介

结合例4-5，利用计算机自带的摄像头，结合OpenCV及相关的科学包，学会使用摄像头进行人脸检测与自动拍照。

2. 任务目标

1）知识领域：了解开发环境，熟悉特征汇聚、特征库的基础知识，掌握开发流程。

2）技能领域：会使用常用函数库（科学包），基本会使用特征汇聚库、OpenCV技巧等，提高编写代码的能力。

3）素质领域：通过本工作任务的学习，提高学生的逻辑思维能力，提高学生对工作中所需的职业素质的理解能力，提高知识的更新能力。

3. 任务实施

1）学会开发环境的基本使用及基础开发。

2）结合例 4-5，利用计算机自带的摄像头实现人脸检测与自动拍照。

3）程序运行后，所拍照片不少于 10 张。

4. 工作日志

工作日志见表 4-1。

表 4-1 工作日志

日期	工作内容	问题及解决方式

5. 工作总结

工作总结

主题：关于本工单工作完结的报告

签字：__________

日期：20 年 月 日

审核意见：

6. 任务考核

考核评价表见表4-2。

表4-2 考核评价表

工单名称	人脸检测与自动拍照	评价教师	
质量监测点	评价标准	评价结果	改进方案
1. 实现人脸检测 2. 图像处理的准确性	满分5分 主要考察学生对相关软件的使用能力，由指导教师酌情处理。使用相同图像的视为雷同，扣5分		
1. 开发文档的完整度 2. 开发文档的真实度	满分5分 1. 缺少工作日志，扣1分 2. 缺少工作总结，扣1分 3. 缺少进度表，扣1分		
		评价时间	年 月 日

7. 成果展示

成果展示见表4-3。

表4-3 成果展示

成果展示			
主　题		日　期	
制作人		成　绩	
提交成果： 年 月 日			

工作任务5

人工智能的信息安全

1. 任务简介

研发人员按照有关法律法规的要求，进行信息安全防护，使得人工智能更好地服务人类。研发人员需要按照任务的要求，完成相应的工作。

2. 任务目的

通过本工作任务的学习，重点掌握以下几方面的内容：

1）通过学习信息安全基本知识，强化学生对信息安全的基本认知。

2）通过学习网络安全等级保护基本知识，提高学生对信息安全的理解能力。

3. 素质目标

通过本工作任务的学习，提高学生的逻辑思维能力，提高学生对工作中所需的职业素质的理解能力，提高知识的更新能力。

4. 任务成果

按照任务要求，需要学生参照“工作任务书”的格式，自行制作并提交工作任务书。

5. 实施方案

通过高铁场站智能大脑建设的“任务场景”，使学生能够了解信息安全的应用场景；“需求分析”部分引出信息安全的基本知识点；“能力储备”是掌握网络空间、人工智能网络空间安全风险、人工智能技术在网络空间安全应用的优势、网络安全等级保护等基本知识；“能力拓展”部分是针对部分能力较强的学生而设立的知识点，主要是对《中华人民共和国网络安全法》的基本讲解，由授课教师自行安排。

6. 所需学时

建议8学时，由授课教师按照教学进度自行安排。

5.1 任务场景

基于高铁场站管理的身份识别系统需要部署在私有云上，采用分布式计算、存储等方式进行，身份识别系统还涉及高铁场站出入口闸机的自动控制，涉及部分工控等领域。随着客流量的与日俱增，数据量呈爆发式的增长，数据检索速度慢、时延长、比对精准度欠佳、黑客攻击等信息安全问题尤为突出。

随着人工智能的全面普及以及数据价值的持续增长，由于技术的不确定性和应用的广泛性，带来了网络安全、社会就业、法律伦理等问题，并对国家政治、经济和社会安全带来诸多风险和挑战。

5.2 需求分析

人工智能作为引领未来的战略性技术，日益成为驱动经济社会各领域从数字化、网络化向智能化加速跃升的重要引擎。近年来，数据量爆发式增长、计算能力显著性提升、深度学习算法突破性应用，极大地推动了人工智能的发展。

人工智能作为一种新兴的技术，在保障国家网络空间安全、提升人类经济社会风险防控能力等方面提供了新手段和新途径，使得网络空间安全的边界不断扩展。一方面，传统基于网络系统和设备等物理边界的网络安全防御边界日趋泛化，网络安全攻击范围被全面打开；另一方面，网络空间治理全面渗透政治、经济等各个领域，网络空间安全影响领域全面泛化，边界的开放扩张要求积极将各类智能化技术应用于全业务流程的安全防御。

人工智能作为战略性与变革性信息技术，给网络空间安全增加了新的不确定性。人工智能网络空间安全风险包括网络安全风险、数据安全风险、算法安全风险和信息安全风险。考虑到人工智能与实体经济的深度融合发展，其在网络空间的安全风险将更加直接地传导到社会经济与国家政治领域。因此，从广义上讲，人工智能安全风险也涉及社会安全风险和国家安全风险。

我国有关部门适时推出了《中华人民共和国网络安全法》、《网络安全等级保护制度2.0标准》等相应的法律法规，用以进行信息安全的防护。“人工+智能”将长期主导安全实践，人工智能技术路线的丰富将改善安全困境，网络空间安全将驱动人工智能国际合作。

5.3 能力储备

1. 网络空间的定义

网络空间的概念是指由现代信息技术革命产生的，由通信线路和设备、计算机硬件和软件、数据、用户以及任何接入网络的物体等要素交互形成的全新空间，涵盖物理设施、用户和内容逻辑等多个层面，它在生物、物体和自然空间之间建立起智能联系，是人类社会活动和财富创造的全新领域。

随着信息技术的不断创新与发展，网络空间安全的范畴正不断扩大。网络空间安全是网络空间中所有要素和活动免受来自各种威胁的状态，成为非传统安全的重要组成部分，并与国家、政治、经济领域的安全密不可分，直接影响人工智能的信息安全。

从网络信息技术的发展历程以及技术逻辑来看，网络空间安全可分为三大类，分别为网络系统安全、网络内容安全和物理网络系统安全。

1）网络系统安全包括信息基础设施、计算机系统、网络连接、用户数据等设备和信息的安全保障，需要抵御各种恶意攻击对信息和网络系统的入侵、渗透、中断、破坏，以及对用户数据的泄露和窃取。网络系统安全是保障网络和计算机系统稳定运行、保护用户数据和隐私的基础。

2）网络内容安全是指在网络环境中产生和流转的信息内容是否合法、准确和健康，是否会对政治、经济和文化产生不良的影响和危害。

3）物理网络系统安全包括网络空间中任何与网络连接的物、人等物理要素的安全。随着物联网、脑机接口、机器人等技术的迅猛发展，网络空间的威胁已延伸到物理空间和现实世界，由此产生对资产、人身以及自然环境等要素的潜在安全威胁。

综上所述，网络系统安全、网络内容安全和物理网络系统安全相互影响、融合交织，构成了网络空间安全的基本内涵。

网络空间安全威胁形势日趋严峻，与之对应的是安全人员严重短缺。根据迈克菲调查显示，企业普遍认为他们需要增加24%的安全人员才能有效应对面临的网络威胁。网络空间不断延展、移动设备增加、多云端服务正在使安全人员的工作变得越来越复杂，而安全人员的短缺更是加剧了安全风险问题。由于网络空间安全的特性，利用人工智能等技术推动网络防御系统的自主性和自动化，降低安全人员风险分析和处理压力，辅助其更加高效地进行网络安全运维与监控迫在眉睫。智能时代，网络空间安全从被动防御趋向主动防御，人工智能驱动的自动化防御能够更快、更好地识别威胁，缩短响应时间，是网络空间安全发展的必然方向和破解之道。

2. 人工智能网络空间安全风险

人工智能因其突出的数据分析、知识提取、自主学习、智能决策、自动控制等能力，可在网络防护、数据管理、信息审查、智能安防、金融风控、舆情监测等网络信息安全领域和社会公共安全领域有许多创新性应用。

在中国信息通信研究院安全研究所颁布的《人工智能安全白皮书（2018年）》中指出：人工智能作为战略性与变革性信息技术，给网络空间安全增加新的不确定性。人工智能安全风险包括网络安全风险、数据安全风险、算法安全风险、信息安全风险、社会安全风险和国家安全风险。

（1）网络安全风险　网络安全风险涉及网络设施和学习框架的漏洞、后门安全问题，以及人工智能技术恶意应用导致的系统网络安全风险。人工智能技术可提升网络的攻击能力，表现在以下几方面：

1）利用人工智能技术编写的恶意软件，大幅提高其分发速度、系统感染率，提升网络攻击效率，具有自动升级代码等能力，以逃避反病毒产品检测。

2）利用人工智能技术可生成并扩展攻击的智能僵尸网络可加剧网络攻击破坏程度，以前所未有的规模自主攻击脆弱系统。

3）利用人工智能技术构建的网络和集群内部能相互通信和交流，这在本质上标志着智能设备可以被控制对脆弱系统进行规模化、智能化的主动攻击。

（2）数据安全风险　数据安全风险包括人工智能系统中的训练数据偏差、非授权篡改以及人工智能引发的隐私数据泄露等安全风险，表现方式如下：

1）利用机器学习系统提供的一些应用程序编程接口（API）来获取系统模型的初步信息，进而通过这些初步信息对模型进行逆向攻击，能够获取并记录训练数据和运行时采集数据的细节，可导致算法模型内部的数据泄露。

2）人工智能技术可利用强大的数据挖掘和分析能力，从看似不相关的数据中，通过深度挖掘分析，得到更多与用户隐私相关的信息，识别出个人行为特征、性格特征等个人隐私数据，加大隐私泄露的风险。

（3）算法安全风险　算法安全风险包括算法设计、决策相关的安全问题，涉及算法黑箱、算法模型缺陷等安全风险。此外，算法设计或实施有误可产生与预期不符甚至伤害性结果，具体表现方式如下：

1）算法模型缺陷：有可能无法实现设计者的预设目标，导致决策偏离预期甚至出现伤害性结果。根据错误产生的阶段，可将算法模型设计和实施中的安全问题分为以下几类：

① 设计者为算法定义了错误的目标函数，在设计目标函数时没有充分考虑运行环境的常识性限制条件，导致算法在执行任务时对周围环境造成不良影响。

② 设计者定义了计算成本非常高的目标函数，使得算法在训练和使用阶段无法完全按照目标函数执行，只能在运行时执行某种低计算成本的替代目标函数，从而无法达到预期的效果或对周围环境造成不良影响。

③ 选用的算法模型表达能力有限，不能完全表达实际情况，导致算法在实际使用时面对不同于训练阶段的全新情况可能产生错误的结果。

2）算法潜藏偏见和歧视：人工智能算法已应用于个性化推荐、精准广告营销领域，以及需要进行风险识别和信用评估的信贷、保险、理财等金融领域和犯罪风险评估的司法审判领域。若算法潜藏偏见和歧视，可能导致决策结果存在不公，产生具有歧视和偏见的决策结果。

3）算法黑箱：导致人工智能决策不可解释，引发监督审查困境。当社会运转和人们生活越来越多地受到智能决策支配时，对决策算法进行监督与审查至关重要，同时也是非常困难的。造成此问题的原因主要有以下几方面：

① 决策算法属于商业秘密或者私人财产，拥有决策算法的公司或个人依法依规可以拒绝对外公开。

② 可以对外公布决策算法源代码，由于普通公众属于非专业人士，技术能力不足，无法理解决策算法的内在逻辑。

③ 由于决策算法本身具有高度复杂性，系统理解是非常困难的。

4）噪声或偏差的训练数据影响算法模型准确性：大数据时代的人工智能依托海量数据驱动进行机器学习、深度学习，训练数据的数量和质量是决定人工智能算法模型性能的关键因素之一。如果人工智能系统在学习阶段被含有噪声或偏差的训练数据所污染，导致的后果不堪设想。

（4）信息安全风险　信息安全风险主要包括信息传播、产品、应用输出等信息内容安全问题，加速不良信息的传播，表现方式如下：

1）个性化智能推荐：依托用户浏览记录、交易信息等数据，融合人工智能相关算法，对用户兴趣爱好、行为习惯进行分析与预测，根据用户偏好推荐信息内容，如今日头条、淘宝等互联网应用都有此服务。智能推荐一旦被不法分子利用，将使虚假信息、涉黄涉恐、违规言论等不良信息内容的传播更加具有针对性和隐蔽性，在扩大负面影响的同时减少被举报的可能。

2）人工智能技术可制作虚假信息内容，用以实施诈骗等不法活动。在拥有足够训练数据的情况下，人工智能技术可制作媲美原声的人造录音，如 AI 主播。运用人工智能技术合成的图像、音视频等已经可以达到95%以上的相似度，这些技术在很大程度上均为开源项目，非常容易被不法分子利用，可实施诈骗活动。

(5) 社会安全风险　经历过三次工业革命，使得社会分工细化、岗位技能标准化、知识扁平化，人类社会从农耕社会过渡到信息社会，而由人工智能引发的第四次工业革命逐步地深入人类社会的每个角落。人工智能不再局限于替代人类的体力劳动，而且可以替代人类的脑力劳动，将使就业率下降，带来结构性失业。

无人机、自动驾驶汽车、医疗机器人等人工智能产品的应用，给人类的生产、生活带来了极大的便利。但同时，人工智能产品的高度自治，在人类的生活、工作中可替代人类进行决策和行为操作控制，也会带来可危及人身安全的安全风险。例如，无人驾驶汽车的交通事故责任认定、无人机干扰航班等事件。因此，人工智能安全风险不仅会产生传统信息系统可能造成的数据泄露、影响网络连通性和业务连续性等问题，而且会直接影响，甚至威胁人类的社会安全。

(6) 国家安全风险　人工智能可影响公众政治意识形态、军事作战、社会舆情等方面，给国家军事安全和政体安全带来风险隐患，直接或间接威胁国家安全。人工智能可用于构建新型军事打击力量，直接威胁国家安全。智能武器的应用会使未来战争操控远程化、打击精准化、战域小型化、过程智能化，如“斩首行动”和“定点清除”等军事行动都应用了人工智能。目前，很多国家都将人工智能作为影响未来世界格局的重要军事变革，纷纷从战略、组织架构、应用等角度加大人工智能在军事领域的投入，或导致新一轮的军备竞赛。

3. 人工智能技术在网络空间安全应用的优势

随着网络空间内涵与外延的不断扩展，人类面临的安全威胁无论从数量、来源、形态、程度和修复性上都超出原本行之有效的分工和应对能力，有可能处于失控边缘。人工智能是对人类最高智慧的极限探索，也将拓展网络治理的理念和方式，实现安全治理的突破性创新。

人工智能不仅能解决当下的安全难题，而且通过在安全场景的深化应用和检验，能发现人工智能的缺陷和不足，为下一阶段人工智能的发展和应用奠定基础、指明方向，推动人工智能技术的持续变革及在更广域的赋能。其优势如下：

(1) 利用大数据提供“赋能”　大数据为机器学习和深度学习算法提供源源动能，使人工智能保持良好的自我学习能力。升级的安全分析引擎具有动态适应各种不确定环境的能力，有助于更好地针对大量模糊、非线性、异构数据，做出因地制宜的聚合、分类、序列化等分析处理，甚至实现了对行为及动因的分析，大幅提升检测、识别已知和未知网络空间安全威胁的效率，升级精准度和自动化程度。

(2) 利用深度学习算法提供“智慧”　人工智能的深度学习算法在发掘海量数据中的复杂关联方面表现突出，擅长综合定量分析相关安全性，有助于全面感知内外部安全威胁。人工智能技术对各种网络安全要素和高维度的安全风险数据进行归并融合、关联分析，经过深度学习的综合理解、评估后，对安全威胁的发展趋势做出预测，还能够自主设立安全基线，达到精细度量网络安全性的效果，从而构建立体、动态、精准和自适应的网络安全威胁态势感知体系。

(3) 强大的学习能力，提供快速高效的“问诊”功能　人工智能技术是令机器学会从认识物理世界到自主决策的过程，其内在逻辑是通过数据输入理解世界，或通过传感器来认知世界，然后运用模式识别实现数据的分类、聚类、回归等分析，并据此做出最优的决策推荐。

当人工智能运用到信息安全领域，机器的自主学习和学习技能可有效且高效地帮助人类预测、感知和识别安全风险；可以快速检测、定位危险来源，分析安全问题产生的原因和危害方式；可以综合智慧大脑的知识库判断并选择最优策略，采取缓解措施或抵抗威胁，甚至提供进一步缓解和修复的建议。这个过程不仅将人们从繁重、耗时、复杂的任务中解放出来，且面对不断变化的风险环境、异常的攻击威胁形态比人更快、更准确，综合分析的灵活性和效率也更高。因此，人工智能的“思考和行动”逻辑与安全防护的逻辑从本质上是自治的，网络空间安全天然是人工智能技术大显身手的领域。

（4）自我优化，提供“进化”功能　人工智能展现出强大的学习、思考和进化能力，能够从容应对未知、变化、激增的攻击行为，并结合当前威胁情报和现有安全策略形成适应性极高的安全智慧，主动、快速地选择调整安全防护策略，并付诸实施，最终帮助构建全面感知、适应协同、智能防护、优化演进的主动安全防御体系。

综上所述，人工智能从诞生以来，理论和技术日益成熟，应用领域也不断扩大，可以设想，未来人工智能带来的科技产品将会是人类智慧的“容器”。而现如今，它已经开始对网络攻击问题重点发力，人工智能将重塑网络安全未来的图景。

4. 人工智能在信息安全的应用

目前，人工智能技术由于能够感知、预测、预警关键信息基础设施和经济社会安全运行的重大态势，及时把握群体认知及心理变化，主动决策反应，对保障网络空间安全、有效维护社会稳定具有不可替代的作用。因此，人工智能在安全领域的应用是当前国内外企业技术和应用创新的重点。结合人工智能安全应用的实践情况看，基于人工智能的网络信息安全应用创新活跃，同时，人工智能与传统社会公共安全的融合应用也促进了安防监控、金融风控、舆情监测等向智能化发展。在中国信息通信研究院安全研究所颁布的《人工智能安全白皮书（2018年）》中，把人工智能在信息安全的应用归结为以下几种应用场景：

（1）网络安全防护应用　随着网络安全向动态防御和主动防御演进，人工智能因其对网络安全威胁的快速识别、反应和自主学习的巨大潜力，在一定程度上，人工智能技术应用提升了网络防护的自动化与智能化水平，减轻了网络情报分析人员的工作量，弥补了网络安全人才不足的现状，成为推进网络安全技术创新的重要引擎。基于人工智能的网络安全防护应用已成为国内外网络安全产业发展的重点方向。

（2）信息内容安全审查应用　近年来，在基于人工智能技术进行文本、图像和视频识别的应用日益成熟，以及全球信息内容安全管理日趋加强的双轮驱动下，面向违法信息的信息内容安全审查成为人工智能在安全领域的前沿应用。基于人工智能的信息内容安全审查应用已进入规模化应用的初级阶段，例如：

1）美国互联网巨头Facebook不仅利用人工智能技术对互联网内容进行标记，而且利用机器学习开发了一款对用户的视频直播内容进行实时监控识别的工具，自动对直播中涉黄、涉暴或自杀类别的视频内容进行标记。

2）国内互联网企业在信息内容安全审查的自动化技术研发和产业化应用起步更早，特别是阿里、腾讯、百度、网易为代表的大型互联网企业，通过基于自身业务安全管理过程中所积累的海量标准样本库，开展对淫秽色情、涉恐涉暴等违法信息识别的建模训练，纷纷推出了基于人工智能的违法信息检测服务。

（3）数据安全管理应用 随着数据作为数字经济发展的关键要素，数据价值不断提升，数据安全保护的重要性进一步凸显。基于人工智能的数据安全管理应用仍处于探索起步阶段。数据安全管理应用如下：

1）通过人工智能防御网络攻击等外部威胁以避免发生数据泄露。

2）积极探索基于人工智能的数据安全内部威胁防范，人工智能技术在数据分类、数据防泄漏等领域的应用取得初步成效，例如：

① 德国的 Neokami 公司利用人工智能技术帮助客户保护云端、本地或物理资产上的敏感数据。该公司所研发的数据分类引擎适用于多种业务场景，已被众多合作伙伴厂商所采用，在多家《财富》500 强公司中创造价值。

② 国内信息安全企业天空卫士通过综合运用统计学异常分析、双向循环神经网络等人工智能技术，有效融合数据内容安全和行为识别技术，针对企业内部高数据安全风险的人和设备实现安全预警和实时控制。

5. 人工智能在社会公共安全的应用

（1）智能安防应用 基于人工智能技术的智能安防呈现全球高速发展的良好态势，近年来，智能安防产业保持高速增长，已成为人工智能落地应用最好的行业之一。

人工智能的智能安防依托对海量视频数据的学习，可完成行为模式的推断和预测，已经从被动防御向主动判断、及时预警的智能化方向发展。目前已经应用于人脸识别、车辆识别等系统，进行目标属性提取，实现对目标的智能检测、跟踪及排查。

随着我国平安城市、天网工程、雪亮工程建设的不断推进，安防行业快速发展，国内智能安防产业发展空间巨大。国内安防市场竞争格局以人工智能创新型企业和传统安防巨头两类企业为主，例如：

1）基于人工智能的初创企业，如云从科技、商汤科技和旷视科技等，依托在计算机视觉、数据深度分析等方面的技术积累，推出智能安防产品，进行产业布局。

2）传统安防巨头，如海康威视、大华股份等，近年来不断加大研发投入，提高技术创新能力，并且对初创企业进行投资收购，逐步提升安防产品智能化水平。

这两类企业在竞争与合作中驱动着国内智能安防市场的持续、迅猛发展。但是，国内智能安防行业在处理芯片、传感设备等产业链上游环节受制于人，亟须利用行业规模化发展的良好机遇，以应用为牵引，加大行业整合力度，实现关键技术突破，努力向产业链上游迈进。

（2）金融风控应用 “互联网 + 金融”模式的高速发展，使得金融业务覆盖更多收入群体，新增群体的显性征信数据往往大量缺失，而金融机构不得不更多使用消费数据、运营商数据、互联网行为数据等交易信息进行分析。人工智能技术可用于提升金融风控的工作效率和准确度。

基于深度学习的人工智能技术用于处理海量异构数据的模式，已被成熟运用于风控场景中，对文本、图片、影像等非结构化数据实现了深层特征加工提取，极大地提升了大数据分析的决策效率，并且可以去除人为判定中的主观因素，使得决策判断会更加准确。

国外在此方面发展相对成熟，已应用于金融交易监管，例如：

1）美国 Neurensic 公司利用人工智能监控电子交易，基于机器学习识别对交易公司构成风险的行为，并可自动检测来自实际监管案例的高风险活动。

2）2016 年底，纳斯达克和伦敦证券交易所启用人工智能市场监管。

3）2017上半年，华尔街两家交易所推出智能监管系统。智能监管能够有效降低监管成本和交易风险，提升监管效率，未来具有广泛发展空间。

国内的金融风控仍处于起步阶段，运维经验不足，相关的监管法规政策环境仍在持续改进与完善的过程中，基于人工智能的金融风控应用仍处于萌芽期。国内的银联、花呗和京东白条等金融企业借助对企业市场影响力、产品口碑评价等广泛的数据采集和有效筛选，依托人工智能技术实现了对历史经营数据和实时市场信息的量化建模，进而实现了对各类资产风险的预测与评估。

（3）网络舆情监测分析领域　国内外均将人工智能技术应用于网络舆情监测分析领域，可预测网络事件发展方向，加强事件演变预警能力，事前采取舆情干预和引导，规避群体性舆情事件的发生，提升社会治理能力。

美国9·11事件之后，《爱国者法案》签署，促使美国网络舆情监控的合法化，允许政府监控潜在恐怖分子的所有通信信息，包括电子邮件和互联网等。美国基于人工智能技术对互联网数据的挖掘与分析，加强了对网络用户的行为分析及预测能力，更好地维护了本国国家安全。

目前，鉴于汉语语言的复杂性、多样性、语义多变等特性，国内主要网络舆情监测系统尝试在原有大数据分析的基础上，加入自然语言处理、机器阅读理解等相关技术，提升系统的智能化水平。

6. 网络空间安全发展趋势

随着智能家居的兴起，越来越多的生活电器，如照明、门锁、照相机、恒温器，甚至烤箱等连接到家庭网络中，通过移动应用程序或语音来自动化管理家庭。然而，在追求“酷”和“方便”的过程中，许多人并没有停止考虑自己的网络安全责任。安全性能较弱的设备可能让黑客利用网络上的漏洞进入家里，这只是冰山一隅。

现在的网络安全风险比一个大公司遭遇数据泄露要高得多，所有与网络连接的东西都成了攻击目标。尽管已投入巨资到网络安全领域，但被报道出的网络攻击数量和入侵的规模仍在不断上升。针对多个行业的复杂而具有破坏性的网络攻击的复杂程度和规模都在不断增加，尤其是在关键基础设施领域，如能源、核、水、航空和关键制造业等领域上都存在漏洞，这使它们成为网络犯罪分子攻击的目标。

值得庆幸的是，人工智能机器学习模型给我们带来了希望。它采用积极主动的方式，而不是传统的被动应对方式，提供了抵御这些复杂威胁的更好的保护。从本质上来讲，最重要的变化是在攻击发生之前就阻止它们。未来的发展趋势大致如下：

（1）人工智能安全将成为产业发展最大蓝海　可以预见的是，5G、物联网、云计算、大数据、工业互联网等新一代信息技术的全面普及，信息安全将成为各类智能创新应用最核心的痛点需求，也是人工智能技术最重要的应用领域。为此，各国都会全面加大人工智能在安全领域的应用，如智慧城市建设中的安防领域，其产出的海量数据以及其防护逻辑等，均与人工智能技术逻辑的高度自洽相同，使人工智能技术能够天然应用于安全。

（2）人工智能本体安全决定安全应用进程　人工智能在助力解决各领域安全问题的同时，其自身的安全性也越来越重要。如何保障合理地运用人工智能技术一直是人类面临的难题。算法、数据、物理载体的安全性决定着人工智能的本体安全，是人工智能助力网络空间安全的基本前提。

因此，人工智能技术助力安全的发展如同 DNA 的两条单链：一条单链是在人工智能技术不断与更多产业融合下，人工智能保障安全需求迅速增长；第二条单链则为对保障人工智能本体安全的需求增长。两条单链相互催生，构成了人工智能技术助力安全的螺旋式发展。

（3）“人工 + 智能”将长期主导安全实践　长期来看，人工智能技术只是辅助而非替代人类的关键判断，其中安全决策尤为复杂，更是人工智能无法完全替代的领域，因此人类决策与机器智能将长期并存。例如，Facebook 对网络新闻的真假判断，仍然是在机器学习对信息进行降级处理后，进行人工审查做出最终判断。在网络谣言治理领域，人工智能应用依然主要采用“机器 + 专家审核”的模式。因此，基于人工智能对于复杂的社会关系、情感识别、价值判断的能力依然不足，“人工 + 智能”的人工智能模式将长期主导应用实践。

（4）人工智能技术路线丰富将改善安全困境　机器学习、深度学习等人工智能技术高度依赖海量数据的“喂养”，但是，数据采集与隐私保护之间已经形成“囚徒困境”。因此，随着人工智能技术路线的不断丰富和发展，可以根据用户需求和应用场景，有针对性地选择人工智能技术，从而避免智能应用对数据资源的过度依赖，更好地保障网络空间安全。

（5）网络空间安全将驱动人工智能国际合作　人工智能时代，面对共同的威胁是国际合作的重要前提。无论是在应对网络犯罪、网络攻击等安全威胁，或是无人驾驶、智慧城市的安全保障等领域，都需要各国技术标准、信息资源、应对机制等方面的匹配协同。其中，面对技术规范、行业标准、法律法规尚未健全的人工智能新领域，制定统一的安全监测标准、安全防范架构、安全评估体系需要各国参与，共同协调。网络空间安全成为人工智能国际合作的重要领域。

7. 网络安全等级保护简介

网络安全等级保护（简称等保）是指对网络和信息系统按照重要性等级，进行分级别保护的一种工作，是对机关、事业、企业等组织行使具有国家法律效力的保护措施。实施网络安全等级保护将对信息安全工作产生重大的影响。

2008 年，我国推行信息安全等级保护制度 GB/T 22239—2008《信息安全技术信息系统安全等级保护基本要求》，为网络安全防护起到了非常重要的作用，被广泛用于各行业或各领域，用于指导用户开展信息系统安全等级保护的建设整改、等级测评等工作。

2017 年，《中华人民共和国网络安全法》（以下简称《网络安全法》）开始实施。在《网络安全法》中规定：等级保护是我国信息安全保障的基本制度。网络运营者应当按安全等级保护制度的要求，履行下列安全保护义务：保障网络免受干扰、破坏或者未经授权的访问；防止网络数据泄露或者被窃取、篡改。

为了配合国家落实网络安全等级保护制度，《信息系统安全等级保护基本要求》改为 GB/T 22239—2019《信息安全技术网络安全等级保护基本要求》（以下简称等保 2.0），并于 2019 年正式颁布实施。

等保 2.0 为适应云计算、大数据、移动互联接入、物联网和工业控制系统等新一代信息技术的应用发展和使用，分析并总结了新技术和新应用中的安全关注点和安全控制要素，完善了新技术、新应用的时效性、易用性、可操作性等要素。等保 2.0 明确指出：

1）等级保护对象由原来的信息系统调整为基础信息网络、信息系统（含采用移动互联技术的系统）、云计算（平台、系统）、大数据（应用、平台、资源）、物联网和工业控制系统等。

2）将原来各个级别的安全要求分为安全通用要求和安全扩展要求，其中：

① 安全扩展要求包括云计算、移动互联、物联网以及工业控制系统等安全扩展要求。

② 安全通用要求是不论等级保护对象原形态如何，必须满足的基本要求。

③ 针对云计算、移动互联、物联网和工业控制系统提出的特殊要求也纳入安全扩展要求范畴。

3）原来基本要求中各级技术要求的“物理安全”“网络安全”“主机安全”“应用安全”和“数据安全和备份与恢复”修订为“安全物理环境”“安全通信网络”“安全区域边界”“安全计算环境”和“安全管理中心”。

4）原各级管理要求的“安全管理制度”“安全管理机构”“人员安全管理”“系统建设管理”和“系统运维管理”修订为“安全管理制度”“安全管理机构”“安全管理员”“安全建设管理”和“安全运维管理”。

5）云计算安全扩展要求针对云计算环境的特点提出，主要包括“基础设施的位置”“虚拟化安全保护”“镜像和快照保护”“云计算环境管理”和“云服务商选择”等。

6）移动互联安全扩展要求针对移动互联的特点提出，主要包括“无线接入点的物理位置”“移动终端管控”“移动应用管控”“移动应用软件采购”和“移动应用软件开发”等。

7）物联网安全扩展要求针对物联网的特点提出，主要包括“感知节点的物理防护”“感知节点设备安全”“网关节点设备安全”“感知节点的管理”和“数据融合处理”等。

8）工业控制系统安全扩展要求针对工业控制系统的特点提出，主要包括“室外控制设备防护”“工业控制系统网络架构安全”“拨号使用控制”“无线使用控制”和“控制设备安全”等。

综上所述，实施网络安全等级保护制度，是促进国家安全、社会秩序和公共利益的根本保障，是我国网络安全的基石。等级保护技术的研究、开发和应用，促进安全可信的网络产品、服务的推广；提升监督管理和执法、网络安全保卫、依法打击网络违法犯罪的能力；建立健全“打、防、管、控”一体化的网络安全综合防御体系，全面提升国家网络安全整体防御能力，促进网络安全产业的快速、健康发展。

5.4 能力拓展

1. 人工智能在网络安全的应用

（1）学习和检测异常　网络攻击日益复杂，网络安全团队的任务就是不断调整技术以发现新的异常。这听起来是个很简单的道理，但实际上意味着网络安全专家无论何时均须领先于黑客。而且，因为黑客并不会使用通用的恶意软件脚本，总是在试水新技术，所以要学习到并检测出所有的异常几乎不可能，这时，就要用到机器学习和人工智能了。网络安全专家需要一种可靠的方法以快速扫描、解析并响应异常，一旦机器学习和人工智能知道要寻找什么，它们就能为人类迅速提供必要的信息，缓解攻击和后果。

（2）识别 APT（高级持续性威胁）等高级威胁　安全团队在检测小异常时可能并不需要特别帮助，但是检测和处理高级、复杂的黑客攻击和安全问题却绝非易事。要阻止复杂的攻击，需要快速分析数以千计的不断变化的数据和异常，以便发现潜在的事件。

实际上，机器学习和人工智能所提供的是人类运营人员所依赖的知识库和蓝图。根据相关专业人士的分析，在网络安全中使用机器学习和人工智能等技术，运营人员可对攻击进行逆向工程，并有针对性地改进系统。这个过程使运营人员不再只是对单个事件进行被动响应，而是找出解决方案并防止事件再次发生。

(3) 快速响应攻击事件　识别和解析安全事件中的异常只是打击黑客的第一步，网络安全专家还需要相当长的时间进行合理响应，在事件恶化之前弄清楚如何遏制并摧毁攻击。多数情况下，企业还没来得及进行安全事件响应，系统就已遭受攻击。

人工智能可以帮助工程师厘清如何处理攻击并了解哪些方案有效，以及如何将这些经验应用到未来的攻击中。这意味着智能技术可以利用这些经验教训来阻止攻击或提醒运营人员响应事件的最佳做法，这可以大大缩短响应流程，并在攻击影响到客户时减少相关财务和声誉损失。

(4) 以虚拟化提供额外管理　网络安全很复杂，有很多不确定因素，因而需要一个管理组件，以确保业务安全。网络安全专家掌握了攻击及其解决方案的所有信息后，还需要参与流程管理，确定事情的先后顺序。而在对其他团队成员或主管传递攻击缓解建议之前，他们首先需要花费时间来评估和理解这些建议，网络安全专家需要虚拟化网络安全技术来帮助管理这个流程。

虚拟化网络安全可以在现有安全工具之上添加一层管理，帮助分解安全步骤，为各个问题找到合适的工具。有了这样一个信息和管理层，安全专家就可以有组织地进行高效响应。

(5) 帮助组织识别漏洞并加以修复　将机器学习和人工智能与网络安全相结合用以检测和对付攻击，对企业来说好处多多。企业需要了解新的漏洞，并在出现问题之前加以解决。否则，那些一直在寻找最新漏洞并在找到漏洞后立即加以利用的不法之徒，就会对企业产生威胁。

另外，攻击者所使用的技术未必很复杂，可能只是寻找未及时进行安全更新的漏洞而已。根据《Verizon 2017 数据泄露报告》，超过 70% 的攻击利用的是有对应补丁的已知漏洞。

众所周知，攻击者会在漏洞公布后立即加以利用，也就是说，企业还蒙在鼓里，没来得及打补丁并验证结果，攻击者就抢先发动了攻击。机器学习可在事前检测漏洞并解决问题。

(6) 持续监控、预测安全态势　人类只能在趋势出现后才能检测到这种趋势，这通常需要研究数百万个数据点，并阅读其他企业在安全威胁方面的经历，最后得出结论。如果网络安全专家运气够好，技能够高，或许会在趋势出现之前发现这些数据点之间的关系。确定趋势后，就需要研究出如何将这些趋势应用到企业的安全问题上。这种持续不断的深入监控既需要技巧和时间，也容易出现人为错误，更不用说攻击趋势一直在快速变化了。

机器学习可在萌芽阶段就发现微妙、复杂的异常，并追踪其演变和发展；还能够观察这些趋势如何探索未知漏洞，形成安全事件的多米诺骨牌效应，或者将这些事件与其他攻击联系起来，在人类发觉之前就判断出趋势。现在，人工智能可加入进来并学习如何解决事件，并确保解决方案适用于未来漏洞。

(7) 让机器学习和人工智能服务于业务决策　多年来，人们一直在猜测人工智能是否会接管人类的角色并替代人类。但是，人工智能必须依靠人类目前所知的知识领域，至少目前人类是不可能被替代的。相反，人工智能可以提供工具，简化复杂的网络安全难题，打造超人安全团队。这为人类提供了必要资源，使他们可以将知识应用于业务决策和持续的安全增强。

虽然不知道机器学习和人工智能未来将如何发展，但眼前它们仍无法满足业务需求。如何将网络安全与业务需求和适当的预算相结合，仍然需要人类去决定。

(8) 降低网络安全成本　对于真心想维护自身安全的企业来说，网络安全成本已经不再是一项可有可无的预算。与此同时，网络安全成本不断升高，没有丝毫放缓迹象。根据CSO对Gartner研究的解读，网络安全支出到2021年将超过1万亿美元。

幸运的是，更高效的网络安全流程可以帮助降低成本并简化整个过程，人工智能和机器学习可以在最短时间内以最可能的方式快速、有效地检测、解决并预防威胁。它们还可以帮助企业避免与恶意软件和黑客攻击相关的高昂成本，这不仅仅是指遭遇攻击时所产生的修复系统和生产力损失（两者均会影响业务）成本，还包括高额的企业声誉和收入损失以及隐形费用，如成立沟通和公关团队进行善后等。

2.《网络安全法》解读

《网络安全法》是我国第一部全面规范网络空间安全管理方面问题的基础性法律，是我国网络空间法治建设的重要里程碑；是依法治网、化解网络风险的法律重器；是让互联网在法治轨道上健康运行的重要保障。

《网络安全法》将近年来一些成熟的好做法制度化，并为将来可能的制度创新做了原则性规定，为网络安全工作提供切实的法律保障。本法在以下几个方面值得特别关注：

（1）《网络安全法》确立了网络安全的基本原则

1）网络空间主权原则。《网络安全法》第1条“立法目的”开宗明义，明确规定要维护我国网络空间主权，网络空间主权是国家主权在网络空间中的自然延伸和表现。习近平总书记指出，《联合国宪章》确立的主权平等原则是当代国际关系的基本准则，覆盖国与国交往各个领域，其原则和精神也应该适用于网络空间。各国自主选择网络发展道路、网络管理模式、互联网公共政策和平等参与国际网络空间治理的权利应当得到尊重。第2条明确规定《网络安全法》适用于我国境内网络以及网络安全的监督管理，这是我国网络空间主权对内最高管辖权的具体体现。

2）网络安全与信息化发展并重原则。习近平总书记指出，安全是发展的前提，发展是安全的保障，安全和发展要同步推进。网络安全和信息化是一体之两翼、驱动之双轮，必须统一谋划、统一部署、统一推进、统一实施。《网络安全法》第3条明确规定，国家坚持网络安全与信息化并重，遵循积极利用、科学发展、依法管理、确保安全的方针；既要推进网络基础设施建设，鼓励网络技术创新和应用，又要建立健全网络安全保障体系，提高网络安全保护能力，做到“双轮驱动、两翼齐飞”。

3）共同治理原则。网络空间安全仅仅依靠政府是无法实现的，需要政府、企业、社会组织、技术社群和公民等网络利益相关者的共同参与。《网络安全法》坚持共同治理原则，要求采取措施鼓励全社会共同参与，政府部门、网络建设者、网络运营者、网络服务提供者、网络行业相关组织、高等院校、职业学校、社会公众等都应根据各自的角色参与网络安全治理工作。

（2）《网络安全法》的战略价值　《网络安全法》提出制定网络安全战略，明确网络空间治理目标，提高了我国网络安全政策的透明度。《网络安全法》第4条明确提出了我国网络安全战略的主要内容，即明确保障网络安全的基本要求和主要目标，提出重点领域的网络安全政策、工作任务和措施。第7条明确规定，我国致力于“推动构建和平、安全、开放、合作的网络空间，建立多边、民主、透明的网络治理体系。”这是我国第一次通过国家法律的形式向世界宣示网络空间治理目标，明确表达了我国的网络空间治理诉求。上述规定提高了我国网络治理公共政策的透明度，与我国的网络大国地位相称，有利于提升我国对网络空间的国际话语权和规则制定权，促成网络空间国际规则的出台。

（3）《网络安全法》进一步明确了政府各部门的职责权限，完善了网络安全监管体制　《网络安全法》将现行有效的网络安全监管体制法制化，明确了网信部门与其他相关网络监管部门的职责分工。第 8 条规定，国家网信部门负责统筹协调网络安全工作和相关监督管理工作，国务院电信主管部门、公安部门和其他有关机关依法在各自职责范围内负责网络安全保护和监督管理工作。这种“1 + X”的监管体制，符合当前互联网与现实社会全面融合的特点和我国监管需要。

（4）《网络安全法》强化了网络运行安全，重点保护关键信息基础设施　《网络安全法》第三章用了近三分之一的篇幅规范网络运行安全，特别强调要保障关键信息基础设施的运行安全。关键信息基础设施是指那些一旦遭到破坏、丧失功能或者数据泄露，可能严重危害国家安全、国计民生、公共利益的系统和设施。网络运行安全是网络安全的重心，关键信息基础设施安全则是重中之重，与国家安全和社会公共利益息息相关。为此，《网络安全法》强调在网络安全等级保护制度（俗称等保 2.0）的基础上，对关键信息基础设施实行重点保护，明确关键信息基础设施的运营者负有更多的安全保护义务，并配以国家安全审查、重要数据强制本地存储等法律措施，确保关键信息基础设施的运行安全。

（5）《网络安全法》完善了网络安全义务和责任，加大了违法惩处力度　《网络安全法》将原来散见于各种法规、规章中的规定上升到人大法律层面，对网络运营者等主体的法律义务和责任做了全面规定，包括守法义务，遵守社会公德、商业道德义务，诚实信用义务，网络安全保护义务，接受监督义务，承担社会责任等，并在“网络运行安全”“网络信息安全”“监测预警与应急处置”等章节中进一步明确、细化。在“法律责任”中则提高了违法行为的处罚标准，加大了处罚力度，有利于保障《网络安全法》的实施。

（6）《网络安全法》将监测预警与应急处置措施制度化、法制化　《网络安全法》第五章将监测预警与应急处置工作制度化、法制化，明确国家建立网络安全监测预警和信息通报制度，建立网络安全风险评估和应急工作机制，制定网络安全事件应急预案并定期演练。这为建立统一高效的网络安全风险报告机制、情报共享机制、研判处置机制提供了法律依据，为深化网络安全防护体系，实现全天候全方位感知网络安全态势提供了法律保障。

3. 网络空间安全管理框架

按照国家有关部门推出的《中华人民共和国网络安全法》以及 GB/T25070—2019《信息安全技术——网络安全等级保护安全设计技术要求》的有关规定，进行信息安全的防护。

网络安全等级保护设计包括各级系统安全保护环境的设计及其安全互联的设计，如图 5-1所示，各系统安全保护环境由相应级别的安全计算环境、安全区域边界、安全通信网络和安全管理中心组成（除第一版），定级系统互联由安全互联部件和跨定级系统安全管理中心组成。

与人工智能领域相关的重要框架有云计算等级保护、移动互联安全防护框架、工业控制等级保护框架等，其中：

1）云计算等级保护框架为人工智能高速的数据计算提供了安全防护机制，解决了“最强大脑”的安全。

2）移动互联安全防护框架为人工智能的应用终端提供了安全防护的解决方案。

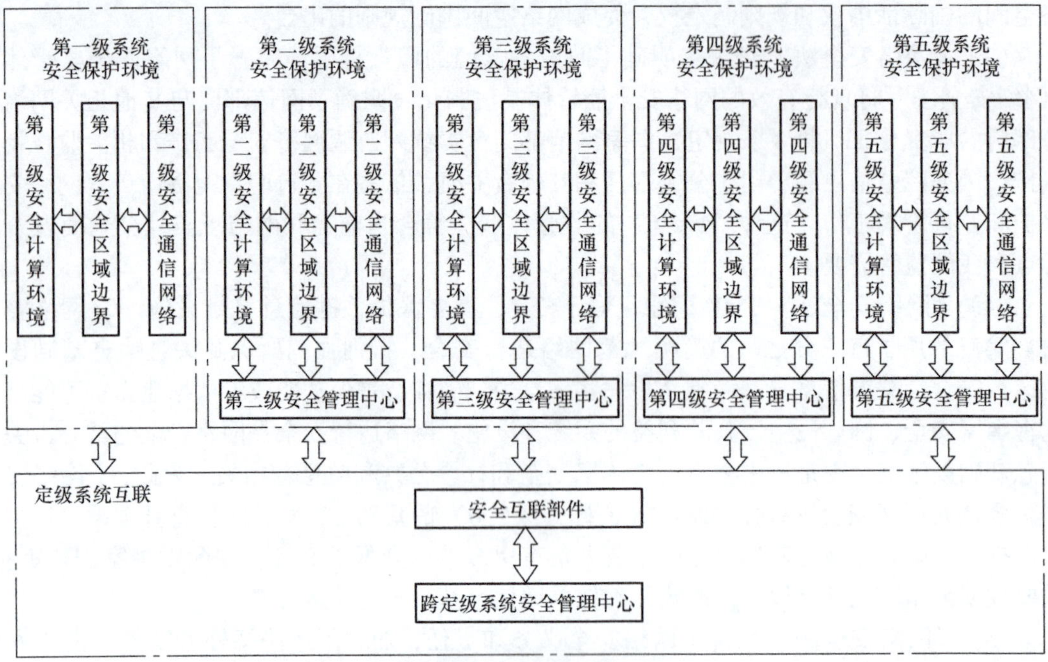

图 5-1 网络安全等级保护总体框架

3）工业控制等级保护框架为人工智能产品的智能制造提供了安全保障。

（1）云计算等级保护框架 结合云计算功能分层框架和云计算安全特点，构建“一个中心，三重防护”的云计算安全防护技术框架，包括云用户层、访问层、服务层、资源层和管理层（跨层功能），其中一个中心指安全管理中心，三重防护包括计算环境安全、区域边界安全和通信网络安全，具体如图 5-2 所示。

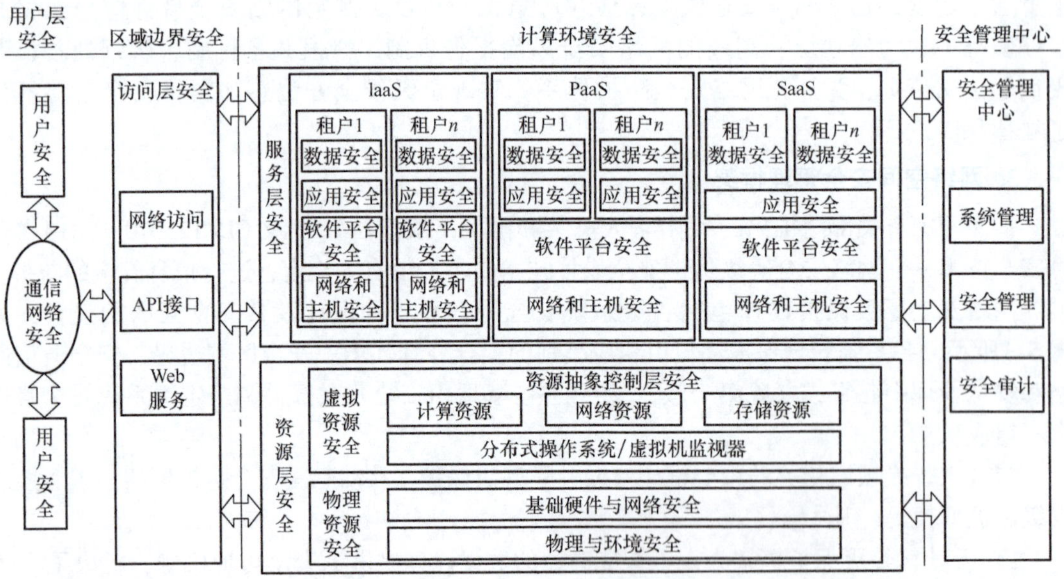

图 5-2 云计算等级保护框架

用户通过安全的通信网络以网络直接访问、API 接口访问和 Web 服务访问等方式安全地访问云服务商提供的安全计算环境，其中用户终端自身的安全保障由用户自身解决。计算环境安全包括资源层安全和服务层安全，其中：

1）资源层分为物理资源和虚拟资源，需要满足物理资源安全设计技术要求和虚拟资源安全设计要求。

2）服务层是对云服务商所提供服务的实现，包含实现服务所需的软件组件。根据服务模式不同，云服务商和云租户承担的安全责任不同。服务层安全设计需要满足云服务商控制的资源范围内的安全设计技术要求，并且云服务商可以通过提供安全接口和安全服务为云租户提供安全技术和安全防护功能。

云计算环境的系统管理、安全管理和安全审计由安全管理中心统一管控，结合本框架对不同等级的云计算环境进行安全技术设计，同时通过服务层安全支持对不同等级云租户端（业务系统）的安全设计。

（2）移动互联安全防护框架　移动互联安全防护框架如图 5-3 所示。其中，移动互联系统安全计算环境由核心业务域、DMZ 域和远程接入域三个安全域组成；移动互联系统安全区域边界由移动终端区域边界、传统计算终端区域边界、核心服务器区域边界、DMZ 区域边界组成；移动通信系统安全通信网络由移动运营商或用户自己搭建的无线网络组成。

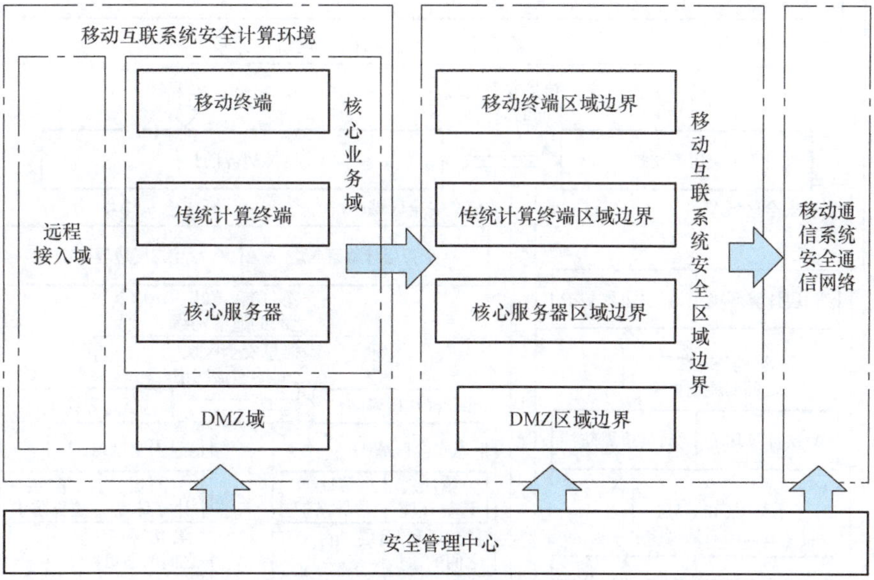

图 5-3　移动互联安全防护框架

1）核心业务域：是移动互联系统的核心区域，该区域由移动终端、传统计算终端和核心服务器构成，完成对移动互联业务的处理与维护等。核心业务域应重点保障该域内核心服务器、传统计算终端和移动终端的操作系统安全、应用安全、网络通信安全、设备接入安全等。

2）DMZ 域：是移动互联系统的对外服务区域，部署对外服务的服务器及应用，如 Web 服务器、数据库服务器等。该区域和互联网相连，来自互联网的访问请求应经过该区域中转才能访问核心业务。DMZ 域应重点保障服务器操作系统及应用的安全。

3）远程接入域：由移动互联系统运营使用单位可控的、通过 VPN 等技术手段远程接入移动互联系统运营使用单位网络的移动终端组成，完成远程办公、应用系统管控等业务。远程接入域应重点保障远程移动终端自身运行安全、接入移动互联应用系统安全和通信网络安全。

（3）工业控制等级保护框架　对于工业控制系统根据保护对象业务性质分区，根据功能层次技术特点实施网络安全等级保护设计，工业控制等级保护框架如图 5-4 所示。工业控制等级保护安全技术设计构建在安全管理中心支持下的计算环境、区域边界、通信网络三重防御体系，采用分层、分区的架构，结合工业控制系统总线协议复杂多样、实时性要求强、节点计算资源有限、设备可靠性要求高、故障恢复时间短、安全机制不能影响实时性等特点进行设计，以实现可信、可控、可管的系统安全互联、区域边界安全防护和计算环境安全。

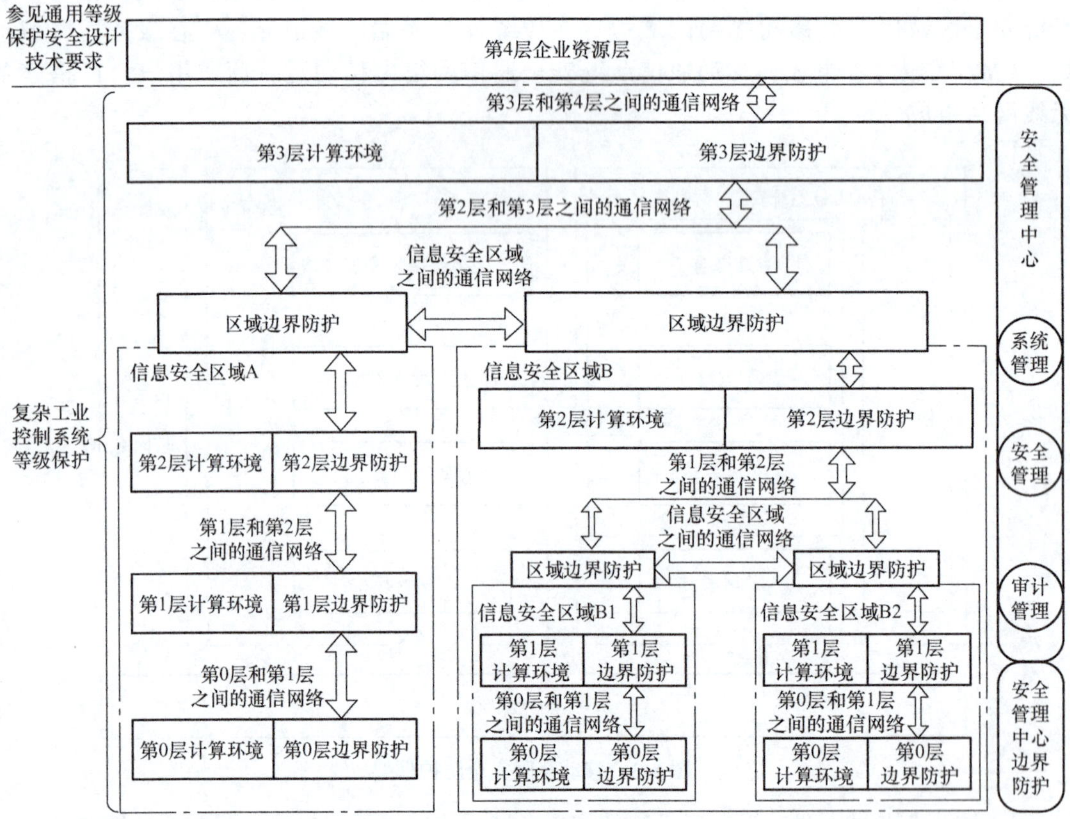

图 5-4　工业控制等级保护框架

工业控制系统纵向为 4 层，即 0～3 层为工业控制系统等级保护的范畴，为方案设计框架覆盖的区域；横向上是对工业控制系统进行安全区域的划分，根据工业控制系统中业务的重要性、实时性、关联性、对现场受控设备的影响程度以及功能范围、资产属性等，形成不同的安全防护区域，系统都应置于相应的安全区域内，具体分区以工业现场实际情况为准，分区方式包括但不限于：第 0～2 层组成一个安全区域、第 0～1 层组成安全区域、同层中有不同的安全区域等。

分区原则是根据业务系统或其他功能模块的实时性、使用者、主要功能、设备使用场所、各业务系统间的相互关系、广域网通信方式以及对工业控制系统的影响程度等。对于额外的安全性和可靠性的要求，在主要的安全区还可以根据操作功能进一步划分成子区，将设备划分成不同的区域，可以有效地建立“纵深防御”策略。按照工控系统各子系统的控制应具备相同功能和安全要求的原则，将各子系统划分成不同的安全区域，并按照方便管理和控制为原则，为各安全功能区域分配网段地址。

防护类别包括：

1）安全计算环境：包括对工业控制系统第 0～3 层中的信息进行存储、处理及实施安全策略的相关部件。

2）安全区域边界：包括安全计算环境边界，以及安全计算环境与安全通信网络之间实现连接并实施安全策略的相关部件。

3）安全通信网络：包括安全计算环境和网络安全区域之间进行信息传输及实施安全策略的相关部件。

4）安全管理中心：包括对定级系统的安全策略及安全计算环境、安全区域边界和安全通信网络上的安全机制实施统一管理的平台，包括系统管理、安全管理和审计管理三部分。

工作任务书 8

1. 任务简介

通过本工作任务的学习，撰写关于本工作任务内容的、不少于 1000 字的感悟。

2. 任务目标

1）知识领域：了解等级保护，掌握网络安全发展趋势，熟悉网络空间、安全管理框架等基础知识。

2）技能领域：了解《网络安全法》。

3）素质领域：通过本工作任务的学习，提高学生的逻辑思维能力，提高学生对工作中所需的职业素质的理解能力，提高知识的更新能力。

3. 工作日志

工作日志见表 5-1。

表 5-1　工作日志

日期	工作内容	问题及解决方式

4. 工作总结

工作总结 主题：关于本工单工作完结的报告   签字：________ 日期：20　年　月　日 审核意见：

5. 任务考核

考核评价表见表5-2。

表5-2 考核评价表

工单名称	人工智能信息安全读后感	评价教师	
质量监测点	评价标准	评价结果	改进方案
不同读后感之间的相似性（标准的法律条文、司法解释等除外）	满分5分 主要考察员工对人工智能信息安全的理解能力，由指导教师酌情处理。文档内容雷同的，扣5分		
1. 开发文档的完整度 2. 开发文档的真实度	满分5分 1. 缺少工作日志，扣1分 2. 缺少工作总结，扣1分 3. 缺少进度表，扣1分		
		评价时间	年　月　日

6. 成果展示

成果展示见表5-3。

表5-3　成果展示

成果展示			
主　题		日　期	
制作人		成　绩	
提交成果： 年　月　日			

参考文献

[1] 李德毅. 人工智能导论 [M]. 北京：中国科学技术出版社，2018.
[2] 李开复. AI·未来 [M]. 杭州：浙江人民出版社，2018.
[3] 李开复，王咏刚. 人工智能 [M]. 北京：文化发展出版社，2017.